Friedrich Wilhelm Garbrecht

Auswahl von Elektromotoren – leicht gemacht

Friedrich Wilhelm Garbrecht

Auswahl von Elektromotoren – leicht gemacht

Der Weg von der Anwendungsanalyse zum richtig dimensionierten Elektromotor

2., neu bearbeitete Auflage

VDE VERLAG GMBH

ICS 29.160.30; 29.200; 29.160.01

Bibliografische Information der Deutschen Nationalbibliothek
Die Deutsche Nationalbibliothek verzeichnet diese Publikation in der Deutschen Nationalbibliografie; detaillierte bibliografische Daten sind im Internet über http://dnb.dnb.de abrufbar.

ISBN 978-3-8007-4863-1 (Buch)
ISBN 978-3-8007-4864-8 (E-Book)

Satz: Text- und Software-Service Manuela Treindl, Fürth
Druck: Medienhaus Plump GmbH, Rheinbreitbach
Printed in Germany 2019-12

Vorwort

In der jüngsten Vergangenheit wurden ehemals manuell ausgeführte Arbeitsvorgänge zunehmend mechanisiert und automatisiert. Weitere Prozesse sind eingeführt zur Optimierung von Arbeitsabläufen und um das Leben der Menschen angenehmer zu machen. Dies gilt für die industrielle Fertigungs- und Handhabungstechnik, die Verfahrungstechnik, die Verkehrstechnik, die Haushaltstechnik, die Klima- und Lüftungstechnik, den Hobbybereich und vieles mehr. Alle genannten Anwendungen stellen spezielle Anforderungen an die Antriebe. Diese Forderungen beziehen sich auf die Antriebsleistung, das Antriebsmoment und die Form der Drehbewegung wie konstante Drehzahl, Betrieb mit sich ändernden Drehzahlen und Vorgänge mit Drehzahl- und Positionsregelungen.

Die Antriebstechnik stellt für alle genannten Anforderungen geeignete Antriebe zur Verfügung, mit denen sich die aufgezählten Anwendungen zu einem technisch, ökonomisch und ökologisch optimalen Gesamtsystem kombinieren lassen.

Um den Entwicklern und Konstrukteuren der verschiedenen Anwendungen die Auswahl des passenden Antriebs zu erleichtern, sind zu Beginn in tabellarischer Form für häufig auftretende Prozesse die dafür am besten geeigneten Antriebe zusammengestellt.

Um auch für komplexe oder neu entwickelte Applikationen eine optimale Antriebslösung einsetzen zu können, sind die charakteristischen Eigenschaften der gängigsten Motorarten einschließlich der Kennlinien und der notwendigen Versorgungsspannungen beschrieben. Zusätzlich werden auch Hinweise gegeben für den Aufbau der Leistungselektronik und die Reglerstruktur für die Realisierung von Drehzahl- und/oder Positionsregelungen für die einzelnen Motorarten. Unter der Voraussetzung, dass ein detailliertes Anforderungsprofil für die Anwendung vorliegt, kann anhand einer Entscheidungstabelle ein Antriebssystem konzipiert werden, dessen Eignungsprofil mit dem Anforderungsprofil die größtmögliche Überdeckung ergibt.

Damit der Anwender nach der Auswahl der am besten geeigneten Motorart auch die passende Baugröße dieses Motortyps ermitteln kann, sind in einem Abschnitt auch Hinweise gegeben zur Berechnung des Leistungsbedarfs verschiedener Anwendungen.

In einem Anhang befinden sich zahlreiche Beispiele zur Bestimmung des Leistungsbedarfs verschiedener Anwendungen und zur Verdeutlichung der charakteristischen Eigenschaften und ihres Verhaltens bei unterschiedlichen Belastungen.

Mein besonderer Dank gilt dem Lektor des VDE VERLAGs, Herrn Dipl.-Ing. *Roland Werner*, für seine stete Gesprächbereitschaft und für viele wertvolle Anregungen bei der Auswahl und Gestaltung des Inhalts.

Dem VDE VERLAG gilt mein Dank für die ansprechende Gestaltung des Buches und die stets vertrauensvolle Zusammenarbeit.

Linden, Winter 2019 *Prof. Dr.-Ing. Friedrich Wilhelm Garbrecht*

Inhaltsverzeichnis

1 Einleitung

Wie in allen anderen Bereichen der Produktionstechnik in der globalisierten Arbeitswelt ist auch die Herstellung von Elektromotoren auf weltweit wenige Unternehmen mit hohem Automatisierungsgrad beschränkt. Dies bedeutet, dass nur noch an wenigen Stellen Elektromotoren entwickelt und produziert werden. Deswegen hat sich der Schwerpunkt im Bereich elektrischer Maschinen heute mehr auf die Applikation verlagert.

Dazu sind einmal Kenntnisse darüber erforderlich, welche Arten von Maschinen am Markt erhältlich sind, welche Eigenschaften die einzelnen Maschinentypen haben und zu welchem Preis diese zu beziehen sind.

Neben detaillierten Informationen über die Maschinen ist ferner exaktes Wissen über die Anwendung erforderlich. Erst wenn beides zusammenkommt, ist der Projektierer in der Lage, für die vorliegende Antriebsaufgabe den optimalen Motortyp unter Funktions- und Kostenaspekten zu finden.

Für die Anwendung müssen in der Projektierungsphase folgende, wesentliche Fragen geklärt werden:

- Welche Leistung ist erforderlich?
- Welche Drehzahl wird benötigt?
- Muss die Drehzahl variabel einstellbar sein, oder ist sogar eine Positions- und/oder Drehzahlregelung erforderlich?
- Welche relative Einschaltzeit hat die Anwendung?
- Welche Versorgungsspannung steht zur Verfügung?

Erst wenn diese Fragen beantwortet sind, kann eine Entscheidung für einen bestimmten Motortyp einschließlich einer eventuell erforderlichen Antriebselektronik getroffen werden. Wenn hier eine Entscheidung gefallen ist, muss für den ausgewählten Motortyp auch die erforderliche Baugröße ermittelt werden.

Da bei der Antriebsprojektierung der Motortyp im Wesentlichen durch die Anwendung bestimmt wird, liegt ein weiterer Schwerpunkt der folgenden Abschnitte in der Betrachtung der am häufigsten vorkommenden Anwendungen. Dabei wird herausgearbeitet, welche Anforderungen diese an den Antrieb stellen. Ferner sind auch Berechnungsverfahren angegeben, mit denen ermittelt werden kann, welche Leistung und welches Drehmoment der Motor zu liefern hat. Damit kann die geeignete Baugröße ausgewählt werden.

Die Praxis hat in der Vergangenheit gezeigt, dass optimale Antriebslösungen nur erreicht werden können, wenn Antrieb und Anwendung in idealer Weise aufeinander abgestimmt sind. Dies gilt insbesondere auch für den Betrieb im Grenzbereich oder wenn Drehzahlsteuerungen oder Drehzahl- und Positionsregelungen notwendig sind. Die Darstellung der Grundlagen, die notwendig sind, um dieses Ziel zu erreichen, ist Inhalt der folgenden Abschnitte.

2 Charakteristische Eigenschaften verschiedener Motorarten

In der letzten Zeit hat auf dem Gebiet der elektrischen Antriebe eine rasante Entwicklung stattgefunden. Begründet ist dies mit der Entwicklung neuer Werkstoffe auf dem Gebiet der Permanentmagnete, die zunehmend kostengünstiger werden und damit immer mehr in Elektromotoren zum Einsatz kommen. Ein weiterer Grund für diese Veränderung ist die rapide Entwicklung auf dem Gebiet der Leistungs- und Steuerelektronik. So ist man heute in der Lage, mit fast jedem Motortyp unter Verwendung einer geeigneten Elektronik jede Antriebsaufgabe zu lösen. Wenn im täglichen Einsatz heute immer noch sehr viele verschiedene Motortypen im Einsatz sind, so ist dies historisch begründet und auch unter dem Aspekt der Kosten zu sehen.

Wenn sich bei bestimmten Anwendungen mit den heute zur Verfügung stehenden Mitteln auch andere Lösungen anbieten, die technisch besser und eventuell auch kostengünstiger sind, ist man trotzdem nicht zu Änderungen bereit. Gründe dafür sind, dass sich die bisherige Lösung jahrelang bewährt hat, dass das Montage- und Wartungspersonal damit vertraut ist, dass Risiken, die mit der Einführung eines neuen Produkts verbunden sind, vermieden werden und dass Entwicklungskosten eingespart werden. Unter diesen Aspekten ist verständlich, dass man kaum bereit ist, an bewährten und eingeführten Produkten Änderungen vorzunehmen.

Damit wird die Auswahl eines völlig neuen Antriebskonzepts immer erst dann aktuell, wenn es sich um die Entwicklung eines völlig neuen Produkts handelt. Wenn der projektierende Ingenieur oder Techniker dann auch genau weiß, welche Anforderungen durch die vorliegende Anwendung an den Antrieb gestellt werden, muss er sich für eine Antriebslösung entscheiden. Bei dieser Entscheidung kann die **Tabelle 2.1** eine erste Hilfe sein. In dieser sind die gängigsten Motortypen und ihre dominierenden Eigenschaften zusammengestellt. Da es zu allen dort angeführten Motortypen Abwandlungen gibt, und weil es auch noch mehr als die genannten Eigenschaften gibt, die das Verhalten eines Motors bestimmen, erhebt diese Tabelle keinen Anspruch auf Vollständigkeit. Sie soll dem Anwender lediglich erste Hinweise für weitere Recherchen geben.

Dominierende Hinweise in der Tabelle sind, dass man keinen Gleichstrommotor mit mechanischer Kommutierung verwenden sollte, wenn ein leiser Lauf und eine lange Lebensdauer im Vordergrund stehen. Wie an der Anzahl der Kreuze leicht zu erkennen ist, bietet sich für einen solchen Fall, wenn zur Versorgung nur eine Gleichspannung zur Verfügung steht, der Elektronik(EC)-Motor an. Dieser zeichnet sich durch einen leisen Lauf aus, durch einen robusten Aufbau und durch eine hohe Lebensdauer.

Tabelle 2.1 Zusammenstellung der wichtigsten Eigenschaften von elektrischen Maschinen

Motortypen	**Motoreigenschaften**										
	Drehzahl lastabhängig	Drehzahl frequenzabhängig	mechanische Kommutierung	elektronische Kommutierung	Lebensdauer vergleichsweise hoch	Motorpreis vergleichsweise hoch	Motor vergleichsweise robust	Motorgeräusche gering	Regelelektronik teuer	hohe Drehzahlen möglich	für hohe Leistung geeignet
Schrittmotor		×			×		×	×			
geschalteter Reluktanzmotor		×			×		×	×	×		
Drehstromsynchronservomotor		×			×		×	×	×		
Drehstromasynchronservomotor	×				×		×	×	×	×	×
Wechselstrommotor zweisträngig mit Kondensatorhilfszweig und Käfigläufer	×				×		×	×			
Wechselstrommotor dreisträngig mit Kondensatorhilfszweig und Käfigläufer	×				×		×	×			
Wechselstrommotor zweisträngig mit Kondensatorhilfszweig und Permanent-magnetläufer		×			×		×	×			
Wechselstrommotor dreisträngig mit Kondensatorhilfszweig und Permanent-magnetläufer		×			×		×	×			
Universalmotor	×	×									
Elektronik(EC)-Motor	×			×	×	×	×	×		×	
Gleichstromreihenschlussmotor	×		×							×	×
Gleichstromnebenschlussmotor	×		×							×	×
permanentmagneterregter Gleichstrommotor	×		×							×	

Wird ein Motor mit einer großen Ausgangsleistung gesucht, so bieten sich dafür nach Tabelle 2.1 Gleichstrommotor, Drehstromsynchronmotor und Drehstromasynchronmotor an. Wenn zur Versorgung kein Gleichstrom vorhanden ist, scheidet der Gleichstrommotor schon allein deswegen aus. Ferner sprechen noch die durch die mechanische Kommutierung verursachten Laufgeräusche und die wenig robuste Bauweise bei reduzierter Lebensdauer gegen den Gleichstrommotor. Damit kommen nur Drehstrommotoren in die engere Wahl. Laut Tabelle 2.1 unterscheiden sie sich dadurch, dass beim Drehstromasynchronmotor die Drehzahl lastabhängig und beim Drehstromsynchronmotor frequenzabhängig ist. Betrachtet man noch die Bauweisen, so ist für den Drehstromsynchronmotor ein höherer Aufwand erforderlich. Dies gilt besonders, wenn er an einem starren Drehstromnetz betrieben werden soll. Dann nämlich sind noch besondere Maßnahmen für einen asynchronen Anlauf erforderlich, beispielsweise ein zusätzlicher Käfigläufer. Ist er nur mit einem Permanentmagnetläufer ausgestattet, wird ein Frequenzumrichter mit zusätzlicher Sensorik zur Rotorlageerfassung benötigt. Allerdings hat ein solcher Motor ein besseres Verhältnis von Leistung/Gewicht als ein Asynchronmotor, dies aber bei einem höheren Preis. Dieses Beispiel zeigt, dass die Angaben in der Tabelle 2.1 nur erste Hinweise geben für weitere Recherchen, da nicht alle relevanten Eigenschaften, die für die Auswahl eines Motors nötig sind, in der Tabelle berücksichtigt werden konnten.

Betrachtet man die Wechselstrommotoren, und hier die mit einem Käfigläufer ausgestatteten, so ist ihre Drehzahl lastabhängig, und sie zeichnen sich besonders durch einen geräuscharmen Betrieb aus, durch einen robusten Aufbau und damit auch durch eine hohe Lebensdauer. Damit bietet sich ihr Einsatz überall dort an, wo bei geringen Laufgeräuschen eine lange Lebensdauer bei geringer Leistung und störungsfreiem Betrieb erwartet wird. Dies hat zu einer großen Verbreitung dieses Motortyps geführt. Bevorzugt eingesetzt werden sie in Lüftern und Pumpen bei geringer Leistungsanforderung. Typische Beispiele für ihren Einsatz sind Ventilatoren sowie Umwälzpumpen in Zentralheizungen und bei Sonnenkollektoren. Wechselstrommotoren eignen sich aber auch als Stellantriebe für Ventile zur Einstellung von Durchflussmengen und für Mischer in Heizungen zur Einstellung der Vorlauftemperaturen.

Da in der Tabelle 2.1 nur die wichtigsten Merkmale der Motoren dargestellt werden konnten, sollen in den folgenden Abschnitten weitere Eigenschaften der einzelnen Motortypen angegeben werden. Dazu gehört eine Beschreibung ihres Aufbaus und ihrer Funktionsweise und eventuelle Angaben über ihr Betriebsverhalten bei unterschiedlichen Belastungen. Dazu dienen im Wesentlichen ihre charakteristischen Kennlinien.

2.1 Gleichstrommotoren

Bei den Gleichstrommotoren erkennt man im Betriebsverhalten und im Aufbau einen großen Unterschied zwischen denen mit mechanischer Kommutierung und denen mit elektronischer Kommutierung. Dadurch ergeben sich für sie auch grundlegend verschiedene Anwendungen [2.1].

2.1.1 Gleichstrommotoren mit mechanischer Kommutierung

Bei der mechanischen Kommutierung wird den Läuferwicklungen der Strom über am Gehäuse befestigte Kohlebürsten und Kollektorlamellen zugeführt, die mit den Wicklungen des Läufers verbunden sind. Durch das Reiben der Kohlebürsten über die rotierenden Kollektorlamellen entstehen zusätzlich zu den Lagergeräuschen weitere Geräusche, die den mechanisch kommutierten Gleichstrommotor vergleichsweise laut erscheinen lassen. Durch die Relativbewegung zwischen Kohlebürsten und Kollektor nutzen sich beide ab. Dies führt zu einem erhöhten Verschleiß und damit auch zu einem erhöhten Wartungsaufwand. Allein die Stromübertragung auf den Läufer über Kollektor und Kohlebürsten ist die Ursache für eine reduzierte Robustheit und geringere Lebensdauer gegenüber Systemen ohne mechanische Kommutierung. Diese Tatsache führt dazu, dass Gleichstrommotoren zunehmend durch andere Motorarten ersetzt und nur noch dort verwendet werden, wo relativ geringe Einschaltzeiten benötigt werden.

Bei den Gleichstrommotoren mit mechanischer Kommutierung unterscheidet man drei verschiedene Prinzipien. Dies sind der Gleichstromnebenschlussmotor, der Gleichstromreihenschlussmotor und der permanentmagneterregte Gleichstrommotor. Diese drei Typen werden in den folgenden Abschnitten ausführlicher vorgestellt.

Gleichstromnebenschlussmotor

Beim Gleichstromnebenschlussmotor sind die im Ständer platzierte Erregerwicklung und die Läuferwicklung parallel geschaltet. Mit wachsender Belastung sinkt die Drehzahl linear ab. Dieses Absinken der Drehzahl wird als das typische Nebenschlussverhalten bezeichnet. Eine Drehzahlverstellung ist in weiten Grenzen über eine Veränderung der Rotorspannung (momentbildend) U_A und der Erregerspannung (flussbildend) U_E möglich. **Bild 2.1** zeigt den prinzipiellen Aufbau dieses Motors. Die Rotorspannung U_A und die Erregerspannung U_E sind separat einstellbar. In **Bild 2.2** ist das typische Nebenschlussverhalten dargestellt. Dies zeigt den Drehzahlabfall mit steigender Last und die Abhängigkeit der Drehzahl von der angelegten Rotorspannung und von der angelegten Erregerspannung.

Aus dem Kennlinienfeld geht hervor, dass, ausgehend von der Bemessungsdrehzahl n_N, durch Reduzierung der Spannung U_A die Drehzahl ebenfalls abgesenkt werden kann, sich aber durch Reduzierung der Spannung U_E die Drehzahl erhöht.

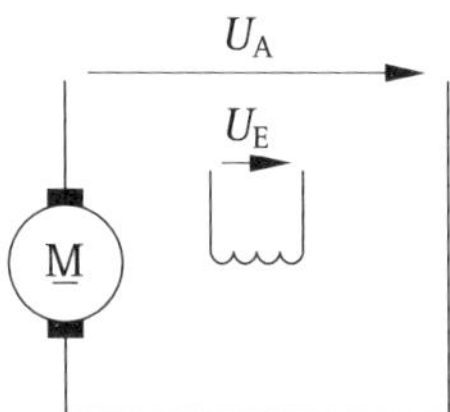

Bild 2.1 Prinzipieller Aufbau eines Gleichstromnebenschlussmotors

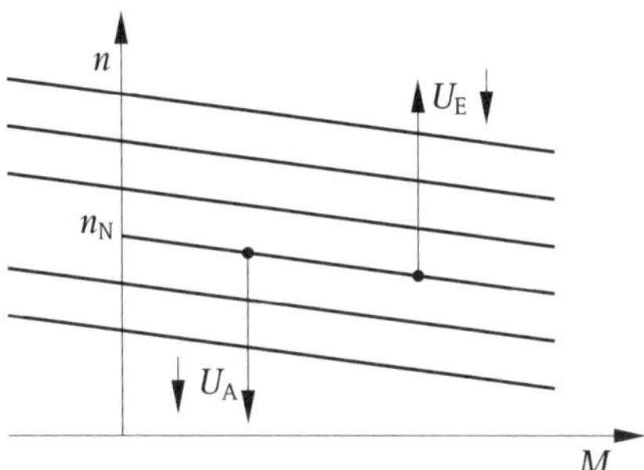

Bild 2.2 Kennlinienfeld eines Gleichstromnebenschlussmotors

Gleichstromreihenschlussmotor

Beim Gleichstromreihenschlussmotor sind die im Ständer angeordnete Erregerwicklung und die Läuferwicklung in Reihe geschaltet. Aufgrund ihrer Drehzahl-Drehmoment-Charakteristik eignen sich diese Motoren besonders gut für Anwendungen mit Schweranlauf. Mit sinkender Drehzahl steigt das Drehmoment überproportional an. Dabei ist aber zu beachten, dass bei unbelasteter Maschine die Drehzahl theoretisch gegen unendlich gehen kann. Dies kann wegen der dann auftretenden hohen Fliehkräfte zur Zerstörung des Rotors führen. Deswegen sind geeignete Maßnahmen zu treffen, damit dies verhindert wird.

Bild 2.3 zeigt den prinzipiellen Aufbau dieses Motors. Im **Bild 2.4** sind die Kennlinien dieses Motors mit der Beziehung $n = f(M)$ und der über Rotor- und Erregerwicklung anliegenden Spannung U als Parameter dargestellt. Mit Absenkung von U nehmen sowohl Moment als auch Drehzahl ab.

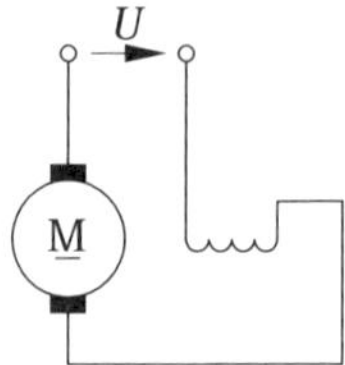

Bild 2.3 Prinzipieller Aufbau eines Gleichstromreihenschlussmotors

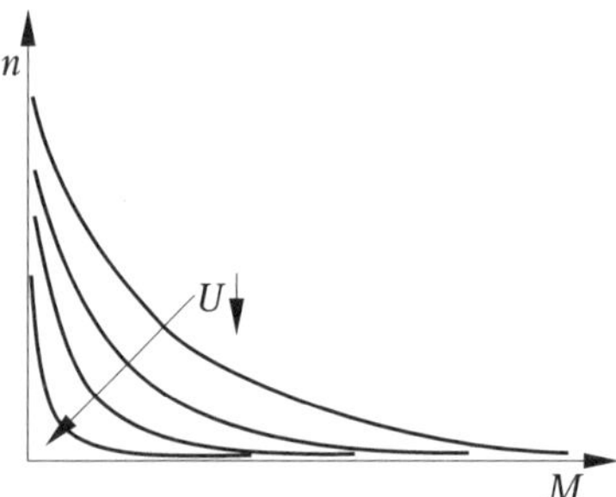

Bild 2.4 Kennlinien des Gleichstromreihenschlussmotors mit der Darstellung $n = f(M)$ und der über Rotor- und Erregerwicklung anliegenden Spannung U als Parameter

Permanentmagneterregter Gleichstrommotor

Beim permanentmagneterregten Gleichstrommotor wird der magnetische Fluss durch im Ständer angeordnete Permanentmagnete erzeugt. Man bezeichnet sie auch kurz als Permanentmagnetmotoren. Diese Motoren haben besonders im unteren Leistungsbereich wegen ihrer geringen Kosten und ihres guten Wirkungsgrads eine große Verbreitung gefunden. Wegen ihrer vielfältigen Gestaltungsmöglichkeiten lassen sie sich leicht an alle Anwendungen anpassen. Ihr Einsatz erfolgt im Wesentlichen bei kleinen Spannungen (< 42 V). Allerdings haben auch diese Motoren als Nachteile die durch die mechanische Kommutierung verursachte starke Geräuschentwicklung und die geringe Robustheit. Deswegen werden sie auch vorwiegend nur eingesetzt, wenn die Einschaltzeiten relativ gering sind.

In **Bild 2.5** ist der prinzipielle Aufbau des Permanentmagnetmotors dargestellt. **Bild 2.6** zeigt das Kennlinienfeld mit der Darstellung der Beziehung $n = f(M)$ und der Rotorspannung U_A als Parameter. Mit der Abnahme von U_A erfolgt auch gleichzeitig eine Abnahme der Drehzahl.

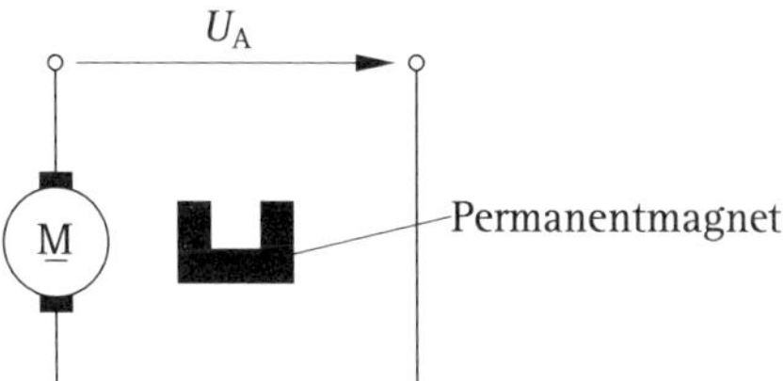

Bild 2.5 Prinzipieller Aufbau des Permanentmagnetmotors

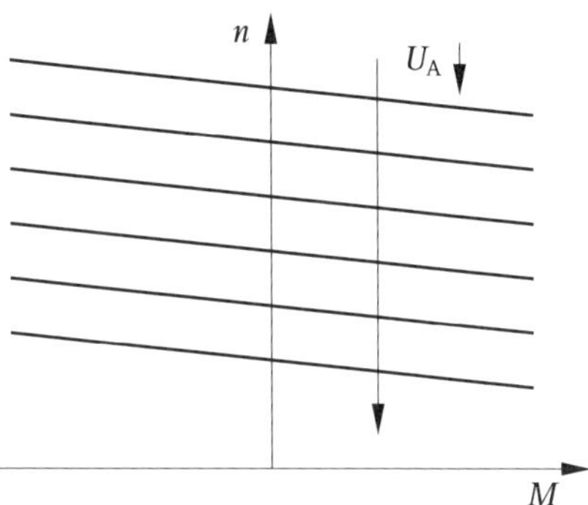

Bild 2.6 Kennlinienfeld eines permanentmagneterregten Motors mit Darstellung der Beziehung $n = f(M)$ und der Rotorspannung U_A als Parameter

2.1.2 Gleichstrommotoren mit elektronischer Kommutierung

Gleichstrommotoren mit elektronischer Kommutierung benötigen keinen Kollektor und keine Kohlebürsten für die Stromzuführung zu den Läuferwicklungen. Man erreicht dies dadurch, dass bei diesem Motor der Läufer mit Permanentmagneten ausgerüstet ist und der Ständer die stromführenden Wicklungen enthält, die in Abhängigkeit von der Rotorlage über elektronische Leistungsschalter an die Gleichspannungsquelle geschaltet werden. Wegen des fehlenden mechanischen Kommutators sind sie sehr robust, verfügen über eine hohe Lebensdauer und verursachen nur geringe Laufgeräusche. Aufgrund dieser guten Eigenschaften haben sie eine sehr große Verbreitung gefunden.

Ähnlich wie beim Gleichstromnebenschlussmotor zeigt auch dieser Motor einen linearen Zusammenhang zwischen Drehzahl und Drehmoment bzw. zwischen Drehmoment und Strom. Damit hat dieser Motor auch das typische Nebenschlussverhalten. Der bekannteste Vertreter dieser Gruppe der elektronisch kommutierten Maschinen ist der Elektronik(EC)-Motor. Dieser wird im nächsten Abschnitt näher erläutert [2.1].

Elektronik(EC)-Motor

Den prinzipiellen Aufbau eines Elektronik(EC)-Motors zeigt **Bild 2.7**. Er besteht meistens, wie in Bild 2.7 dargestellt, aus einem durch Permanentmagnete erregten Läufer und einem Ständer mit einer Drehfeldwicklung. Diese Drehfeldwicklungen werden in Abhängigkeit von der Rotorlage angesteuert. Damit befindet sich der Motor ständig im feldorientierten Betrieb. Dies bedeutet immer die optimale Zuordnung von Rotorfluss und momentbildendem Strom im Ständer.

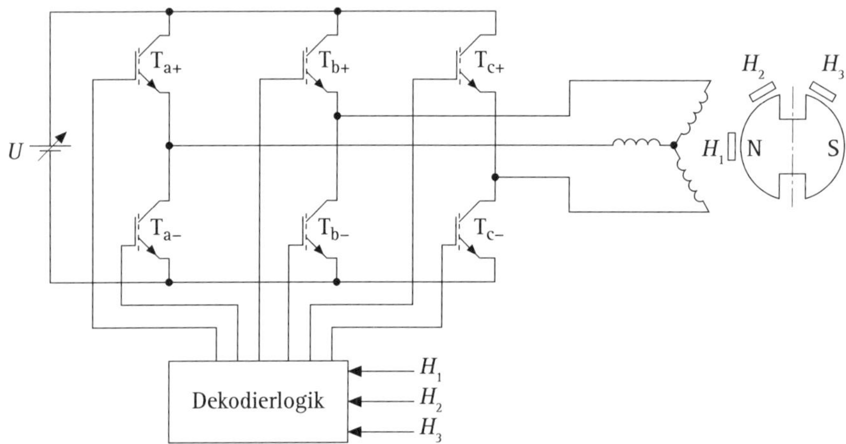

Bild 2.7 Prinzipieller Aufbau eines Elektronik(EC)-Motors mit permanentmagneterregtem Läufer und Ständer mit Drehfeldwicklung

Zum Erfassen der Rotorlage sind im Ständer drei um 60° versetzte Hall-Sensoren untergebracht. Diese detektieren die Rotorlage. Ihre Ausgangssignale werden einer Dekodierlogik zugeführt. Aufgrund der Ausgangssignale der Hall-Sensoren generiert diese daraus die Ansteuersignale für die Leistungsschalter in der Drehstrombrücke. Dies geschieht in einer Weise, dass der Motor durch die Zuordnung von Flussrichtung und stromführenden Wicklungen stets das maximale Moment liefert, das sich als Produkt aus Rotorfluss und Ständerstrom ergibt.

Zur Realisierung der elektronischen Kommutierung sind die Hall-Sensoren, die Drehstrombrücke und die Dekodierlogik erforderlich. Viele Hersteller bieten Motor und Kommutierung als Einheit an, bei anderen Herstellern kann man Motor und Kommutierung auch getrennt beziehen, und die Zusammenschaltung bleibt dann dem Anwender überlassen. Zur Erstellung der Dekodierlogik gibt es viele Möglichkeiten. So kann man sie aus diskreten Bausteinen aufbauen, als programmierbare Logik realisieren oder dafür einen Mikrocontroller verwenden.

Eine Drehzahländerung ist bei diesem Aufbau nur über eine Verstellung der Gleichspannung *U* (Bild 2.7) möglich. Durch Erhöhung dieser Spannung fließt bei sich nicht ändernder Impedanz ein größerer Strom in den Statorwicklungen. Wegen der Proportionalität zwischen Strom und Drehmoment führt dies bei konstanter Last zu einer Drehbeschleunigung des Rotors. Damit ist, wie bei Gleichstrommotoren mit mechanischer Kommutierung, für den Anwender die Drehzahl über die Verstellung der anliegenden Gleichspannung möglich.

2.2 Wechselstrommotoren

Wechselstrommotoren sind zum direkten Anschluss an das Wechselstromnetz geeignet. Dies ist ein wesentlicher Grund für ihre große Verbreitung. Allerdings ist ihre Abgabeleistung gering, was bei ihrem Einsatz zu berücksichtigen ist. Von ihnen gibt es verschiedene Arten, die in den folgenden Kapiteln näher beschrieben werden.

2.2.1 Dreisträngige Wechselstrommotoren mit Kondensatorhilfsstrang

Dreisträngige Wechselstrommotoren verfügen in ihrem Ständer über eine Drehstromwicklung wie ein Asynchronmotor. Diese Wicklungen können im Stern oder im Dreieck geschaltet sein. In jedem Fall werden zwei der Anschlüsse mit dem Wechselstromnetz verbunden. Um die für die Erzeugung des Drehfelds notwendige Phasenverschiebung der Strangströme zu erreichen, wird der dritte Anschluss über einen Kondensator oder über eine Reihenschaltung von Widerstand und Kondensator an das Netz gelegt. Da diese Motoren am 400-V-Drehspannungsnetz im Stern betrieben werden, müssen sie am 230-V-Wechselspannungsnetz im Dreieck geschaltet sein. Sie benötigen in der Regel einen größeren und damit teureren Kondensator als zweisträngige Wechselstrommotoren. Deswegen beschränkt sich ihr Einsatz auch auf wenige Ausnahmefälle.

In diese Motoren kann entweder ein Käfigläufer oder ein Permanentmagnetläufer eingebaut werden. Mit Käfigläufer ist ihre Drehzahl lastabhängig, und mit Permanentmagnetläufer ist diese frequenzabhängig.

Bild 2.8 zeigt den schematischen Aufbau dieses Motors in Dreieckschaltung, **Bild 2.9** den typischen Kennlinienverlauf für einen Motor in Dreieckschaltung mit lastabhängiger Drehzahl. Dargestellt ist der Verlauf der Drehzahl über dem Moment. Deutlich zu erkennen ist das Kippmoment bei Überlastung. Die Lastabhängigkeit im unteren Lastbereich deutet darauf hin, dass dieser Motor mit einem Käfigläufer ausgestattet ist.

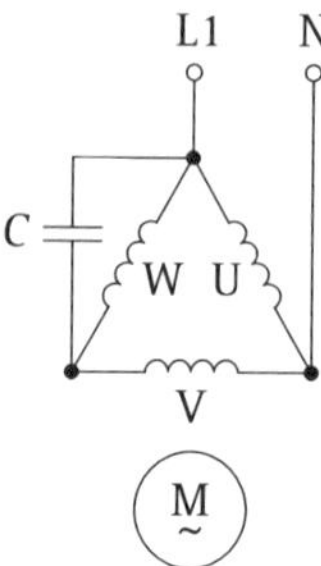

Bild 2.8 Schematischer Aufbau eines dreisträngigen Wechselstrommotors in Dreieckschaltung mit Kondensatorhilfsstrang

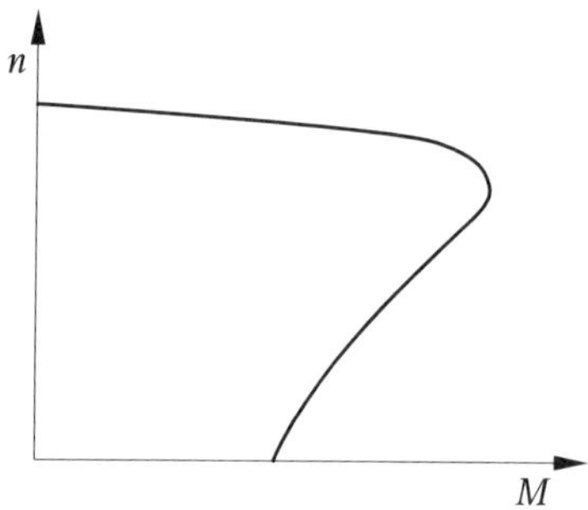

Bild 2.9 Typischer Kennlinienverlauf für einen Motor in Dreieckschaltung mit lastabhängiger Drehzahl

2.2.2 Zweisträngige Wechselstrommotoren mit Kondensatorhilfsstrang

Zweisträngige Wechselstrommotoren verfügen in ihrem Ständer über zwei Wicklungen. Die beiden Wicklungsachsen bilden einen Winkel von 90°. Der eine Strang, der sogenannte Hauptstrang, wird direkt an das Netz angeschlossen, der zweite Strang, der sogenannte Hilfsstrang, an einen Kondensator. Soll der Motor im Bemessungsbereich ein möglichst großes Drehmoment abgeben, bleibt der Kondensator ständig eingeschaltet. Wenn der Motor ein hohes Anzugsmoment erzeugen soll, muss der Kondensator erheblich größer gewählt werden. Nach dem Hochlauf wird er dann meistens mit der Hilfswicklung abgeschaltet. Anderenfalls würden im Motor unzulässig hohe Verluste entstehen. Wenn die Antriebe besonders stark belastet sind, wie dies z. B. bei Antrieben von Kühlkompressoren durch häufiges Ein- und Ausschalten der Fall ist, verzichtet man auf den Kondensator und vergrößert statt dessen den Widerstand des Hilfsstrangs. Dies wird dadurch erreicht, dass dieser Strang teilweise bifilar gewickelt wird; zusätzlich wird ein Widerstand in Reihe geschaltet oder ein Draht mit einem höheren spezifischen Widerstand verwendet.

Bild 2.10 zeigt den schematischen Aufbau eines zweisträngigen Wechselstrommotors mit Kondensatorhilfsstrang, und in **Bild 2.11** ist der charakteristische Kennlinienverlauf dieses Motortyps mit dem typischen Kippverhalten dargestellt. Der Verlauf der Kennlinien ist durch die angelegte Spannung beeinflussbar. Bei Reduzierung der angelegten Spannung sinkt auch das Drehmoment.

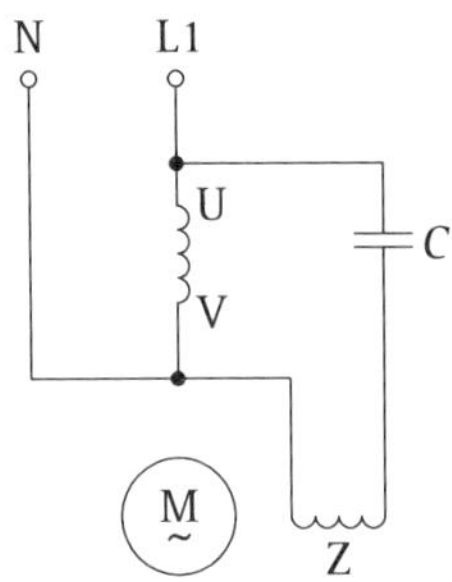

Bild 2.10 Schematischer Aufbau eines zweisträngigen Wechselstrommotors mit Kondensatorhilfsstrang

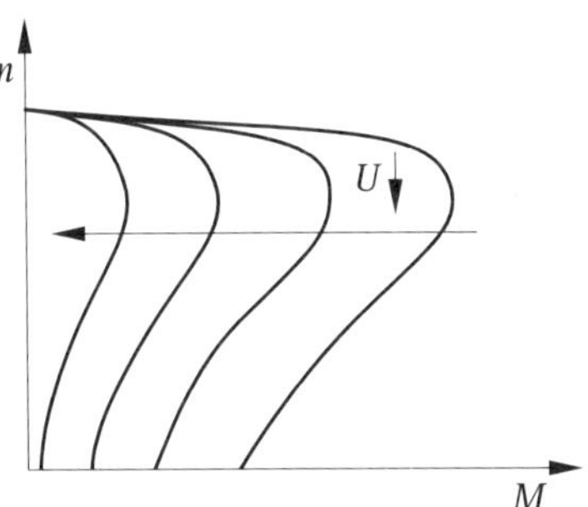

Bild 2.11 Charakteristischer Kennlinienverlauf des zweisträngigen Wechselstrommotors mit Kondensatorhilfsstrang

2.2.3 Universalmotor

Bei einem Gleichstromreihenschlussmotor mit mechanischem Kommutator ändert sich die Stromrichtung gleichzeitig in der Erregerwicklung und in der Läuferwicklung. Damit bleibt die Wirkungsrichtung des Drehmoments auch bei Änderung der Stromrichtung erhalten, sodass auch ein Betrieb mit Wechselstrom möglich ist. Weil dieser Motor sowohl mit Gleichstrom als auch mit Wechselstrom betrieben werden kann, wird er als Universalmotor bezeichnet.

Die Entwicklung dieses Motors ist stark verknüpft mit den elektromotorisch betriebenen Haushaltsgeräten und den Handwerkzeugen wie Bohrmaschinen, Kreissägen u. a. Diese Elektrogeräte sind für einen breiten Anwenderkreis vorgesehen, werden deshalb in großen Stückzahlen gefertigt und können also prinzipiell, ohne Änderungen vornehmen zu müssen, am Wechselstrom- und am Gleichstromnetz betrieben werden. Gegenüber der Gleichstromversorgung treten beim Anschluss an Wechselstrom in den Erregerwicklungen noch Ummagnetisierungsverluste auf. Bei optimaler Auslegung für beide Netzarten sollte jedoch die Windungszahl der Erregerwicklung bei Wechselstrombetrieb größer sein als bei Gleichstrombetrieb. Sie werden meistens gebaut im Leistungsbereich bis 2 000 W.

Vorteilhafte Eigenschaften der Reihenschlussmotoren ergeben sich dadurch, dass das Anlaufmoment wesentlich größer ist als das Bemessungsmoment. Die dadurch kurzzeitig fließenden hohen Ströme erfordern aus thermischen Gesichtspunkten keine besonderen konstruktiven Maßnahmen, die sich auf die Dimensionierung der Baugruppen auswirken. Auf die durch die Anwendung verursachten Drehmomentschwankungen reagiert der Motor automatisch mit einer Drehzahländerung oder einer höheren Stromaufnahme. Im gesamten Drehzahlbereich zwischen Stillstand und Maximaldrehzahl steht jeder Drehzahlwert zur Verfügung. Er wird nur durch die Belastung bestimmt. Damit lassen sich mit verschiedenen Drehzahl-Drehmoment-Kennlinien alle Funktionen realisieren, die für einen Betrieb mit unterschiedlichen Anforderungen nötig sind.

Wegen der begrenzten Bürstenstandzeiten sind diese Motoren nicht für einen Dauerbetrieb über mehrere Jahre geeignet. Ihre Lebensdauer liegt bei maximal 3 000 h. Außerdem verursachen sie infolge der Reibung zwischen Kohlebürsten und Kollektor erhebliche Laufgeräusche.

Bild 2.12 zeigt den schematischen Aufbau eines Reihenschlussmotors mit zwei getrennten Erregerwicklungen. In **Bild 2.13** ist ein für diesen Motor typisches Kennlinienfeld dargestellt. Man erkennt, dass dieses Kennlinienfeld sehr stark durch die angelegte Spannung U beeinflusst werden kann. Diese Tatsache ermöglicht die Anpassung an alle Anforderungen, die durch die Anwendungen gestellt werden.

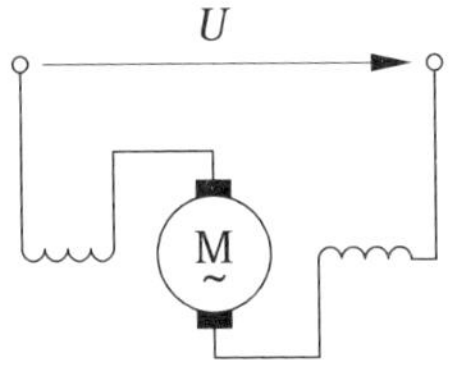

Bild 2.12 Schematischer Aufbau eines Reihenschlussmotors mit zwei getrennten Erregerwicklungen

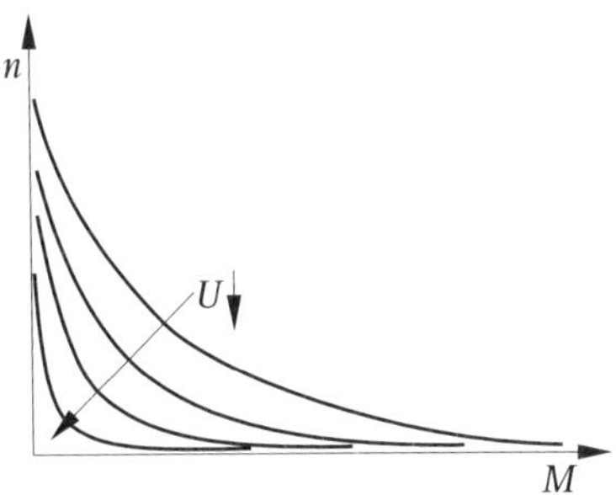

Bild 2.13 Typisches Kennlinienfeld eines Universalmotors mit der Darstellung der Drehzahl als Funktion des Drehmoments und der angelegten Spannung als Parameter

2.3 Drehstrommotoren

Die asynchronen und die synchronen Drehstrommotoren besitzen im Ständer den gleichen prinzipiellen Aufbau und erfordern zur Darstellung ihres physikalischen Verhaltens eine Reihe gleicher Begriffe. Dies gilt insbesondere für den Aufbau der Drehstromwicklungen. Davon wird auch im Wesentlichen die Drehzahl der Maschinen bestimmt, denn sie können so gestaltet werden, dass sie mit einer unterschiedlichen Anzahl von Polen ausgestattet sind. Die Synchrondrehzahl berechnet sich aus der angelegten Drehfeldfrequenz und der Polpaarzahl der Wicklung nach der Beziehung:

$$n = 60 \cdot \frac{f}{p} \qquad (2.1)$$

Drehstrommotoren sind wegen ihrer dreiphasigen Versorgung besonders für große Leistungen geeignet.

Das Ständergehäuse kann sowohl eine Schweißkonstruktion als auch gegossen sein. Es nimmt das aktive, aus gegeneinander isolierten Dynamoblechen bestehende Blechpaket auf. Längs der Bohrung erhält das Blechpaket Nuten zur Aufnahme der dreisträngigen Drehfeldwicklung. Bei Motoren kleiner bis mittlerer Leistung sind Nuten meist halb geschlossen, sodass die Wicklungen der Drähte einzeln eingeträufelt werden müssen. Bei Maschinen mit großen Leistungen und höheren Spannungen benutzt man offene Nuten und fertigt Formspulen an, die anschließend in diese Nuten eingelegt werden.

2.3.1 Drehstromasynchronmotoren

Drehstromasynchronmotoren können mit Käfigläufer oder Schleifringläufer ausgestattet werden. Wegen des einfacheren Aufbaus und der Steuerung und Regelung über Frequenzumrichter kommen heute fast ausschließlich Käfigläufer zum Einsatz. Gegenüber Gleichstrommotoren mit mechanischer Kommutierung haben sie den Vorteil des wesentlich einfacheren und robusteren Aufbaus. Als Verschleißteile sind nur die beiden Lager für den Läufer vorhanden. Damit sind sie auch preisgünstiger und bedürfen nur einer geringen oder keiner Wartung. Weiterhin zeichnen sie sich durch einen geräuscharmen Betrieb aus. Als Nachteil ist ihre lastabhängige Drehzahl zu werten, wenn sie an einem Netz mit konstanter Drehfeldfrequenz betrieben werden.

Drehstromasynchronmotoren werden angeboten für den Anschluss an ein Netz mit der Spannung 230 V/400 V als Drehstromnormmotoren (siehe Normenreihe DIN VDE 0530) für Leistungen von 90 W bis 200 kW in verschiedenen Schutzarten (geschützt gegen Spritzwasser und Staub). Das erzeugbare Drehmoment steigt mit der Polpaarzahl proportional an. Spezialausführungen erreichen bei Spannungen von 3,6 kV bis 10 kV zum Antrieb von Kreiselpumpen in Kraftwerken Leistungen von 5,8 MW bis 16 MW bei Bemessungsdrehzahlen von 1 450 min^{-1} oder 2 950 min^{-1}. Die Leistung kann bei vierpoligen Maschinen bei normaler Luftkühlung maximal 30 MW erreichen.

Bild 2.14 zeigt den schematischen Aufbau eines Drehstromasynchronmotors in Dreieckschaltung und in Sternschaltung. In **Bild 2.15** ist der charakteristische Kennlinienverlauf dargestellt. Man erkennt unterhalb der Bemessungsleistung die Drehzahlabhängigkeit von der anzutreibenden Last und das Kippmoment. Ferner ist erkennbar, dass der Kennlinienverlauf sehr stark bestimmt ist durch die anliegende Spannung.

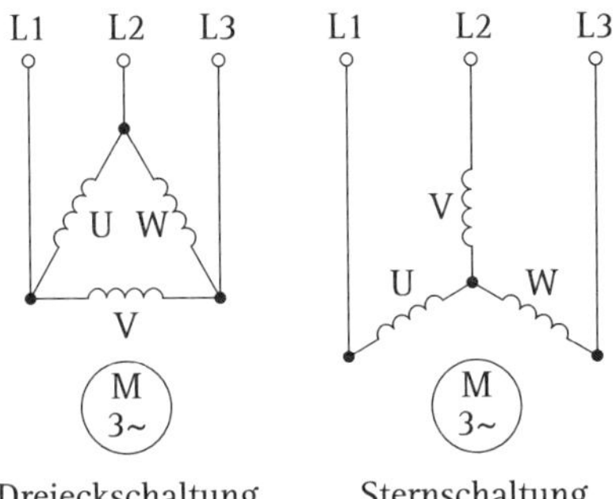

Bild 2.14 Schematischer Aufbau eines Drehstromasynchronmotors in Dreieckschaltung und in Sternschaltung

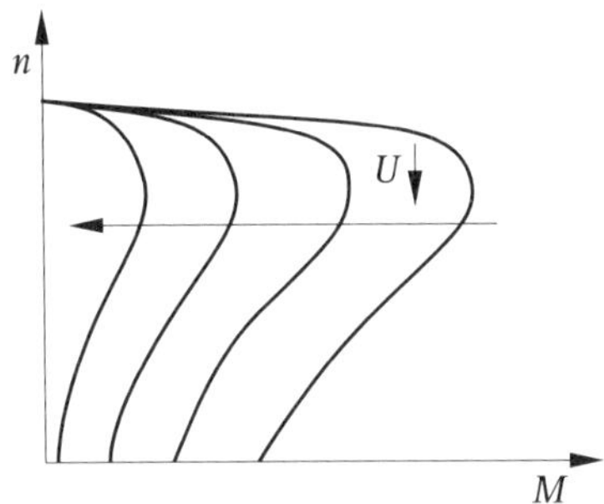

Bild 2.15 Charakteristischer Kennlinienverlauf des Drehstromasynchronmotors

2.3.2 Drehstromsynchronmotoren

Die Entwicklung der Drehstromsynchronmaschine ist stark mit dem Ausbau der elektrischen Energieversorgung mit immer größeren Generatoren verbunden. Daneben werden auch immer dort, wo man konstante Drehzahlen benötigt und aus Kostengründen keine Regelungen einsetzbar sind, Synchronmotoren als Antriebe benutzt.

Der Rotor von Synchronmotoren kann unterschiedlich gestaltet sein. Für gleichstromerregte Maschinen gibt es die Vollpol- und die Schenkelpolmaschine. Diese sind in **Bild 2.16** schematisch dargestellt. Mit fortschreitender Entwicklung der Magnetwerkstoffe sind diese insbesondere im Bereich kleiner Leistungen heute fast vollständig durch permanentmagneterregte Läufer ersetzt.

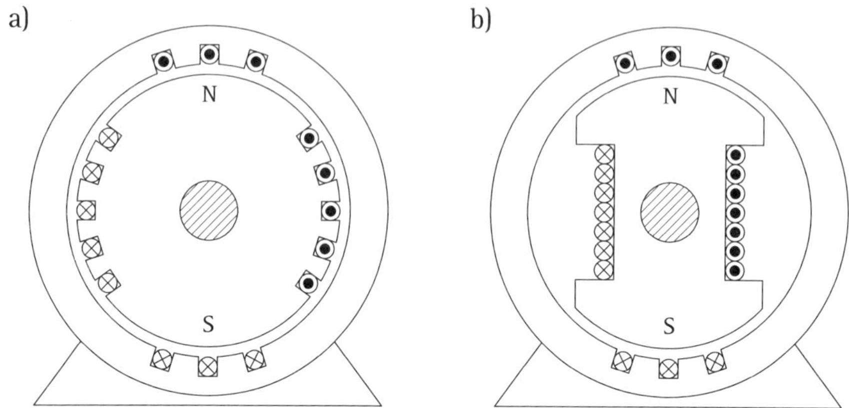

Bild 2.16 Schematischer Aufbau von Vollpol- und Schenkelpolmaschine
a) Vollpolmaschine
b) Schenkelpolmaschine

Die Leistung von Synchrongeneratoren geht bis etwa 1 200 MW bei einer Frequenz von 50 Hz. Werden Synchronmotoren am starren Drehstromnetz betrieben, benötigen sie zum asynchronen Anlauf zusätzlich einen Käfigläufer. Erst mit der Entwicklung der Frequenzumrichter haben die Synchronmaschinen mit Permanenterregung stark an Bedeutung gewonnen. Mit den Frequenzumrichtern kann man die Drehfeldfrequenz von null bis zur gewünschten Enddrehzahl so langsam steigern, dass die Drehzahl des Motors dieser folgen kann. Synchrondrehstrommotoren für den industriellen Einsatz werden im Leistungsbereich von 0,5 kW bis 10 kW angeboten.

Drehstromsynchronmotoren können, sofern der Leistungsbereich identisch ist, auch überall dort eingesetzt werden, wo Drehstromasynchronmotoren zum Einsatz kommen. Gegenüber den Asynchronmotoren haben sie den Vorteil des geringeren Gewichts bei gleicher Leistung, des besseren Wirkungsgrads und des höheren Anlaufmoments. Als Nachteil ist der höhere Preis zu nennen, der durch die Permanentmagnete verursacht wird. Allerdings ist auch hier zu erkennen, dass diese Preise stark nach unten tendieren.

Die schematische Anordnung von Ständer und Läufer einer permanentmagneterregten Drehstromsynchronmaschine zeigt **Bild 2.17**. In **Bild 2.18** ist ein typischer Verlauf der Drehzahl als Funktion des Moments dargestellt. Deutlich ist erkennbar, dass innerhalb des Bemessungsbereichs die Drehzahl nicht lastabhängig ist.

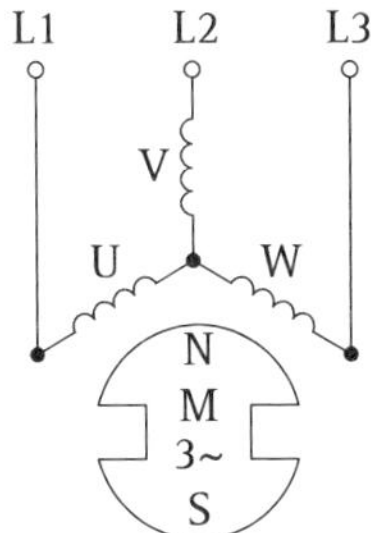

Bild 2.17 Schematische Anordnung von Ständer und Läufer einer permanentmagneterregten Drehstromsynchronmaschine

Bild 2.18 Typischer Verlauf der Drehzahl als Funktion des Drehmoments von einer Drehstromsynchronmaschine

2.4 Schrittmotoren

Die Entwicklung der Schrittmotoren hat über Permanentmagnetschrittmotore und Schrittmotoren mit variabler Reluktanz zu den heute fast ausschließlich eingesetzten Hybridschrittmotoren geführt. Diese vereinigen die Vorteile des Permanentmagnetschrittmotors, wie z. B. hohes Drehmoment, mit denen des Schrittmotors mit variabler Reluktanz, wie kleine Schrittweite und weichem Anlauf.

Einen Längsschnitt durch den schematischen Aufbau eines Hybridschrittmotors zeigt **Bild 2.19**. Daraus ist erkennbar, dass der Läufer auf seiner Welle einen axial ausgerichteten Permanentmagneten trägt. Über diesen Magneten stülpen sich zwei Schalen aus nicht magnetischem Eisen. Zur Vermeidung von Wirbelstromverlusten ist das Material meist lamelliert ausgeführt. Die Rotorblechpakete haben auf dem Umfang gleichmäßig angeordnete Zähne. Das rechte Blechpaket ist gegenüber dem linken Blechpaket in tangentialer Richtung um eine halbe Zahnbreite verschoben.

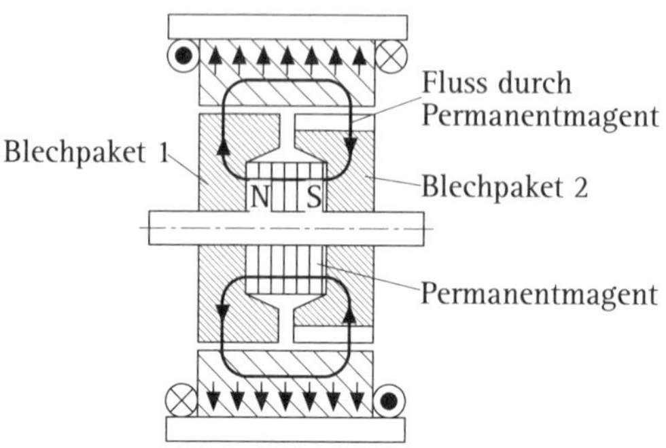

Bild 2.19 Längsschnitt durch den schematischen Aufbau eines Hybridschrittmotors

Die Statorpole verlaufen durchgehend über die gesamte Breite des Motors. Mit der dicken Linie ist der magnetische Kreis dargestellt, der durch den Permanentmagneten verursacht wird. Die Pfeile zeigen die Flussrichtung an. Die in den Polen des Stators eingezeichneten Pfeile stellen den Fluss dar, der durch die Strangströme im Ständer verursacht wird. Man erkennt, dass sich diese beiden Flüsse im linken Luftspalt addieren und im rechten Luftspalt subtrahieren. Da sich ein magnetischer Kreis immer nach dem kleinsten magnetischen Widerstand ausrichtet, stellt sich der Rotor auf den kleinstmöglichen Luftspalt ein, sodass auf der linken Seite die Zahnköpfe der Statorpole und des Rotorblechpakets einander gegenüberstehen. Die weiteren Betrachtungen sollen exemplarisch an einem Zweiphasenschrittmotor mit 20 Zähnen auf dem Rotorblechpaket durchgeführt werden. Bei den meisten handelsüblichen Motoren hat der Rotor aber 50 Zähne.

Den Querschnitt durch den oben beschriebenen Schrittmotor zeigt **Bild 2.20.** In Bild 2.20a verläuft der Querschnitt durch das Blechpaket 1 und in Bild 2.20b durch das Blechpaket 2. Für die Darstellung beider Teilbilder gilt die gleiche Rotorposition. Das linke Teilbild ergibt sich, wenn der Strang A bestromt ist. Die durch den Permanentmagneten und durch den Strom in Strang A verursachten Flüsse addieren sich, wie aus den eingezeichneten Pfeilen zu erkennen ist. Wird der Strom in Strang A abgeschaltet und der in Strang B in der dargestellten Richtung eingeschaltet, wird sich der Rotor wieder nach dem kleinsten magnetischen Widerstand einstellen. Dies geschieht dadurch, dass sich der Motor um eine viertel Zahnteilung nach rechts dreht und somit die Zahnköpfe von Blechpaket 2 und die der Pole von Strang B gegenüberstehen. Für den nächsten Schritt muss dann der Strom wieder durch Strang A fließen, allerdings in anderer Richtung, als in Bild 2.20a eingezeichnet ist. Für den folgenden Schritt muss der Strom von Strang A wieder auf Strang B umgeschaltet werden, dabei ist auch hier die entgegengesetzte Stromrichtung zu der in Bild 2.20b eingezeichneten zu wählen.

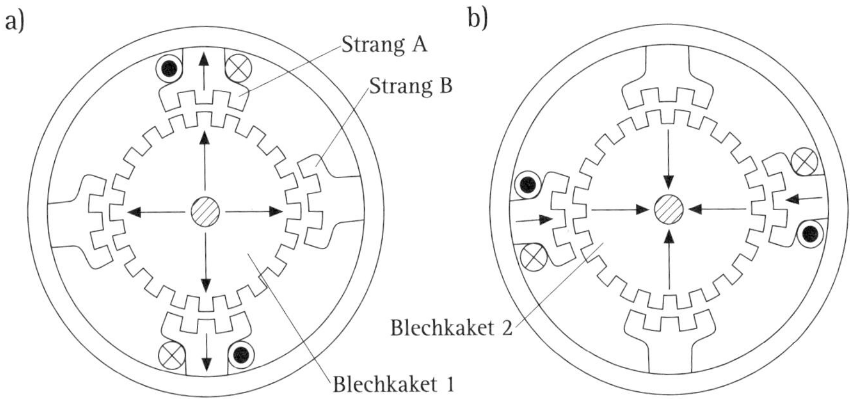

Bild 2.20 Prinzipielle Darstellung der Querschnitte durch die beiden um eine halbe Zahnbreite versetzten Rotorblechpakete bei gleicher Rotorposition

Wenn dann wieder der Strom von Strang B auf Strang A umgeschaltet wird und in der in Bild 2.20a eingezeichneten Richtung fließt, hat sich der Motor um eine volle Zahnteilung gedreht.

Um die beschriebene Schrittfolge zu erreichen, bei der durch jeden Schritt der Läufer um eine viertel Zahnteilung weitergeschaltet wird, müssen bei der Anordnung von Rotor- und Statorzähnen bestimmte Voraussetzungen erfüllt sein. Bei dem exemplarisch betrachteten Schrittmotor mit 20 Zähnen am Umfang ergibt sich eine Zahnteilung von $360°/20 = 18°$. Die Pole der Stränge A und B müssen dafür am Umfang des Läufers um ein Vielfaches plus ein Viertel der Zahnteilung versetzt sein. Für das betrachtete Beispiel ergibt sich, wenn die Pole gleichmäßig am Umfang verteilt sein sollen, ein Winkel vom $5 \cdot 18° + 4{,}5° = 94{,}5°$. Da sich der Läufer bei der gewählten Anordnung der Pole bei jedem Schritt um eine viertel Zahnteilung weiterdreht, lassen sich bei 20 Zähnen mit einem Zweiphasenschrittmotor 80 Schritte pro Umdrehung mit einfachster Ansteuerung der beiden Stränge erreichen. Dies bedeutet in dem betrachteten Beispiel eine Rotordrehung von 4,5°/Schritt. Wenn die Stromrichtung in den beiden Strängen, mit der der Fluss nach innen zeigt, als invertiert bezeichnet wird, ist für die Rechtsdrehung um eine Zahnteilung folgende Schrittfolge erforderlich:

Strang A, $\overline{\text{Strang B}}$, $\overline{\text{Strang A}}$, Strang B

Für die Linksdrehung um eine Zahnteilung muss dann, ausgehend von der in Bild 2.20 gezeichneten Rotorlage, die folgende Schrittfolge geschaltet werden:

Strang A, Strang B, $\overline{\text{Strang A}}$, $\overline{\text{Strang B}}$

Da der Läufer mit jedem Schritt um einen bestimmten Winkel gedreht wird, ist die Rotordrehzahl frequenzabhängig.

Zum Betrieb der Schrittantriebe ist neben dem Motor selbst noch eine Antriebselektronik, bestehend aus einem Steuer- und einem Leistungsteil, erforderlich. Der Aufbau dieser Schaltung ist schematisch in **Bild 2.21** dargestellt. Der Leistungsteil besteht beim Zweiphasenschrittmotor aus zwei H-Brücken, mit denen die Ströme durch die Stränge A und B in beide Richtungen gesteuert werden können. Zur Erzeugung der Ansteuersignale für die Leistungsschalter in den H-Brücken, um die geforderte Bewegung zu erzeugen, ist eine Steuerelektronik erforderlich, die hier nur als Block dargestellt ist.

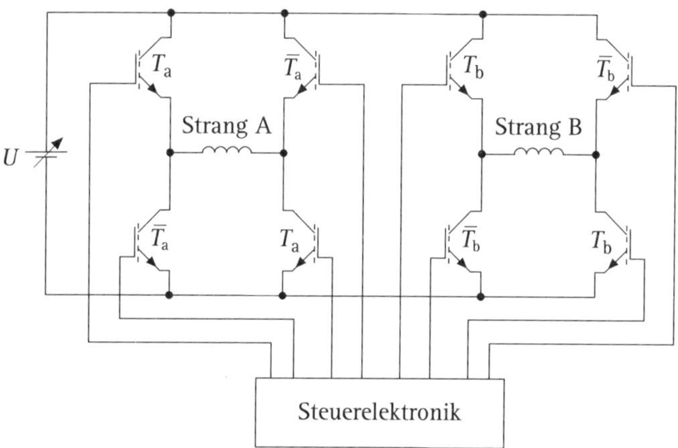

Bild 2.21 Schematischer Aufbau der Schaltung zum Betrieb eines Zweiphasenschrittmotors

Neben dem Zweiphasenschrittmotor gibt es auch noch Dreiphasen- und Fünfphasenschrittmotoren. Mit diesen lässt sich die Anzahl der Schritte pro Umdrehung weiter erhöhen. Allerdings sind damit auch eine Steigerung des mechanischen Aufwands beim Bau der Motoren und eine Steigerung des Schaltungsaufwands der Elektronik verbunden. Soll eine sehr kleine Schrittweite erreicht werden, lässt sich ein Makrostep (in dem betrachteten Beispiel 4,5°) noch in bis zu 500 Mikrosteps aufteilen. Möglich geworden ist dies durch die Steigerung der Rechenleistung der am Markt angebotenen Mikrocontroller, die zentraler Bestandteil der Steuerelektronik sind.

Schrittmotoren werden überall dort eingesetzt, wo mit einem möglichst geringen Aufwand bestimmte Drehwinkel oder Strecken abgefahren werden müssen. Dies ist bei Testautomaten (Prüfung von Schaltern) oder bei Büromaschinen der Fall. Dabei ist aber darauf zu achten, dass die Motoren nicht überlastet werden.

Sollte dies der Fall sein, kann es vorkommen, dass nicht alle durch die Steuerung vorgegebenen Schritte ordnungsgemäß ausgeführt werden. Da nach dem Einschalten des Systems nicht bekannt ist, an welcher Position sich das System befindet, ist eine Referenzfahrt gegen einen mechanischen Anschlag oder über eine Lichtschranke bzw. über einen induktiven Näherungsschalter erforderlich.

2.5 Relative Einschaltzeit, effektives Moment

Wenn beim Betrieb eines Motors ständig Ein- und Ausschaltzeit aufeinander folgen und während des Betriebs die Einschaltzeiten und die Ausschaltzeiten jeweils konstant bleiben, wie dies **Bild 2.22** zeigt, lässt sich daraus die relative Einschaltzeit berechnen:

$$t_{\mathrm{eff}} = \frac{t_{\mathrm{e}}}{t_{\mathrm{e}} + t_{\mathrm{a}}} \qquad (2.2)$$

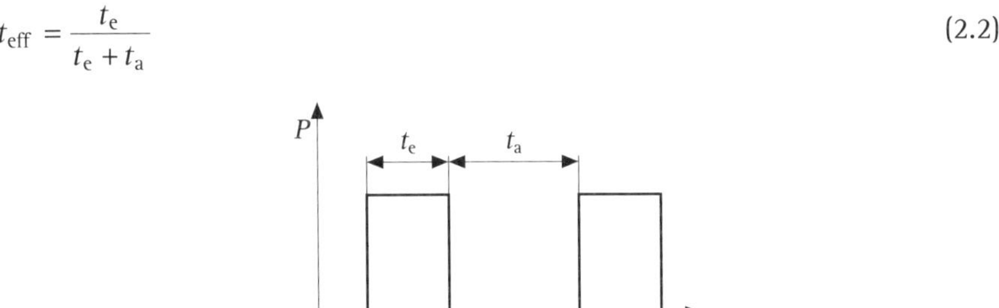

Bild 2.22 Folge von Ein- und Ausschaltzeit zur Berechnung der relativen Einschaltzeit beim Betrieb eines Motors

Das effektive Drehmoment wird berechnet, wenn ein Motor sich wiederholende Lastspiele ausführt, wobei jedes Lastspiel aus einer Folge unterschiedlicher Belastungen besteht. Über das effektive Drehmoment lassen sich Abschätzungen der thermischen Belastung des Motors durchführen. **Bild 2.23** zeigt beispielhaft das Arbeitsspiel eines Motors. Allgemein berechnet sich das effektive Motormoment nach:

$$M_{\mathrm{eff}} = \sqrt{\frac{1}{T} \cdot \sum M_i^2 \cdot t_i} \qquad (2.3)$$

Für das in Bild 2.23 exemplarisch dargestellte Arbeitsspiel ergibt sich das effektive Moment zu:

$$M_{\mathrm{eff}} = \sqrt{\frac{M_1 \cdot t_1 + M_2 \cdot t_2 + M_3 \cdot t_3}{T}} \qquad (2.4)$$

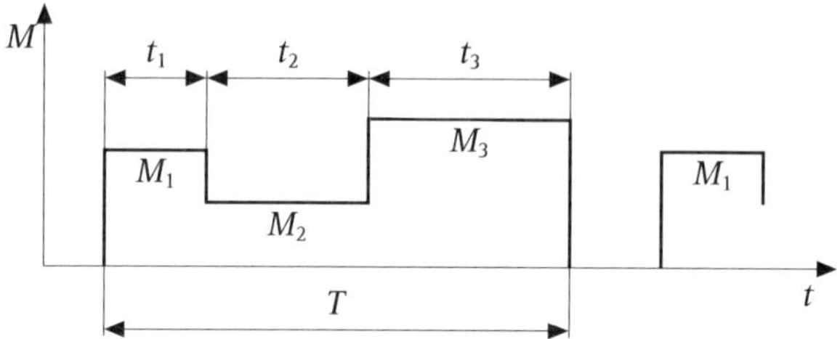

Bild 2.23 Darstellung des Arbeitsspiels eines Motors

3 Zuordnung von Antrieb und Anwendung

Nachdem in den vorhergehenden Abschnitten die Eigenschaften der Motoren, die in der Praxis die größte Verbreitung gefunden haben, kurz beschrieben worden sind, sollen im Folgenden Hinweise darauf gegeben werden, welcher Antrieb für welche Anwendung am besten geeignet ist. Wobei wegen der Vielzahl von Spezialfällen auch diese Zusammenstellung nicht vollständig sein kann und sich nur auf die Fälle beschränkt, die durch ihre Stückzahl die Produktion der einzelnen Motortypen wesentlich bestimmt.

Ein sehr großes Einsatzgebiet von Elektromotoren ist der Consumer-Bereich. Die hier benötigten Antriebsleistungen sind relativ gering und gehen in den allermeisten Fällen nicht über 750 W hinaus. Deshalb ist auch die weitaus größte Zahl der hergestellten Motoren in dem genannten Leistungsbereich zu finden. Zum Consumer-Bereich gehören Haushaltsgeräte wie Waschmaschinen, Küchenmaschinen, Mixer, Zitruspressen, Kompressorantriebe für Kühlgeräte u. a. Weiter ist zu diesem Segment der große Bereich der Handwerkergeräte zu zählen wie Handbohrmaschinen, Handkreissägen, Handschleifgeräte u. a. Hier gibt es Geräte sowohl für den Anschluss an das 230-V-Netz als auch für den Akkumulator-Betrieb. Ein nächstes großes Einsatzgebiet ist die Heizungs- und Lüftungstechnik. Hier werden Elektromotoren in sehr großer Zahl zum Antrieb von Umwälzpumpen, Ölpumpen, Mischern, Ventilatoren usw. eingesetzt. In der jüngsten Vergangenheit werden auch immer mehr Motoren als Hilfsantriebe im Automobilbereich verwendet. Sie dienen als Fensterheber, zur Sitzverstellung, zur Positionierung der Rückspiegel und mehr. Auch im Hobbybereich finden Elektromotoren in immer größerer Anzahl Anwendung.

Eine Applikation, die den gewerblichen und immer mehr auch den privaten Bereich betrifft, ist die Unterhaltungselektronik und die Bürotechnik, einschließlich der Computertechnik. Hier finden Kleinstmotore Anwendung zum Antrieb von Druckern, Diskettenlaufwerken, DVD-Laufwerken, Kühlventilatoren, um nur einige Beispiele zu nennen. Ferner werden sie eingesetzt als Transport- und Vorschubantriebe für Papier in Druckern, Kopierern usw.

Während in den genannten Anwendungen nur Antriebe kleinerer Leistung benötigt werden, benötigt man für den industriellen Einsatz auch Antriebe mit mittleren und höheren Leistungen. Typische Anwendungen in der Handhabungs- und Fertigungstechnik sind Servoantriebe und Spindelantriebe. Im Segment der Fördertechnik benötigt man sie zum Antrieb von Flurförderzeugen, Pumpen, Förderbändern u. a. Auch die Energie- und Verfahrenstechnik benötigt leistungsstarke Antriebe für Rührer, Zentrifugen, Pumpen und vieles mehr. In der Umformtechnik werden Motoren mit großer Abgabeleistung zum Antrieb von Pressen, Stanzen usw. eingesetzt. Ein weiteres Einsatzgebiet für Antriebe mit mittleren Leistungen, aber hohen Anforderungen an die Dynamik, ist die Dosier- und Verpackungstechnik.

Für alle genannten Anwendungen werden unterschiedliche Anforderungen an die Motoren gestellt. Im Vordergrund stehen dabei eine hohe Zuverlässigkeit und eine an die Anwendung angepasste Lebensdauer. Generell ist in der Entwicklung eine starke Tendenz zu bürstenlosen Motoren zu erkennen. Infolge des großen Konkurrenzdrucks auf dem Markt der Motoren müssen die Kosten in der Entwicklung und Herstellung immer mehr gesenkt werden. Dies wird erreicht durch Verwendung von Normteilen und durch die Herstellung großer Stückzahlen.

In **Tabelle 3.1** sind die Anwendungsbereiche für den Einsatz elektrischer Maschinen noch einmal zusammengestellt und nach Anwendungsgebieten geordnet.

Tabelle 3.1 Typische Anwendungsgebiete für Elektrische Antriebe

Marktsegment	Anwendung
Haushaltsgeräte	Kühlgeräte, Gefriergeräte, Geschirrspülmaschinen, Müllschlucker, Abfallverdichter, Drehteller in Mikrowellengeräten, Waschmaschinen, Wäschetrockner, Ventilatoren, Kompressoren für Klimaanlagen, Verdampfungskühler, Kaminventilatoren, Lufttrockner, Luftbefeuchter, Absaugventilatoren, Haartrockner, Mixer, Zerkleinerungsmaschinen, Kaffeemaschinen, Rührgeräte für Teig, Zitruspressen, Dosenöffner, Dampfreiniger, Staubsauger, Poliergeräte, Wecker, Elektrorasierer, Elektrische Zahnbürsten
Automobiltechnik	Elektrischer Fahrantrieb, Elektrische Fensterheber, Elektrische Zentralverriegelung, Elektrisches Schiebedach, Elektrischer Antennenantrieb, Elektrischer Starter, Scheibenwischerantrieb, Elektrische Kraftstoffpumpe, Elektrische Ölpumpe, Gebläseantrieb für Motorkühlung, Elektronisches Stabilisierungssystem, Antiblockiersystem, Frischluftventilator, Drosselklappenverstellung, Elektrische Sitzverstellung, Elektrische Außenspiegelverstellung, Kompressor für Klimaanlage
Consumer-Bereich	Nähmaschinen, Computer, Trainingsgeräte, Zerreißwölfe, Garagentorantriebe, Umwälzpumpen für Swimmingpools und Teiche, Kinderspielzeug, Funkgesteuerte Fahrzeuge und Roboter, Ventilatoren zur Kühlung elektrischer Geräte, Antriebe für Speicherlaufwerke, Antriebe in Kameras, Antriebe für CD/DVD-Laufwerke. Vorschubantriebe in Faxgeräten und Druckern, Rasenmäher, Rasentrimmer, Kettensägen, Heimwerkergeräte
Industrieanwendungen	Maschinen zur Nahrungsmittelherstellung, Pumpen, Förderbänder, Krane, Traktionsantriebe, Präzisionsantriebe für Roboter, Druck- und Werkzeugmaschinen, Antriebe in der Medizintechnik, Servoantriebe, Antriebe für alle Bereiche der industriellen Fertigung wie z. B. Textilmaschinen

Diese Zusammenstellung gibt nur einen Überblick über die Antriebsanwendungen und über die dominierenden Anwendungsgebiete und kann deshalb auch keinen Anspruch auf Vollständigkeit erheben [2.1; 3.1].

Tabelle 3.2 zeigt eine Zuordnung der einzelnen Motorarten zu typischen Anwendungen. Aus der Vielzahl der verschiedenen Motoren und dem großen Spektrum der Anwendungen stellt diese Tabelle nur einen kleinen Ausschnitt dar und erhebt deshalb keinesfalls den Anspruch auf Vollständigkeit. Sie soll dem Anwender nur erste Hinweise geben zu weiteren Recherchen, um für seine Applikation die optimale Antriebslösung zu finden.

Aus dieser Tabelle ist erkennbar, dass einige Motorarten bei vielen Anwendungen eingesetzt werden. Dies liegt an ihrer universellen Verwendbarkeit, an ihrem großen Leistungsbereich, an ihren geringen Laufgeräuschen und auch an ihrer außerordentlichen Robustheit. Sie benötigen kaum Wartung, weil sie als Verschleißteile lediglich zwei Lager enthalten. Bei deren korrekter Dimensionierung ist zu erwarten, dass diese Motoren über die vorgesehene Lebensdauer ohne Probleme laufen.

Andere Motoren haben dagegen nur eine begrenzte Anwendung. Aber gerade für diese sind sie hervorragend geeignet und werden dafür in sehr großen Stückzahlen hergestellt. Aufgrund ihres speziellen und einfachen Aufbaus lassen sie sich kostengünstig herstellen; deswegen lassen sie sich auch aus ihren speziellen Anwendungen nur schwer verdrängen. Dies gilt besonders für den gesamten Consumer-Bereich.

Neben der Entscheidungstabelle (Tabelle 3.2) ist in **Bild 3.1** noch ein sogenannter Entscheidungsbaum angegeben, mit dessen Hilfe der Anwender über verschiedene Abfragen, die auch in starken Maße auf das Steuer- und Regelverhalten der Antriebe abgestimmt sind, den geeigneten Antrieb einschließlich der erforderlichen Steuer- und Leistungselektronik finden kann. Darin sind verschiedene Begriffe bezüglich der elektronischen Stellelemente enthalten, deren Funktionen in den nachfolgenden Abschnitten näher erläutert werden.

In der letzten Zeit ist in starkem Maße zu beobachten, dass die Zuordnung von Motoren und Anwendungen im Fluss ist. Besonders die immer kostengünstigere Steuer- und Leistungselektronik für die einzelnen Motoren ist Ursache dafür, dass bei bestimmten Anwendungen neuere Antriebskonzepte konventionelle Lösungen verdrängen. Ein Beispiel dafür ist der Ersatz von Universalmotoren durch Drehstromasynchronmotoren mit Steuerung und Regelung durch Frequenzumrichter in Haushaltswaschmaschinen der höheren Preisklasse. Durch die Drehstrommotoren mit Frequenzumrichtern lässt sich beispielsweise der gesamte Waschvorgang noch optimaler gestalten als mit Universalmotoren. Dies und die Verfügbarkeit preiswerter und zuverlässigen Frequenzumrichter sind die Gründe für die Änderung des Antriebskonzepts in diesem Segment.

Die ständige Weiterentwicklung auf dem Gebiet der Motoren und hier insbesondere der Magnetwerkstoffe sowie der Steuer- und Leistungselektronik für ihren Betrieb wird auch in Zukunft dafür verantwortlich sein, dass schon lange bewährte Antriebslösungen immer wieder einer kritischen Betrachtung unterzogen werden müssen.

Wie die Möglichkeiten der einzelnen Motorarten unter Verwendung einer geeigneten Steuer- und Leistungselektronik noch erweitert werden können, wird in einem späteren Kapitel erläutert.

Tabelle 3.2 Typische Zuordnungen von Anwendungen und Motorarten

Motortypen	**Anwendungen**																
	Heizungs- und Klimatechnik	Hilfsantriebe in der Kfz-Technik	Hub- und Förderantriebe	Haushaltsmaschinen	Handwerkermaschinen für Netz oder Akkumulator	Büro- und Computertechnik	Servoantriebe in Werkzeugmaschinen	Servoantriebe in der Handhabungstechnik	Verpackungsmaschinen	Spindelantriebe in der Bearbeitungstechnik	Pumpen und Ventilatoren	Zentrifugen und Rührer	Drehstrom-ASM am 230-V-Netz	Uhrenantriebe	Prüftechnik, Positionierantriebe	Fahrantriebe in der Automobiltechnik	Elektro-Mobilität
Schrittmotor						×			×						×		
geschalteter Reluktanzmotor						×			×						×		
Drehstromsynchronservomotor			×				×	×	×	×	×	×				×	×
Drehstromasynchronservomotor			×				×	×	×	×		×					
Wechselstrommotor zweisträngig mit Kondensatorhilfszweig und Käfigläufer	×			×							×	×					
Wechselstrommotor dreisträngig mit Kondensatorhilfszweig und Käfigläufer													×				
Wechselstrommotor zweisträngig mit Kondensatorhilfszweig und Permanentmagnetläufer	×			×							×			×			
Wechselstrommotor dreisträngig mit Kondensatorhilfszweig und Permanentmagnetläufer													×				
Universalmotor				×	×												
Elektronik(EC)-Motor	×	×			×	×			×	×	×	×					
Gleichstromreihenschlussmotor		×		×	×												
Gleichstromnebenschlussmotor		×		×	×												
permanentmagneterregter Gleichstrommotor		×		×	×	×									×		

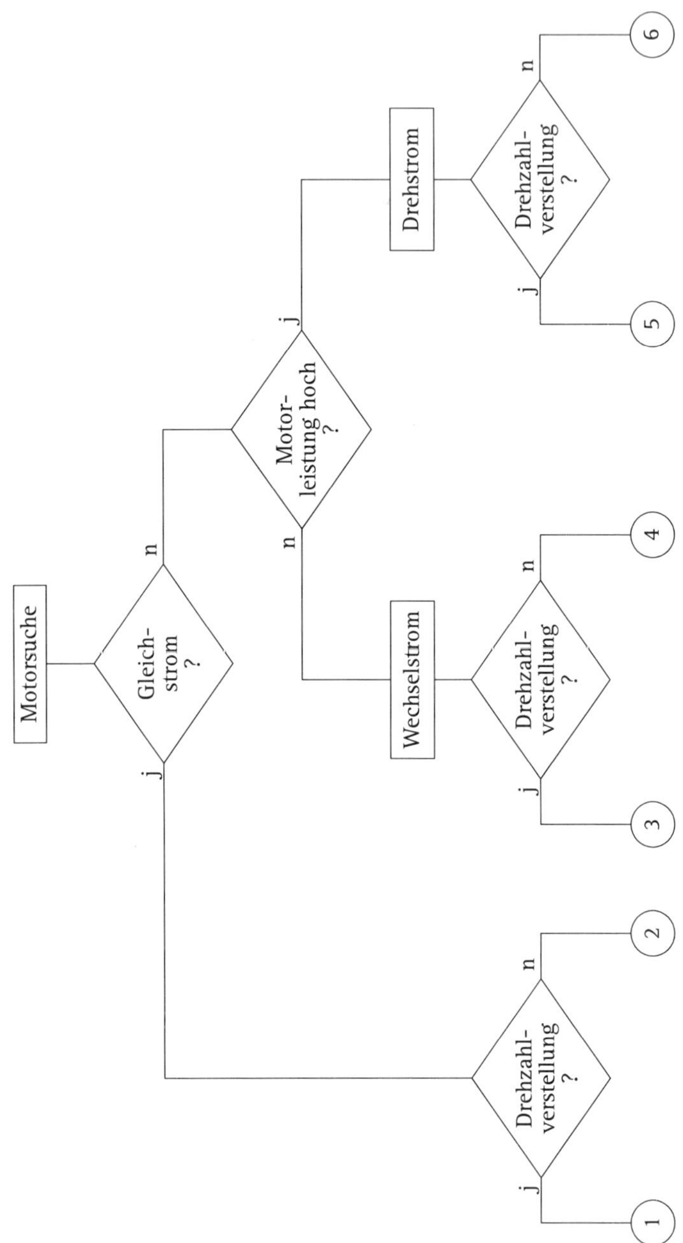

Bild 3.1 Entscheidungsbaum zur Motorfindung

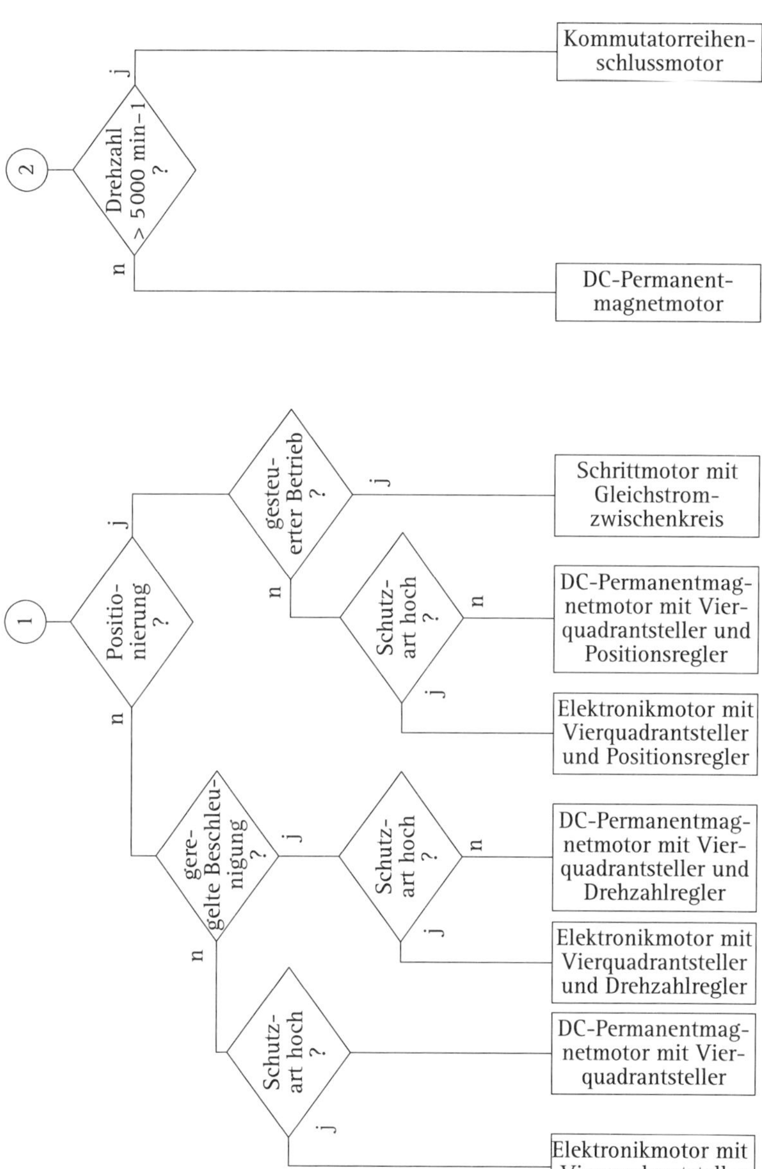

Bild 3.1 (*Fortsetzung*) Entscheidungsbaum zur Motorfindung

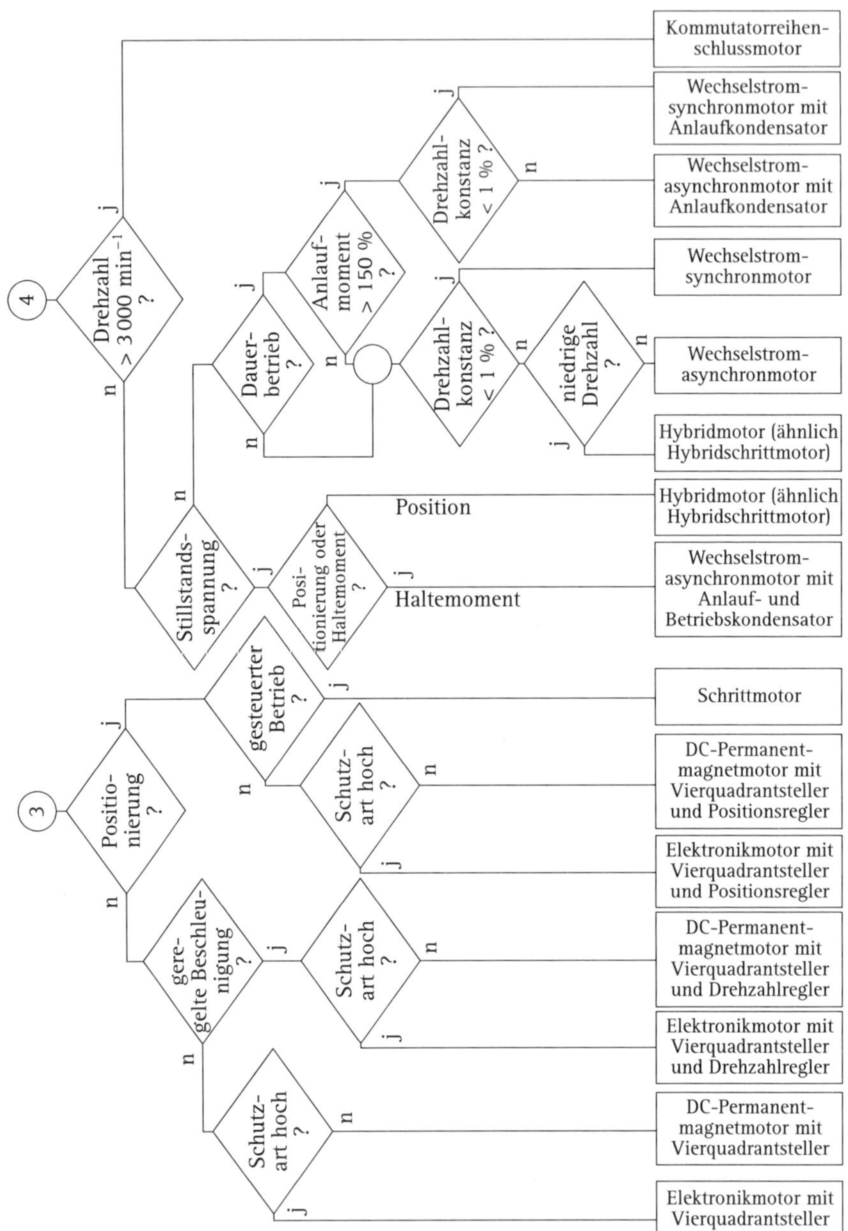

Bild 3.1 (*Fortsetzung*) Entscheidungsbaum zur Motorfindung

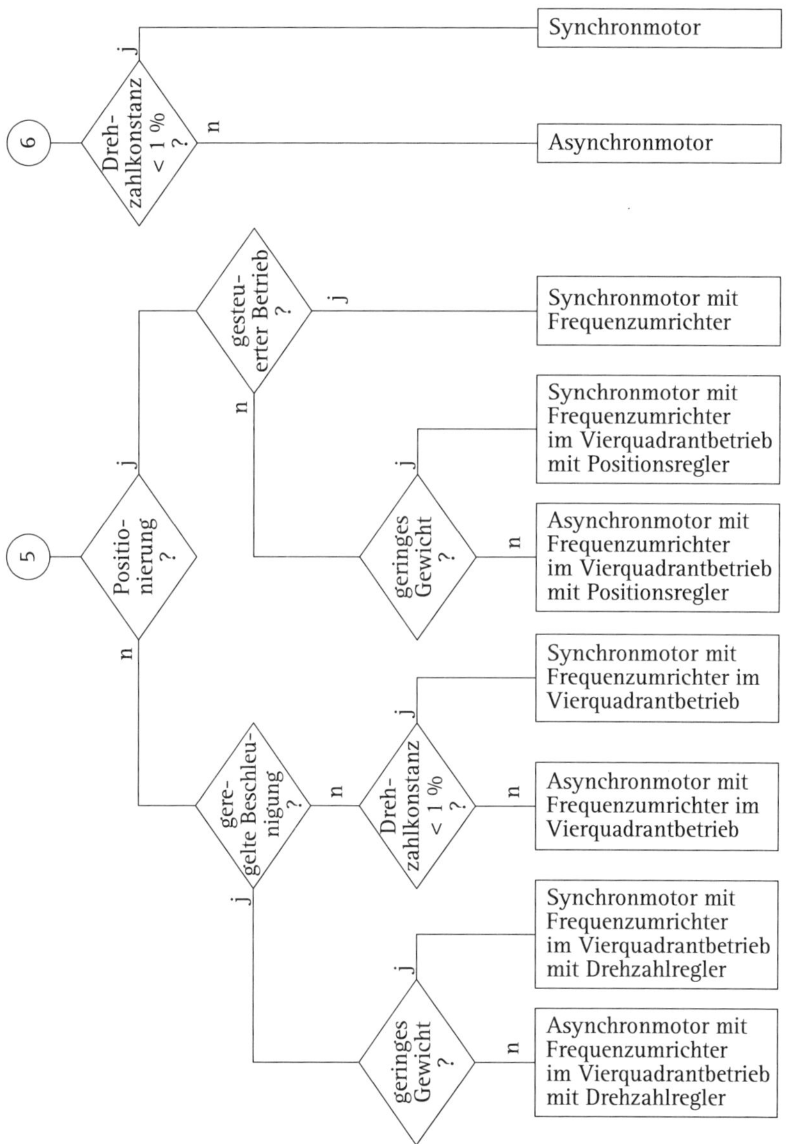

Bild 3.1 (*Fortsetzung*) Entscheidungsbaum zur Motorfindung

3.1 Normung

In Sinne der Austauschbarkeit von Antrieben verschiedener Hersteller gibt es Richtlinien und Normen, die bei der Motorherstellung zu beachten sind. Diese beziehen sich auf eindeutig festgelegte Baugrößen- und Leistungsabstufungen, Bemessungsgrößen, Abmessungen, Schutzarten, Kühlung, Umweltbedingungen u. a.

In **Tabelle 3.3** sind einige der zu berücksichtigenden Normen zusammengestellt.

Tabelle 3.3 Zusammenstellung einiger Normen für elektrische Maschinen

Bezeichnung	IEC	Norm
Drehende elektrische Maschinen – Teil 1: Bemessung und Betriebsverhalten	IEC 60034-1: 2010	DIN EN 60034-1 (VDE 0530-1): 2011-02
Drehende elektrische Maschinen – Teil 2-1: Standardverfahren zur Bestimmung der Verluste und des Wirkungsgrads aus Prüfungen (ausgenommen Maschinen für Schienen- und Straßenfahrzeuge)	IEC 60034-2-1: 2014	DIN EN 60034-2-1 (VDE 0530-2-1): 2015-02
Drehende elektrische Maschinen – Teil 2-2: Besondere Verfahren zur Bestimmung der Einzelverluste großer elektrischer Maschinen aus Prüfungen – Ergänzung zu IEC 60034-2-1	IEC 60034-2-2: 2010	DIN EN 60034-2-2 (VDE 0530-2-2): 2010-10
Drehende elektrische Maschinen – Teil 8: Anschlussbezeichnungen und Drehsinn	IEC 60034-8: 2007	DIN EN 60034-8 (VDE 0530-8): 2014-10
CENELEC-Normspannungen	IEC 60038: 2009	DIN EN 60038 (VDE 0175-1): 2012-04
Drehende elektrische Maschinen – Teil 9: Geräuschgrenzwerte	IEC 60034-9: 2003	DIN EN 60034-9 (VDE 0530-9): 2008-01
Akustik – Verfahren zur Messung der Luftschallemission von drehenden elektrischen Maschinen	ISO 1680: 2013	DIN EN ISO 1680: 2014-04
Klassifizierung von Umgebungsbedingungen – Teil 3: Klassifizierung von Einflussgrößen in Gruppen und deren Schärfegrade – Einführung	IEC 60721-3-0: 1984	E DIN EN 60721-3-0 (VDE 0468-721-3-0): 2016-02
Schutzarten durch Gehäuse (IP-Code)	IEC 60529: 1991	DIN EN 60529 (VDE 0470-1): 2014-09
Drehende elektrische Maschinen – Teil 5: Schutzarten aufgrund der Gesamtkonstruktion von drehenden elektrischen Maschinen (IP-Code) – Einteilung	IEC 60034-5: 2000	DIN EN 60034-5 (VDE 0530-5): 2007-09
Drehende elektrische Maschinen – Teil 6: Einteilung der Kühlverfahren (IC-Code)	IEC 60034-6: 1991	DIN EN 60034-6 (VDE 0530-6): 1996-08
Drehende elektrische Maschinen – Teil 7: Klassifizierung der Bauarten, der Aufstellungsarten und der Klemmenkastenlage (IM-Code)	IEC 60034-7: 2000	DIN EN 60034-7 (VDE 0530-7): 2001-12

Tabelle 3.3 (*Fortsetzung*) Zusammenstellung einiger Normen für elektrische Maschinen

Bezeichnung	IEC	Norm
Drehende elektrische Maschinen – Teil 12: Anlaufverhalten von Drehstrommotoren mit Käfigläufer, ausgenommen polumschaltbare Maschinen	IEC 60034-12: 2016	DIN EN 60034-12 (VDE 0530-12): 2017-12
Drehende elektrische Maschinen – Teil 14: Mechanische Schwingungen von bestimmten Maschinen mit einer Achshöhe von 56 mm und höher – Messung, Bewertung und Grenzwerte der Schwingstärke	IEC 60034-14: 2018	DIN EN IEC 60034-14 (VDE 0530-14): 2019-04
Zentrierbohrungen 60° – Formen R, A, B und C	–	DIN 332-1:1986-04
Zentrierbohrungen 60° mit Gewinde für Wellenenden elektrischer Maschinen	–	DIN 332-2:1983-05
Zylindrische Wellenenden, Abmessungen, Nenndrehmomente	–	DIN 748-1:1970-01
Einführungen in den Anschlusskasten für Drehstrommotoren mit Käfigläufer bei Bemessungsspannungen 400 V bis 690 V	–	DIN 42925:2004-12
Drehstromasynchronmotoren für den Allgemeingebrauch mit standardisierten Abmessungen und Leistungen – Baugrößen 56 bis 315 und Flanschgrößen 65 bis 740	–	DIN EN 50347: 2003-09
Rundlauf der Wellenenden, Koaxialität und Planlauf der Befestigungsflansche drehender elektrischer Maschinen – Baugröße größer 315 – Toleranzen, Prüfung	–	DIN SPEC 42955: 2012-04
Mitnehmerverbindungen ohne Anzug – Passfedern, Nuten – hohe Form	–	DIN 6885-1:1968-08
Drehende elektrische Maschinen – Teil 25: Wechselstrommaschinen zur Verwendung in Antriebssystemen – Anwendungsleitfaden	IEC 60034-25: 2014	DIN VDE 0530-25 (VDE 0530-25): 2018-12
Kabelverschraubungen für elektrische Installationen	IEC 62444: 2010	DIN EN 62444 (VDE 0619): 2014-05
Explosionsgefährdete Bereiche Teil 14: Projektierung, Auswahl und Errichtung elektrischer Anlagen	IEC 60079-14: 2013	DIN EN 60079-14 (VDE 0165-1): 2014-10
Explosionsgefährdete Bereiche Teil 14: Projektierung, Auswahl und Errichtung elektrischer Anlagen – Beiblatt 1: Auslegungsblatt 1	IEC 60079-14: 2013	DIN EN 60079-14 (VDE 0165-1 Beiblatt 1): 2017-10
Explosionsgefährdete Bereiche Teil 17: Prüfung und Instandhaltung elektrischer Anlagen	IEC 60079-17: 2013	DIN EN 60079-17 (VDE 0165-10-1): 2014-10

4 Leistungsbedarfsermittlung von Anwendungen

Bei der Projektierung eines Antriebs muss im ersten Schritt für die Anwendung die geeignetste Motorart gefunden werden. Im zweiten Schritt ist dann zu klären, welche Leistung die Anwendung bei welcher Drehzahl und bei welchem Drehmoment erfordert [4.1]. Zwischen den drei genannten Größen besteht die Beziehung:

$$P = M \cdot \omega \tag{4.1}$$

Zwischen der Winkelgeschwindigkeit ω und der Drehzahl n, wenn diese in min^{-1} angegeben werden, gilt der Zusammenhang:

$$\omega = \frac{2 \cdot \pi \cdot n}{60} \tag{4.2}$$

Aus der für die gewählte Motorart vorhandenen Baureihe ist im nächsten Schritt die richtige Motorgröße auszuwählen. Um dies tun zu können, muss man aber den Leistungsbedarf der betrachteten Anwendung kennen. Erst dann ist man in der Lage, die geeignete Motorbaugröße, bezogen auf die geforderte Antriebsleistung, auszuwählen. Danach ist zu überprüfen, ob dieser Motor auch die benötigte Drehzahl und das geforderte Drehmoment liefern kann. Ist dies nicht der Fall, muss der Motor über ein Getriebe an die Anwendung angepasst werden. Den Aufbau einer Anordnung mit Motor, Getriebe und Anwendung zeigt **Bild 4.1**. Das dargestellte Getriebe ist ein einstufiges Stirnradgetriebe mit versetzter An- und Abtriebswelle.

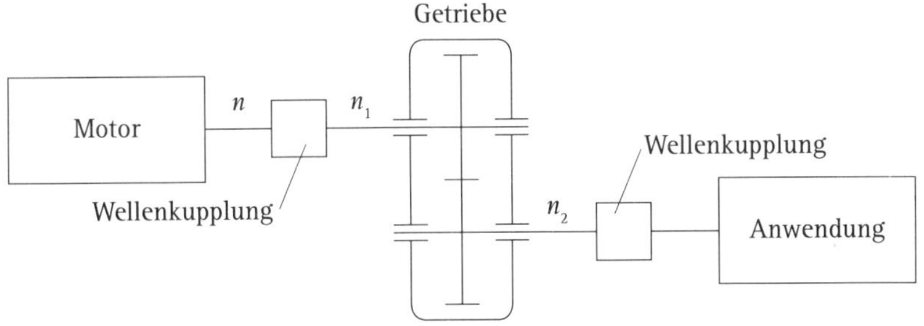

Bild 4.1 Prinzipieller Aufbau eines Motors und einer Anwendung mit Getriebe zur Drehzahlanpassung

Es ist somit das einfachste seiner Art. Daneben gibt es noch andere, konstruktiv aufwendigere Getriebearten. Mit Schneckengetriebe, Winkelgetriebe und Planetengetriebe seien nur noch einige von ihnen genannt [4.2].

Viele Hersteller bieten auch Motor-Getriebe-Kombinationen an, die man als eine Einheit betrachten kann.

Im Folgenden werden Hinweise zur Ermittlung der Antriebsleistung und teilweise Berechnungsbeispiele für verschiedene Anwendungen angegeben. Vorab ist anzumerken, dass vorwiegend beim Einsatz von Klein- und Kleinstmotoren wenig gerechnet wird, sondern man greift in sehr starkem Maße auf Erfahrungswerte zurück.

4.1 Haushaltsmaschinen

Die zahlenmäßig größte Gruppe unter den Haushaltsmaschinen sind die Küchenmaschinen. Diese müssen an das 230-V-Wechselstromnetz anschließbar und universell für verschiedenste Arbeitsgänge wie Kneten, Mixen, Zerkleinern u. a. einsetzbar sein. Dabei stellt jeder Arbeitsgang an den Antriebsmotor andere Anforderungen. Diese beziehen sich auf die Antriebsleistung und die Drehzahl. Damit ist der Motor leistungsmäßig an den Arbeitsgang mit dem größten Leistungsbedarf anzupassen. Die Drehzahl muss in einem weiten Bereich einstellbar sein. Während die Maschine beim Kneten langsam laufen soll, wird beim Mixen eine hohe Drehzahl benötigt. Bei all diesen verschiedenen Eigenschaften, die vom Antrieb einer Küchenmaschine erwartet werden, sollte dieser auch noch preiswert sein.

Alle genannten Anforderungen können durch einen Universalmotor mit einer sehr einfachen und preiswerten Phasenanschnittsteuerung zur Drehzahleinstellung erfüllt werden. Die Leistung für einen solchen Motor ermittelt man am besten aus der Erfahrung mit vorhergehenden Modellen. Auf die Drehzahlsteuerung wird in einem späteren Kapitel eingegangen.

Eine weitere große Gruppe der Geräte, die im Haushalt eingesetzt und an das 230-V-Wechselstromnetz angeschlossen werden, sind die Waschmaschinen. Diese benötigen einen Motor zum Antrieb der Waschtrommel und einen Motor als Antrieb für die Laugenpumpe. Der Waschtrommelmotor muss mit zwei wesentlich unterschiedlichen Drehzahlen laufen können, eine niedrige für den Waschvorgang und eine hohe für den Schleudervorgang. Bei älteren und kostengünstigen Modellen erreicht man dies durch Wechselstrommotoren mit umschaltbarer Polpaarzahl. Bei neueren Modellen, insbesondere im Hochpreissegment, verwendet man häufig schon Drehstromasynchronmotoren mit Frequenzumrichter. Diese haben den

Vorteil, dass mit ihnen jede gewünschte Drehzahl eingestellt werden kann. Dies nutzt man beim Schleudern aus. Bei ungleichmäßiger Verteilung der Wäsche in der Trommel, die zu Unwuchten führt, wird die Drehzahl so eingestellt, dass die zulässigen Fliehkräfte nicht überschritten werden.

Verschiedene Hersteller von Steuer- und Leistungselektronikkomponenten bieten solche Frequenzumrichter einfach und kostengünstig an.

Während der Drehzahlerhöhung beim Übergang vom Waschvorgang in den Schleudervorgang hat der Motor das größte Drehmoment zu liefern. Da der Trommelantrieb über einen Keilriementrieb mit einer Übersetzung i erfolgt, berechnet sich das Drehmoment des Motors zu:

$$M = \frac{1}{i^2} \cdot J_{\text{ges}} \cdot \alpha \tag{4.3}$$

Für die Winkelbeschleunigung α vom Waschbetrieb (Index W) in den Schleudergang (Index S) gilt:

$$\alpha = \frac{\omega_{\text{S}} - \omega_{\text{W}}}{t_{\text{SW}}} = \frac{60}{2 \cdot \pi} \cdot \frac{n_{\text{S}} - n_{\text{W}}}{t_{\text{SW}}} \tag{4.4}$$

Die maximale Leistung hat dieser Motor am Ende des Beschleunigungsvorgangs zu liefern. Diese berechnet sich dann zu:

$$P = M \cdot \omega_{\text{S}} \cdot i = \frac{2 \cdot \pi}{60} \cdot n_{\text{S}} \cdot i \tag{4.5}$$

Die Lauge ist ein inkompressibles Medium. Unter dieser Voraussetzung lässt sich für den Laugenpumpenmotor die Antriebsleistung mit dem Mengenstrom $\dot{m}$ berechnen mit:

$$P = \dot{m} \cdot \frac{p_2 - p_1}{\rho} \cdot \frac{1}{\eta_{\text{P}}} \tag{4.6}$$

Der Index 2 kennzeichnet den Druck am Ausgang und der Index 1 den Druck am Eingang der Pumpe [4.3].

Wenn ein Gas, in den meisten Fällen Luft, transportiert werden muss, so geschieht dies meistens über einen Ventilator. Typische Anwendungsfälle sind Ventilatoren zum Austausch von Raumluft oder Gebläse in Heißluftherden, Spülmaschinen Wäschetrocknern u. a. Für einen solchen Ventilator wird die Antriebsleistung ermittelt, wenn der Mengenstrom eine Geschwindigkeitsänderung von $(v_2 - v_1)$ in m/s erfährt:

$$P = \dot{m} \cdot \left(\frac{v_2^2}{2} - \frac{v_1^2}{2} \right) \cdot \frac{1}{\eta_V} \tag{4.7}$$

Welche Drehzahl und welches Drehmoment bei der nach Gl. (4.7) bestimmten Leistung der Gebläsemotor haben muss, hängt auch noch von der Bauart und den Konstruktionsmerkmalen des eingesetzten Ventilators ab (Wirkungsgrad η_V). Für Luft berechnet sich der Mengenstrom $\dot{m}$ als Produkt aus Volumenstrom $\dot{V}$ und Dichte nach:

$$\dot{m} = \dot{V} \cdot \rho_L \tag{4.8}$$

Muss ein Gas, auch hier handelt es sich bei Haushaltsmaschinen fast immer um Luft, durch ein Gebläse oder einen Kompressor verdichtet werden, so gibt es mehrere Möglichkeiten, die Antriebsleistung dafür zu berechnen. Von diesen Möglichkeiten soll hier der Fall betrachtet werden, dem die meisten Anwendungsfälle am stärksten entsprechen. Dies ist die isotherme Verdichtung, also ein Vorgang, bei dem angenommen wird, dass sich bei der Verdichtung die Temperatur des zu verdichtenden Gases nicht ändert [4.3]. Die Antriebsleistung für eine isotherme Verdichtung lautet:

$$P = \dot{m} \cdot R \cdot T \cdot \frac{1}{\eta_P} \cdot \ln \frac{p_2}{p_1} \tag{4.9}$$

Dabei ist offen, mit welchem Verdichterprinzip die Kompression durchgeführt wird. Davon ist auch der in Gl. (4.9) angegebene Wirkungsgrad η_P abhängig. Die weiteren, speziell in Gl. (4.9) verwendeten Symbole sind:

$\dot{m}$ Mengenstrom des Gases in kg/s
R Gaskonstante für Luft 287 $\text{J} \cdot (\text{kg} \cdot \text{K})^{-1}$
p_1 Eingangsdruck des Verdichters in Pa
p_2 Ausgangsdruck des Verdichters in Pa
T Temperatur des Gases in K
η_P Wirkungsgrad der Pumpe

Eine weitere große Gruppe der Haushaltsgeräte sind Kühlschränke und Gefrierschränke oder Gefriertruhen. Bei diesen Geräten ist unter normalen Bedingungen eine Kälteleistung von 10 W bis 20 W erforderlich. Dabei betragen die Innentemperaturen der Kühlgeräte –30 °C bis 10 °C. Bei Verdichterkältemaschinen, wie sie in Kühlschränken und Gefriergeräten eingesetzt werden, berechnet sich die Antriebsleistung P für den Kompressormotor aus der Kälteleistung $\dot{Q}$ und dem spezifischen Energiebedarf $1/\varepsilon$ zu:

$$P = \frac{\dot{Q}}{\varepsilon} \tag{4.10}$$

Der spezifische Energiebedarf $1/\varepsilon$ ist von der Kühltemperatur abhängig und liegt bei dem angegebenen Temperaturbereich und Verdichterkältemaschinen zwischen 0,18 und 0,75 [4.3].

4.2 Handwerkermaschinen

Zu der großen Gruppe der Handwerkermaschinen zählen Bohrmaschinen, Schrauber, Handkreissägen, Elektrokettensägen, Bandschleifer u. a. Je nach Anwender werden sehr unterschiedliche Ansprüche an die Geräte gestellt; sodass bei allen Geräten ein sehr großes Leistungsspektrum im Angebot sein muss.

So werden Bohrmaschinen für Netz und Akkumulatorbetrieb angeboten, wobei diese Geräte, sofern sie drehzahlsteuerbar sind, auch als Schrauber verwendet werden können. Die Antriebsleistung von Bohrmaschinen mit 230-V-Netzanschluss liegt zwischen 400 W und 2000 W. Dabei ist heute bei fast allen Maschinen die Drehzahl verstellbar. Um hierbei den Preis für Motor und Drehzahlsteuerung möglichst niedrig zu halten, werden fast ausschließlich Universalmotoren eingesetzt.

Gleiche Überlegungen, wie sie für Bohrmaschinen bezüglich der Antriebsleistung vorgenommen wurden, sind nun auch für die anderen Handwerkermaschinen anzustellen. Wenn dabei auf eine Drehzahlverstellung verzichtet werden kann, können dafür Wechselstrommotoren eingesetzt werden mit dem Vorteil der geringeren Geräuschentwicklung und der größeren Robustheit gegenüber dem Universalmotor.

4.3 Heizungs- und Lüftungstechnik

In diesem Anwendungssegment werden Motoren für Pumpen, Gebläse und eventuell Mischerverstellung benötigt. Dabei werden bei Ölheizungen im Brenner von demselben Motor das Gebläse und die Ölpumpe angetrieben. Ferner ist ein Motor für die Umwälzpumpe erforderlich. Mit dieser wird das Wärmeträgermedium, meistens Wasser, zu den Verbrauchern transportiert. Für die Berechnung der Pumpen- und Gebläsemotoren gelten die Angaben aus Abschnitt 4.1.

Neben diesen beiden Motoren ist bei größeren Heizungsanlagen noch ein Antrieb für einen Mischer erforderlich. Der Mischer ist ein Dreiwegeventil. Der Motor hat die Aufgabe, darin ein sogenanntes „Küken" zu verstellen, sodass die ankommenden Wasserströme so gemischt werden können, dass der abgehende Wasserstrom die gewünschte Temperatur hat. Der Motor wird nur kurzzeitig eingeschaltet, um das „Küken" zur Verstellung des Mischverhältnisses um einen bestimmten Winkel weiterzudrehen. In den meisten Fällen werden hierfür Wechselstrommotoren verwendet. Ihre Leistung ist den Angaben des Mischerherstellers zu entnehmen, oder der Motor ist schon Bestandteil des Mischers.

4.4 Pumpen, Ventilatoren und Gebläse

Werden Pumpen, Ventile und Gebläse separat eingesetzt, so gelten für die Dimensionierung ihrer Antriebe ebenfalls die schon in Abschnitt 4.1 angegebenen Beziehungen.

Bei diesen Anwendungen ergeben sich jedoch speziell bei Verdichtern durch den Einsatz drehzahlregelbarer Antriebe erhebliche Energieeinsparungen gegenüber Antrieben mit konstanter Drehzahl und Druckeinstellung über ein Druckreduzierventil.

Für diesen Fall kann die Betrachtung auch vorgenommen werden an der Gl. (4.9):

$$P = \dot{m} \cdot R \cdot T \cdot \frac{1}{\eta_P} \cdot \ln \frac{p_2}{p_1} \tag{4.11}$$

Mit einem drehzahlvariablen Antrieb kann die Motorleistung so eingestellt werden, dass der geforderte Druck p_2 gerade erreicht wird und das Druckreduzierventil entfällt.

4.5 Aufzugsanlagen

In **Bild 4.2**, dem auch die Formelzeichen in den Gln. (4.12) bis (4.17) zu entnehmen sind, ist der schematische Aufbau einer geneigten Aufzugsanlage dargestellt. Betrachtet wird der Beschleunigungsvorgang bei der Bewegung nach oben. Am Ende dieser Phase ist die größte Motorleistung erforderlich. Der Aufzug besteht aus einem Seil, einer Seiltrommel, einem Getriebe und einem Motor. An der Fördergutmasse m_F wirken die Seilkraft F, die Trägheitskraft $m_F \cdot a$, die Hangabtriebskraft $m_F \cdot g \cdot \sin\gamma$ und die Reibungskraft $m_F \cdot g \cdot \mu \cdot \cos\gamma$.

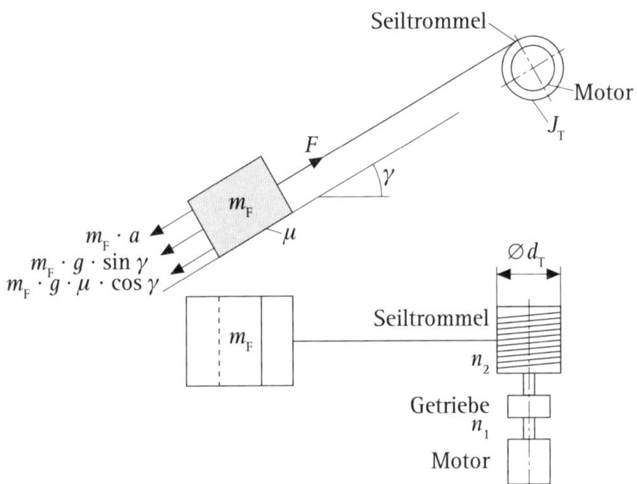

Bild 4.2 Schematischer Aufbau einer geneigten Aufzugsanlage

Für die Beschleunigungsphase der Fördergutmasse m_F vom Stillstand bis zur maximalen Hubgeschwindigkeit soll angenommen werden, dass das Antriebsmoment konstant gehalten wird. Nur dann kann auch eine gleichmäßige Beschleunigung a = konstant der Fördergutmasse erreicht werden.

Das Moment an der Seiltrommel berechnet sich unter Berücksichtigung seines eigenen Massenträgheitsmoments, wobei ω_2 die maximal zu erreichende Winkelgeschwindigkeit der Seiltrommel ist:

$$M_2 = J_T \cdot \frac{\omega_2}{t_{BE}} + \frac{d_T}{2} \cdot m_F \cdot (a + g \cdot \sin\gamma + g \cdot \mu \cdot \cos\gamma) \tag{4.12}$$

Mit:

$$a = \frac{\omega_2}{t_{BE}} \cdot \frac{d_T}{2} \tag{4.13}$$

folgt aus Gl. (4.12):

$$M_2 = \left(J_T + m_F \cdot \frac{d_T^2}{4} \right) \cdot \frac{\omega_2}{t_{BE}} + \frac{d_T}{2} \cdot m_F \cdot (g \cdot \sin\gamma + g \cdot \mu \cdot \cos\gamma) \tag{4.14}$$

Aufgrund der Getriebeübersetzung folgt für das Antriebsmoment am Eingang des Getriebes:

$$M_1 = M_2 \cdot \frac{\omega_2}{\omega_1} = M_2 \cdot \frac{n_2}{n_1} = M_2 \cdot \frac{1}{i} \tag{4.15}$$

Für die maximale Motorleistung gilt:

$$P = M_1 \cdot \omega_1 = M_1 \cdot \frac{2 \cdot \pi \cdot n_1}{60} \tag{4.16}$$

Aus Gl. (4.16) ist erkennbar, dass während des Beschleunigungsvorgangs, wenn die Winkelgeschwindigkeit des Motors von null auf ω_1 erhöht wird, die Motorleistung von null auf ihren Maximalwert steigt, wie dies in **Bild 4.3** dargestellt ist. In dieser Darstellung ist der Motor nur mit seinem Bemessungsmoment und bis zu seiner Bemessungsleistung belastet.

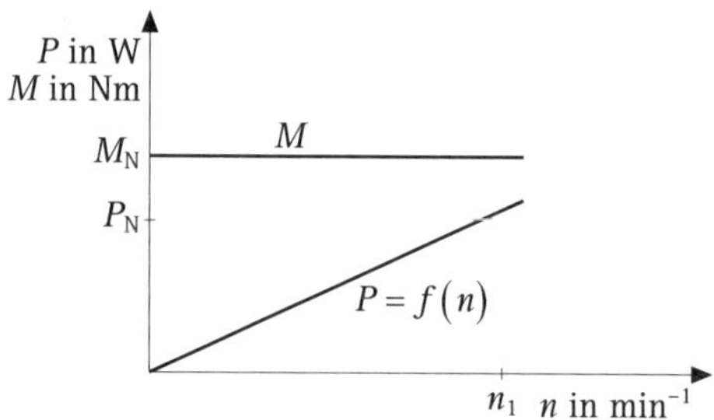

Bild 4.3 Verlauf von Drehmoment und Motorleistung als Funktion der Drehzahl beim Beschleunigungsvorgang

Ist der Beschleunigungsvorgang abgeschlossen, reduziert sich das vom Motor aufzubringende Moment um die Anteile, die zur Winkelbeschleunigung der Seiltrommel und zur Linearbeschleunigung der Fördergutmasse benötigt wurden. Damit ergibt sich das Moment an der Seiltrommel für die gleichmäßige Bewegung zu:

$$M_2 = \frac{d_T}{2} \cdot m_F \cdot (g \cdot \sin\gamma + g \cdot \mu \cdot \cos\gamma) \tag{4.17}$$

4.6 Förderbänder

Bei einem Förderband wird die Fördergutmasse auf einem Endlosband transportiert, das über eine Rolle angetrieben und durch eine zweite Rolle umgelenkt wird. Über diese beiden Rollen wird das Förderband auch gespannt. Die Fördergutmasse kann Stückgut oder Schüttgut sein. Es wird am Anfang aufgegeben und am Ende automatisch abgeworfen.

Bild 4.4 zeigt den schematischen Aufbau eines einfachen Förderbands. Für die Dimensionierung des Antriebsmotors wird wieder das Anfahren des Förderbands mit konstanter Beschleunigung aus dem Stillstand auf die gewünschte Bandgeschwindigkeit mit der zugehörigen Drehzahl n_2 der Antriebsrolle betrachtet. Für die Beschleunigungsphase berechnet sich das Antriebsmoment am Förderband mit den Angaben von Bild 4.4:

$$M_2 = 2 \cdot J_R \cdot \frac{\omega_2}{t_{BE}} + \frac{d_R}{2} \cdot \left(\left(m_F + m_B \right) \cdot a + m_F \cdot g \cdot \sin \gamma \right) + 2 \cdot M_R \tag{4.18}$$

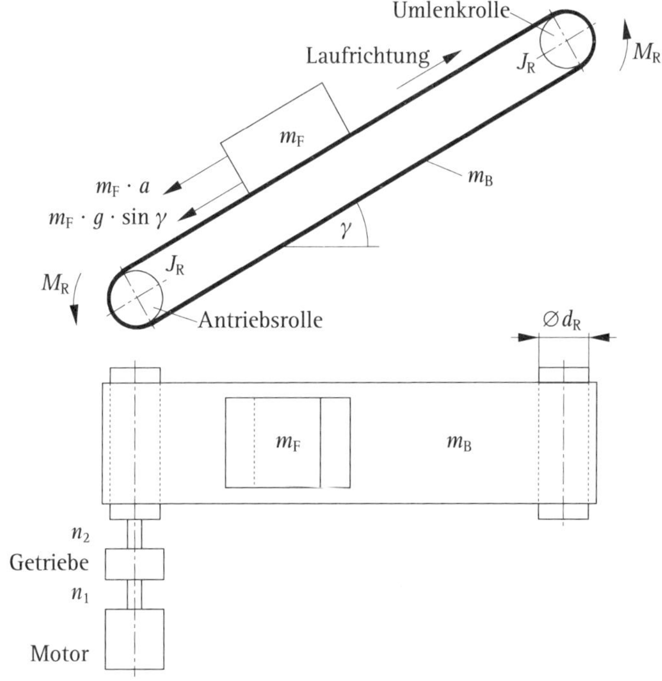

Bild 4.4 Schematischer Aufbau eines einfachen Förderbands

Mit:

$$a = \frac{\omega_2}{t_{\mathrm{BE}}} \cdot \frac{d_{\mathrm{R}}}{2} \tag{4.19}$$

folgt aus Gl. (4.18):

$$M_2 = \left(2 \cdot J_{\mathrm{R}} + (m_{\mathrm{F}} + m_{\mathrm{B}}) \cdot \frac{d_{\mathrm{R}}^2}{4} \right) \cdot \frac{\omega_2}{t_{\mathrm{BE}}} + \frac{d_{\mathrm{R}}}{2} \cdot m_{\mathrm{F}} \cdot g \cdot \sin \gamma + 2 \cdot M_{\mathrm{R}} \tag{4.20}$$

Für das Antriebsmoment ergibt sich dann wie in Gl. (4.15):

$$M_1 = M_2 \cdot \frac{\omega_2}{\omega_1} = M_2 \cdot \frac{n_2}{n_1} = M_2 \cdot \frac{1}{i} \tag{4.21}$$

Damit ergibt sich, wie schon bei den Aufzugsanlagen, die maximale Antriebsleistung zu:

$$P = M_1 \cdot \omega_1 = M_1 \cdot \frac{2 \cdot \pi \cdot n_1}{60} \tag{4.22}$$

Dabei ist wieder zu beachten, dass unter der Annahme eines konstanten Antriebsmoments über den gesamten Beschleunigungsvorgang vom Stillstand bis zur gewünschten Enddrehzahl die maximale Antriebsleistung nur am Ende des Beschleunigungsvorgangs aufzubringen ist, wie dies auch in Bild 4.3 dargestellt ist.

Wenn nach Abschluss der Beschleunigungsphase das Förderband mit konstanter Drehzahl läuft, gilt für das Antriebsmoment am Getriebeeingang:

$$M_2 = \frac{d_{\mathrm{R}}}{2} \cdot m_{\mathrm{F}} \cdot g \cdot \sin \gamma + 2 \cdot M_{\mathrm{R}} \tag{4.23}$$

Vereinfachend ist hier angenommen, dass weitere Massenträgheitsmomente und weitere Reibungen, wie sie beim realen Förderband auftreten, in den Massenträgheitsmomenten für An- und Umlenkrolle sowie in den Reibmomenten enthalten sind.

Die Formelzeichen der Gln. (4.18) bis (4.23) sind Bild 4.4 zu entnehmen.

4.7 Spindelantrieb

Spindelantriebe werden zur Umsetzung von Dreh- in Längsbewegungen eingesetzt. Ein weiteres Anwendungsgebiet sind die Vorschubantriebe in Werkzeugmaschinen. Bei gleichem Antriebsmoment und gleicher Antriebsdrehzahl lassen sich Längskraft und Längsgeschwindigkeit durch die Ganghöhe der Gewindespindel verändern. Um die Reibung in den Gewindegängen zwischen Spindel und Spindelmutter möglichst gering zu halten, setzt man bei der sogenannten Kugelumlaufspindel dazwischen Wälzkörper ein. Damit werden die Verluste von der Gleitreibung auf die wesentlich geringere Rollreibung reduziert. **Bild 4.5** zeigt den schematischen Aufbau eines Spindeltriebs.

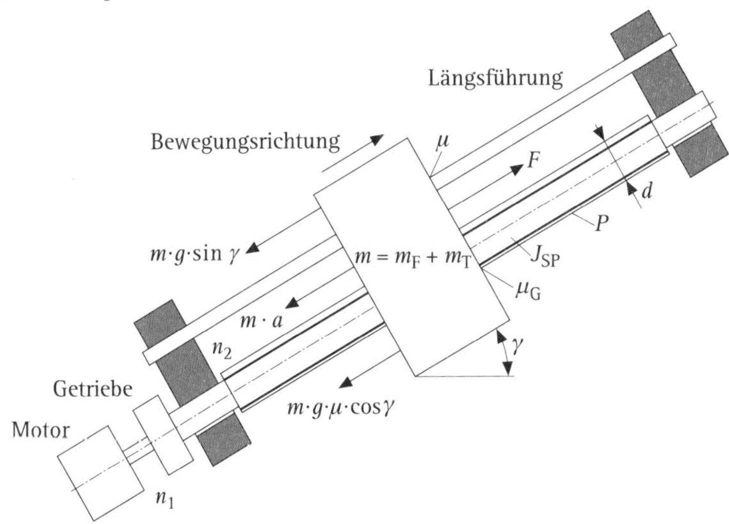

Bild 4.5 Schematischer Aufbau eines Spindeltriebs

Der Spindelantrieb besteht aus der Spindel selbst, einem Antriebsmotor und einem Getriebe zur Drehzahlanpassung. Durch die Spindel wird die Masse m bewegt, bestehend aus der Fördergutmasse m_F und der Tischmasse m_T. Die Masse wird getragen durch Längsführungen.

Für die Dimensionierung wird wieder, wie schon bei den vorhergehenden Beispielen, die Bewegung der Masse gegen die Schwerkraft an einer geneigten Spindel während des Beschleunigungsvorgangs von der Drehzahl null bis zur Maximaldrehzahl betrachtet. Für diesen Belastungsfall muss der Antriebsmotor am Ende der Beschleunigungsphase die größte Leistung liefern, während das Antriebsmoment über den gesamten Beschleunigungsvorgang als konstant angenommen wird.

Beim Beschleunigen greifen an der Masse die Beschleunigungskraft $m \cdot a$, die Hangabtriebskraft $m \cdot g \cdot \sin\gamma$ und die Reibungskraft an den Längsführungen $m \cdot g \cdot \mu \cdot \cos\gamma$ an.

Der direkten Motordimensionierung müssen erst einige Gesetzmäßigkeiten über die geometrischen Zusammenhänge an der Spindel und über die Beziehung zwischen Drehmoment und Spindelkraft vorangestellt werden [4.2].

Die in den folgenden Gleichungen benutzten Formelzeichen sind dem Bild 4.5 zu entnehmen.

Der Steigungswinkel der Gewindegänge berechnet sich aus dem wirksamen Spindeldurchmesser und der Ganghöhe zu:

$$\alpha = \arctan \frac{P}{\pi \cdot d} \tag{4.24}$$

Die in den Gewindegängen auftretende Reibung wird in einen Reibungswinkel umgerechnet mit:

$$\rho = \arctan \mu_G \tag{4.25}$$

Die erforderlichen geometrischen Daten der Spindel sind den Angaben der Hersteller zu entnehmen.

Zwischen der Winkelgeschwindigkeit ω_2 der Spindel und der Längsgeschwindigkeit der zu bewegenden Masse v besteht der Zusammenhang:

$$v = \frac{P \cdot \omega_2}{2 \cdot \pi} \tag{4.26}$$

Für die Winkelbeschleunigung der Spindel $\dot{\omega}$ ergibt sich aus der maximalen Winkelgeschwindigkeit w und der Beschleunigungszeit:

$$\dot{\omega}_2 = \frac{\omega_2}{t_{BE}} \tag{4.27}$$

Entsprechend gilt für den Zusammenhang zwischen Längsgeschwindigkeit v und Längsbeschleunigung:

$$a = \frac{v}{t_{BE}} \tag{4.28}$$

Mit Ganghöhe, Spindeldurchmesser, Gewindesteigung und Reibungswinkel im Gewinde ergibt sich die Beziehung zwischen Spindelmoment und Spindellängskraft zu:

$$M = F \cdot \frac{d}{2} \cdot \tan(\alpha \pm \rho) \tag{4.29}$$

In Gl. (4.29) gilt das Pluszeichen für die Bewegung nach oben und das Minuszeichen für die Bewegung nach unten.

Da beim Beschleunigen neben der Masse auch die Spindel beschleunigt werden muss, ergibt sich für das Moment an der Spindel unter Berücksichtigung der Gl. (4.29) insgesamt:

$$M_2 = J_{\text{Sp}} \cdot \frac{\omega_2}{t_{\text{BE}}} + m \cdot (a + g \cdot \sin\gamma + g \cdot \mu \cdot \cos\gamma) \cdot \frac{d}{2} \cdot \tan(\alpha + \rho) \tag{4.30}$$

Mit den Gln. (4.27) und (4.28) ergibt sich aus Gl. (4.30):

$$M_2 = J_{\text{Sp}} \cdot \frac{2 \cdot \pi \cdot v}{t_{\text{BE}} \cdot P} + m \cdot \left(\frac{v}{t_{\text{BE}}} + g \cdot \sin\gamma + g \cdot \mu \cdot \cos\gamma \right) \cdot \frac{d}{2} \cdot \tan(\alpha + \rho) \tag{4.31}$$

Damit ist mit Gl. (4.31) eine Beziehung gegeben, mit der das Antriebsmoment an der Spindel in Abhängigkeit von der projektierten Längsgeschwindigkeit, der zu bewegenden Massen und der Beschleunigungszeit berechnet werden kann.

Unter Berücksichtigung des Getriebes ergibt sich für das Getriebeeingangsmoment:

$$M_1 = M_2 \cdot \frac{n_2}{n_1} = M_2 \cdot \frac{1}{i} \tag{4.32}$$

4.8 Kurbeltrieb

Kurbeltriebe setzen eine Drehbewegung in eine pulsierende Längsbewegung um. Ein großes Anwendungsgebiet für die Kurbeltriebe sind Kolbenpumpen. Mit diesen werden Flüssigkeits- oder Gasströme gefördert, auf einen höheren Druck gebracht und Gasströme dabei noch komprimiert. Ferner sind Kolbenpumpen auch noch zur Dosierung von Mengen geeignet, da mit jedem Kolbenhub ein genau definiertes Volumen gefördert werden kann. Eine Kolbenpumpe mit Kurbeltrieb ist schematisch in **Bild 4.6** dargestellt. Daraus ist erkennbar, dass beim zurückgehenden Kolben über das Einlassventil ein Volumenstrom in den Zylinder gesogen wird. Bei Vorwärtsbewegung des Kolbens wird der Volumenstrom über das Auslassventil in die Druckleitung geschoben.

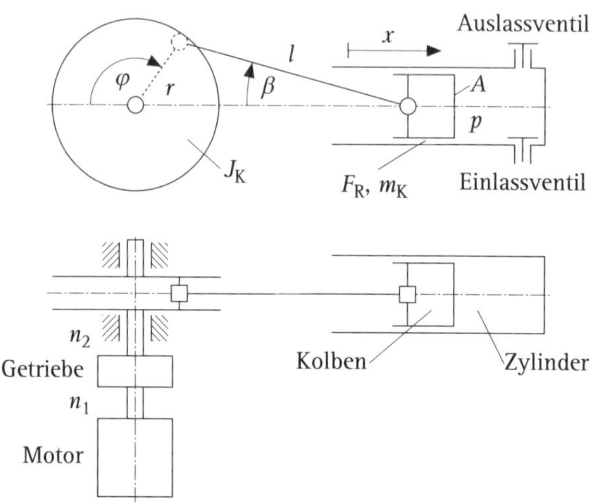

Bild 4.6 Schematischer Aufbau einer Kolbenpumpe mit Kurbeltrieb

Um für solch einen Kurbeltrieb den Antriebsmotor dimensionieren zu können, müssen die kinematischen Zusammenhänge zwischen dem Kurbeldrehwinkel φ und dem Kolbenhub x bekannt sein. Diese ergeben sich aus den Abmessungen über die Kinematik des Kurbeltriebs.

Aus der Darstellung in Bild 4.6 lässt sich die Beziehung ablesen:

$$r \cdot \sin\varphi = l \cdot \sin\beta \tag{4.33}$$

Eine Umformung von Gl. (4.33) liefert:

$$\sin\beta = \frac{r}{l} \cdot \sin\varphi \tag{4.34}$$

Zwischen den Abmessungen des Kurbeltriebs, dem Kolbenhub x und dem Kurbeldrehwinkel φ ergibt sich aus Bild 4.6:

$$x = r - r \cdot \cos\varphi + l - l \cdot \cos\beta \tag{4.35}$$

Die Eliminierung des Winkels β aus Gl. (4.35) erfolgt mithilfe des Additionstheorems:

$$\sin^2\beta + \cos^2\beta = 1 \tag{4.36}$$

$$\cos\beta = \sqrt{1 - \sin^2\beta} \tag{4.37}$$

Mit Gl. (4.34) folgt aus Gl. (4.37):

$$\cos\beta = \sqrt{1-\left(\frac{r}{l}\right)^2 \cdot \sin^2\varphi} \tag{4.38}$$

Durch Einsetzen von Gl. (4.37) in Gl. (4.34) ergibt sich:

$$x = r\cdot(1-\cos\varphi) + l\cdot\left(1-\sqrt{1-\left(\frac{r}{l}\right)^2 \cdot \sin^2\varphi}\right) \tag{4.39}$$

Mit der Abkürzung $\lambda = r/l$ folgt aus Gl. (4.39):

$$x = r\cdot(1-\cos\varphi) + l\cdot\left(1-\sqrt{1-\lambda^2\cdot\sin^2\varphi}\right) \tag{4.40}$$

Durch Ableiten nach der Zeit liefert Gl. (4.40):

$$\dot{x} = r\cdot\sin\varphi\cdot\omega + \frac{1}{2}\cdot l\cdot\lambda^2\cdot\frac{2\cdot\sin\varphi\cdot\cos\varphi}{\sqrt{1-\lambda^2\cdot\sin^2\varphi}}\cdot\omega \tag{4.41}$$

Mit dem Additionstheorem:

$$2\cdot\sin\varphi\cdot\cos\varphi = \sin 2\varphi \tag{4.42}$$

und durch Umformen ergibt sich aus Gl. (4.41):

$$\dot{x} = r\cdot\omega\cdot\left(\sin\varphi + \frac{1}{2}\cdot\lambda\cdot\frac{\sin 2\varphi}{\sqrt{1-\lambda^2\cdot\sin^2\varphi}}\right) \tag{4.43}$$

Für die Auslegung der Antriebe von oszillierenden Verdrängerpumpen wird der interessierende Bereich in kleine Zeitabschnitte mit der konstanten Abtastzeit T_0 eingeteilt. Die Zeitabschnitte können entweder beim Anfahren aus dem Stillstand oder am unteren bzw. oberen Totpunkt des Kolbens beginnen. Für jedes dieser Zeitinkremente wird die Arbeit berechnet. Die in den einzelnen Zeitinkrementen geleistete Arbeit wird summiert. Damit lässt sich die für einzelne Prozessschritte, z. B. für einen Kolbenhub, aufgewendete Arbeit genau quantifizieren. Die eingebrachte Arbeit wird benötigt zur Förderung eines Volumenstroms, zur Überwindung der im System vorhandenen Reibung und zur Veränderung der kinetischen Energie aller bewegten Teile im Kurbeltrieb und in der Verdrängerpumpe.

Bezieht man in die Betrachtungen auch das Anfahren des Kurbeltriebs mit der konstanten Winkelbeschleunigung α ein, ergibt sich unter Berücksichtigung der Beziehung $t = k \cdot T_0$ und der Abkürzung $t = k$ für die Winkelgeschwindigkeit:

$$\omega(k) = \omega(k-1) + \alpha \cdot T_0 \quad \text{mit} \quad k = 1, \ldots, n \tag{4.44}$$

Für den Drehwinkel der Kurbel ergibt sich dann:

$$\varphi(k) = \varphi(k-1) + \omega(k-1) \cdot T_0 + \frac{1}{2} \cdot \alpha \cdot T_0^2 \tag{4.45}$$

Aus Gl. (4.39) ergibt sich mit Gl. (4.45) für den Kolbenhub:

$$x(k) = r \cdot \left(1 - \cos\varphi(k)\right) + l \cdot \left(1 - \sqrt{1 - \lambda^2 \cdot \sin^2\varphi(k)}\right) \tag{4.46}$$

Die Kolbengeschwindigkeit erhält man aus Gl. (4.43) mit den Gln. (4.44) und (4.45):

$$\dot{x}(k) = r \cdot \omega(k) \cdot \left(\sin\varphi(k) + \frac{1}{2} \cdot \lambda \cdot \frac{\sin\left[2\varphi(k)\right]}{\sqrt{1 - \lambda^2 \cdot \sin^2\varphi(k)}} \right) \tag{4.47}$$

Die vom Motor bis zum Zeitpunkt $k \cdot T_0$ geleistete Arbeit ergibt sich dann zu:

$$\begin{aligned} W(k) = {} & W(k-1) + \frac{1}{2} \cdot J_K \cdot \left[\omega^2(k) - \omega^2(k-1)\right] \\ & + \frac{1}{2} \cdot m_K \cdot \left[\dot{x}^2(k) - \dot{x}^2(k-1)\right] + F_R \cdot \left[x(k) - x(k-1)\right] \end{aligned} \tag{4.48}$$

Ist die Arbeit zum Betrieb der Verdrängerpumpe für die einzelnen Zeitinkremente bekannt, lässt sich für jedes Winkelinkrement das Drehmoment berechnen nach:

$$M_2(k) = \frac{W(k) - W(k-1)}{\varphi(k) - \varphi(k-1)} \tag{4.49}$$

Unter Berücksichtigung der Getriebeübersetzung ergibt sich das Motormoment jedes Zeitinkrements zu:

$$M_1(k) = \frac{1}{i} \cdot M_2(k) \tag{4.50}$$

Der Motor hat dann seine maximale Leistung zu bringen, wenn das Produkt aus Winkelgeschwindigkeit und Antriebsmoment sein Maximum hat. Damit gilt:

$$P = \left[M_1(k) \cdot \omega(k) \cdot \frac{1}{i} \right]_{\max} \tag{4.51}$$

5 Betriebsverhalten der Motoren bei direktem Anschluss an die Versorgungsspannung

Bei Haushaltsgeräten, Handwerkermaschinen sowie in der Heizungs- und Lüftungstechnik und bei Pumpen, Ventilatoren und Gebläsen für nicht kommerzielle Anwendungen handelt es sich meist um Kleinantriebe mit Leistungen unter 750 W. Wegen der großen Stückzahlen in diesem Anwendungssegment sind hier die Motoren, gegebenenfalls mit integrierter Steuer- und Leistungselektronik, durch deren Hersteller schon den Anwendungen angepasst, sodass der Projektierer nur noch wissen muss, welcher Motortyp für die Anwendung am besten geeignet ist und welche Antriebsleistung dafür erforderlich ist.

Bei industriellen Anwendungen sind die Anforderungen an die einzusetzenden Maschinen wesentlich vielschichtiger. Dies gilt für die Heizungs- und Klimatechnik, für den Einsatz in Kraftwerken, in der Verfahrenstechnik und der Nahrungsmittelindustrie, in der Fördertechnik und erst recht in der Handhabungstechnik. Hierbei sind die Antriebsleistungen wesentlich größer. Daraus ergibt sich die Forderung des Betriebs mit möglichst optimalem Wirkungsgrad, um den Energieverbrauch auf ein Minimum zu reduzieren. Außerdem gibt es auch anwendungsspezifische Forderungen hinsichtlich Drehzahl, Anfahrverhalten, Überlastverhalten u. a. Um für solche Fälle den richtigen Antrieb auszuwählen, sind auch Eigenschaften des Motors zu berücksichtigen, die über die bloße Kenntnis des Drehzahl-Drehmoment-Verhaltens hinausgehen.

Da für die Leistungen, die bei industriellen Anwendungen benötigt werden, meist nur noch Drehstromantriebe und in ganz geringem Maße Gleichstromantriebe eingesetzt werden, bieten die Hersteller hier eine größere Typenvielfalt an. Dabei behält jede Motorart ihre charakteristischen Eigenschaften. Über unterschiedliche Konstruktionsmerkmale ist es aber möglich, jeder Motorart ganz unterschiedliche Bemessungsgrößen zu geben. Damit hat der Projektierer von jeder Motorart eine Vielzahl von Baugrößen mit unterschiedlichen Bemessungswerten zur Verfügung, aus der er den für seine Anwendung am besten geeigneten Antrieb auswählen kann. In diesem Zusammenhang ist auch zu klären, ob ein Motor verfügbar ist, der direkt an die Anwendung angeflanscht werden kann, ob eventuell ein Getriebe zur Drehzahlanpassung erforderlich ist oder ob sogar eine Regelung benötigt wird, um den Ansprüchen gerecht zu werden, die durch das zu betreibende System gestellt werden. Diese Fragen bestimmen auch in erheblichem Maße die Kosten für den Antrieb.

Um Antworten auf diese Fragen geben zu können, wird in den folgenden Abschnitten dargestellt, wie sich Gleichstrommotor, Asynchron- und Synchronmotor verhalten, wenn sie an eine konstante Gleichspannung bzw. an das Drehstromnetz angeschlossen werden [3.1].

5.1 Gleichstrommaschinen

Obwohl der Gleichstrommotor aufgrund seines Aufbaus starke Laufgeräusche entwickelt, sehr verschleißanfällig ist und deswegen in der Industrie nur noch selten eingesetzt wird, wird er in diese Betrachtungen einbezogen, weil die grundlegende Funktionsweise der Gleichstrommaschine leichter verständlich ist als die der Synchron- und Asynchronmaschine und weil er über sehr gute Regeleigenschaften verfügt. Über die Systemtheorie der betrachteten Motorart wird das Regelverhalten von Synchron- und Asynchronmaschine auf das der Gleichstrommaschine zurückgeführt.

Der innere Aufbau der Gleichstrommaschine und die Wicklungsgestaltung wird dabei nur soweit beschrieben, wie zum Verständnis der Funktionsweise unbedingt erforderlich ist. Das Betriebsverhalten der Gleichstrommaschine wird dagegen ausführlicher behandelt. Dazu werden die Eigenschaften der Gleichstromnebenschlussmaschine im Vordergrund stehen.

5.1.1 Aufbau und Wirkungsweise

Die Zuordnung von Kraftrichtung, Flussrichtung und Stromrichtung bei Elektrischen Maschinen ist durch die beiden Rechte-Hand-Regeln gegeben.

Rechte-Hand-Regel 1: Wenn der gestreckte Daumen in die technische Stromrichtung zeigt, dann zeigen die gekrümmten Finger in Richtung der Feldlinien.

Rechte-Hand-Regel 2: Wenn der gestreckte Daumen in die technische Stromrichtung zeigt und die gestreckten Finger in Richtung der Feldlinien weisen, dann wirkt die auf den stromdurchflossenen Leiter ausgeübte Kraft aus der Handfläche heraus.

Wie **Bild 5.1** zeigt, wird auf einen stromdurchflossenen Leiter (Stromstärke $\underline{I}$) mit der Länge l in einem Magnetfeld mit der Flussdichte $\underline{B}$ eine mechanische Kraft ausgeübt. Sie ergibt sich zu:

$$\underline{F} = (\underline{I} \times \underline{B}) \cdot l = -(\underline{B} \times \underline{I}) \cdot l \qquad (5.1)$$

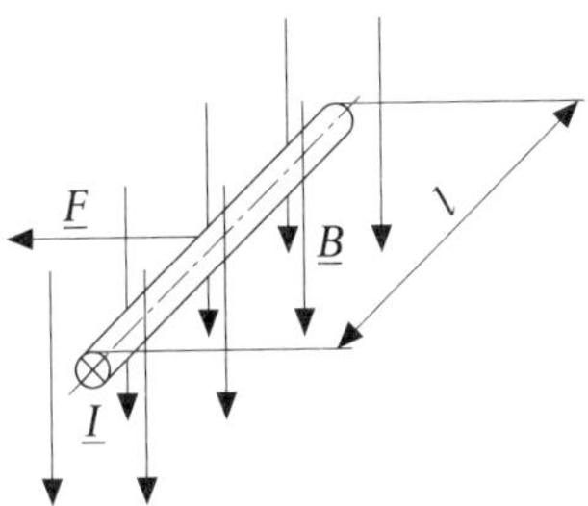

Bild 5.1 Kraftwirkung auf einen stromdurchflossenen Leiter in einem Magnetfeld

Wenn, wie in Bild 5.1 dargestellt, alle Vektoren senkrecht aufeinander stehen (Normalfall bei elektrischen Maschinen), dann ergibt sich die einfache, skalare Gleichung:

$$F = B \cdot I \cdot l \tag{5.2}$$

Bei der Anordnung einer Leiterschleife nach **Bild 5.2** wird ein Drehmoment erzeugt. Dies berechnet sich nach:

$$M_{\mathrm{i}} = F \cdot d_{\mathrm{A}} \cdot \sin \gamma \tag{5.3}$$

Unter Verwendung der Gl. (5.2) folgt aus Gl. (5.3):

$$M_{\mathrm{i}} = B \cdot I_{\mathrm{A}} \cdot l \cdot d_{\mathrm{A}} \cdot \sin \gamma \tag{5.4}$$

Wie aus Gl. (5.4) zu erkennen ist, hat dieses Drehmoment sein Maximum bei dem Drehwinkel $\gamma = 90°$. Deshalb ist bei der Gleichstrommaschine immer darauf zu achten, dass dieser Winkel eingehalten wird. Stellt man sich vor, dass der Fluss durch den Strom I_{E} gebildet wird und der momentbildende Strom I_{A} ist, ist dies gewährleistet, wenn die Stromschleifen für den flussbildenden und den momentbildenden Strom einen rechten Winkel einschließen.

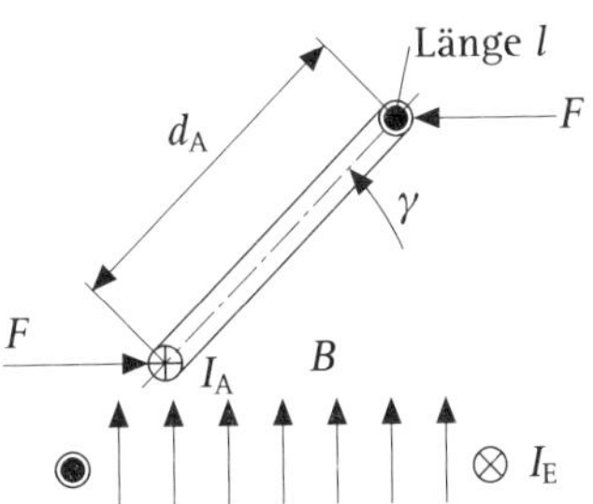

Bild 5.2 Schematische Anordnung einer Rotor- und Statorleiterschleife in einem Gleichstrommotor zur Drehmomenterzeugung

5.1.2 Konstruktive Gestaltung

Gleichstrommaschinen sind rotierende elektrische Maschinen mit ausgeprägten Magnetpolen. Diese Pole sind fest (unbeweglich) im Stator der Maschine angeordnet und bewirken die permanentmagnetische oder elektrische Erregung (konzentrierte Erregerwicklung) zur Erzeugung des Hauptflusses Φ_E. Wie in **Bild 5.3** am Beispiel einer zweipoligen Maschine ersichtlich, wird der magnetische Hauptfluss außen über das Gehäuse (Joch) und den Hauptpol geführt, bestehend aus Polschaft und Polschuh. Über den Luftspalt geht der Hauptfluss in den Rotor der Maschine über.

Der Rotor trägt die Ankerwicklung, deren gleichmäßig am Rotorumfang in Nuten verteilte Spulen mit den Kommutatorlamellen verbunden sind. Die paarweise auf dem Kommutator schleifenden Stromabnehmer (Bürsten) des am Stator befestigten Bürstenapparats dienen der Stromzufuhr für die Ankerwicklung. Durch die Anordnung der Ankerspulen und die Funktion des Kommutators wird sichergestellt, dass der über die Bürsten zugeführte Ankerstrom jeweils unter dem Nordpol und Südpol in entgegengesetzter Richtung fließt und somit alle Ströme zur Drehmomentbildung beitragen.

Da es für die Gleichstrommaschine mehrere unterschiedliche Möglichkeiten zum Aufbau der Rotorwicklung gibt, sind auch die Verbindungen zwischen den Rotorwicklungen und den Kollektorsegmenten sehr verschieden. Deswegen sind diese auch in Bild 5.3 nicht angegeben.

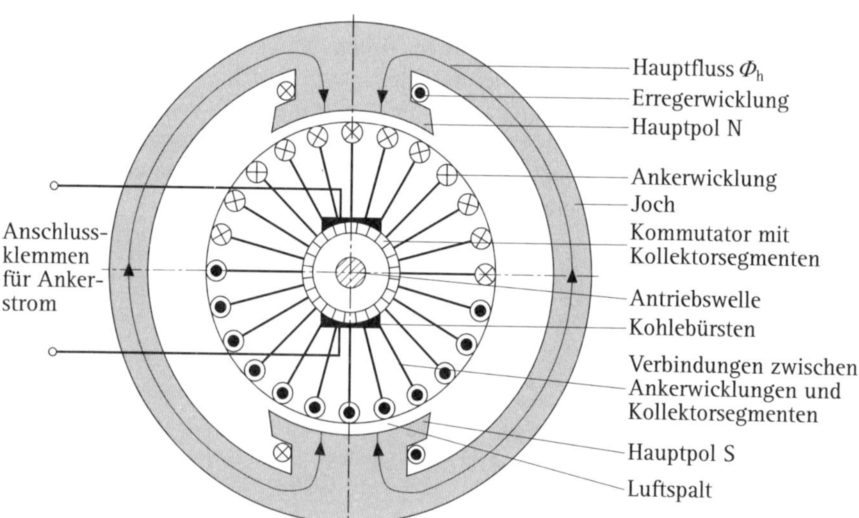

Bild 5.3 Querschnitt durch eine zweipolige Gleichstrommaschine (Prinzipbild)

Maschinen mit einer Leistung über 5 kW enthalten außer der Anker- und Erregerwicklung eine Wendepolwicklung auf Nebenpolen (Wendepolen) in den Pollücken. Maschinen mit einer Leistung, die größer ist als 500 kW, besitzen zusätzlich eine Kompensationswicklung in den Hauptpolen (Polschuhen). Beide Wicklungen dienen zur Kompensation unerwünschter Rückwirkungen des magnetischen Ankerfelds (Abschnitt 5.1.5).

5.1.3 Prinzip der Kommutierung (Stromwendung)

Zur Vereinfachung zeigt die Darstellung nach **Bild 5.4** nur eine Spule.

Bei einer realen Gleichstrommaschine sind alle Spulenenden aller Ankerspulen an einer Kommutatorlamelle angeschlossen.

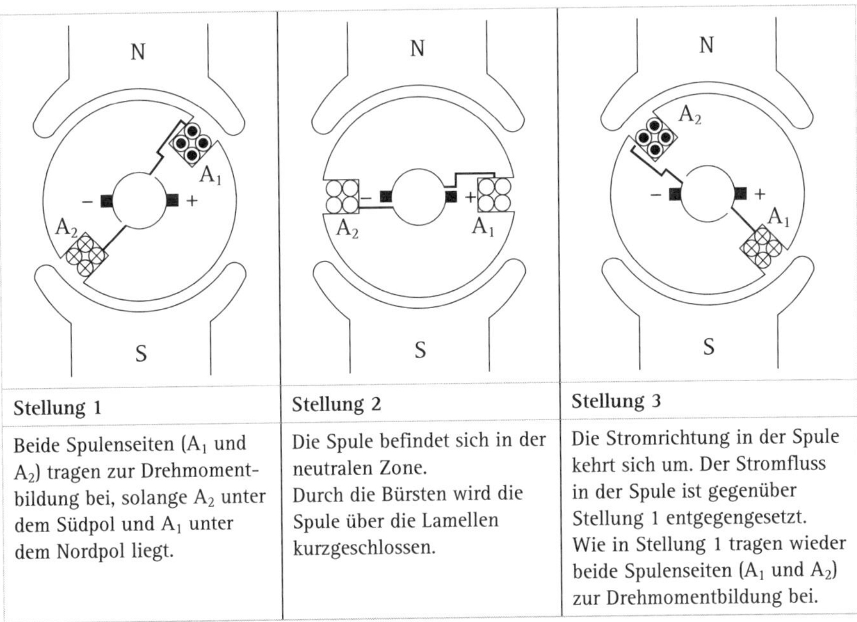

Stellung 1	Stellung 2	Stellung 3
Beide Spulenseiten (A_1 und A_2) tragen zur Drehmomentbildung bei, solange A_2 unter dem Südpol und A_1 unter dem Nordpol liegt.	Die Spule befindet sich in der neutralen Zone. Durch die Bürsten wird die Spule über die Lamellen kurzgeschlossen.	Die Stromrichtung in der Spule kehrt sich um. Der Stromfluss in der Spule ist gegenüber Stellung 1 entgegengesetzt. Wie in Stellung 1 tragen wieder beide Spulenseiten (A_1 und A_2) zur Drehmomentbildung bei.

Bild 5.4 Prinzip der Kommutierung

5.1.4 Hauptfeld

Das Hauptfeld der Gleichstrommaschine wird, wie bereits oben ausgeführt, durch ortsfeste Statorpole (Erregerwicklung oder Permanentmagnete) erzeugt.

Bild 5.5 zeigt den Verlauf der Flussdichte entlang der Rotoroberfläche ohne Ankerrückwirkung, das heißt, ohne dass der Feldverlauf durch den Ankerstrom beeinflusst wird (z. B. im Leerlauf des Motors).

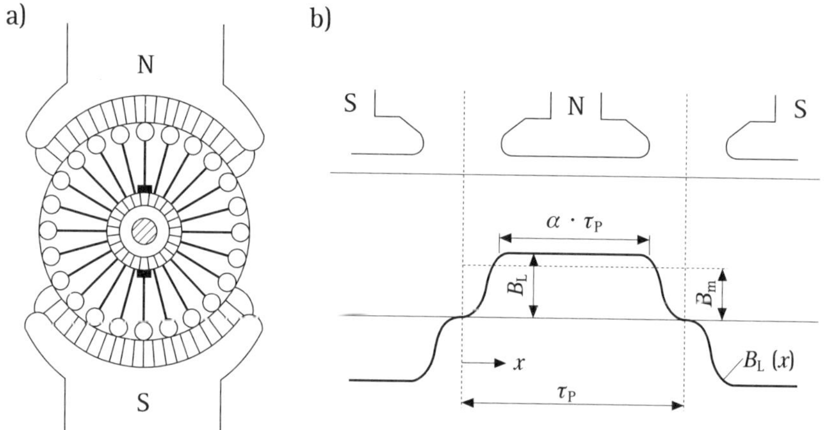

Bild 5.5 Verlauf der Flussdichte entlang der Rotoroberfläche ohne Ankerrückwirkung

Die Polteilung τ_P lässt sich aus dem Durchmesser bzw. Umfang des Rotors und der Anzahl der Polpaare berechnen:

$$\tau_P = \frac{d_A \cdot \pi}{2 \cdot p} \tag{5.5}$$

Der Zusammenhang zwischen dem erzeugten Hauptfluss Φ bzw. Φ_E und Flussdichte lautet:

$$\Phi_E = l \cdot \int_0^{\tau_P} B_L(x) \cdot dx = l \cdot \tau_P \cdot B_m = l \cdot \alpha \cdot \tau_P \cdot B_L \tag{5.6}$$

5.1.5 Ankerrückwirkung

Unter Ankerrückwirkung versteht man die Tatsache, dass der Verlauf des Luftspaltfelds auch vom Ankerstrom beeinflusst wird. Dies ist bei einer belasteten Maschine praktisch immer der Fall. Die Verteilung des Ankerstroms am Rotorumfang wird durch den sogenannten Ankerstrombelag (in A/m) beschrieben.

Das **Bild 5.6** zeigt, wie durch den Ankerstrombelag das Ankerquerfeld (ohne Hauptfeld) erzeugt wird.

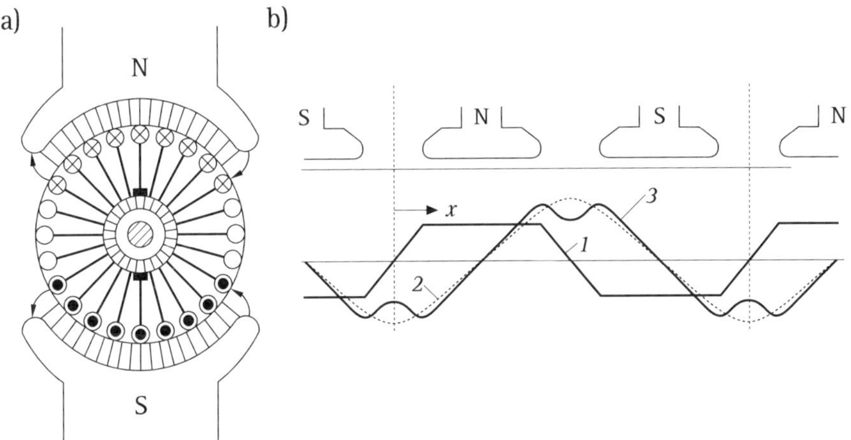

Bild 5.6 Ankerquerfeld beim Gleichstrommotor
a) Feldverlauf zwischen Anker und Polschuhen
b) Strombelag $A(x)$
1 Felderregerkurve $V_A(x)$
2 Ankerquerfeld $B_A(x)$
3 resultierendes verzerrtes Luftspaltfeld (Hauptfeld)

Überlagern sich bei einer belasteten Gleichstrommaschine das Hauptfeld und das Ankerquerfeld, dann kommt es zu einer Verzerrung des Hauptfelds, wie in **Bild 5.7** dargestellt ist. Die einzelnen Kurvenverläufe in Bild 5.7 sind:

1 Hauptfeld ohne Ankerrückwirkung

2 Ankerquerfeld

3 Hauptfeld bei Belastung

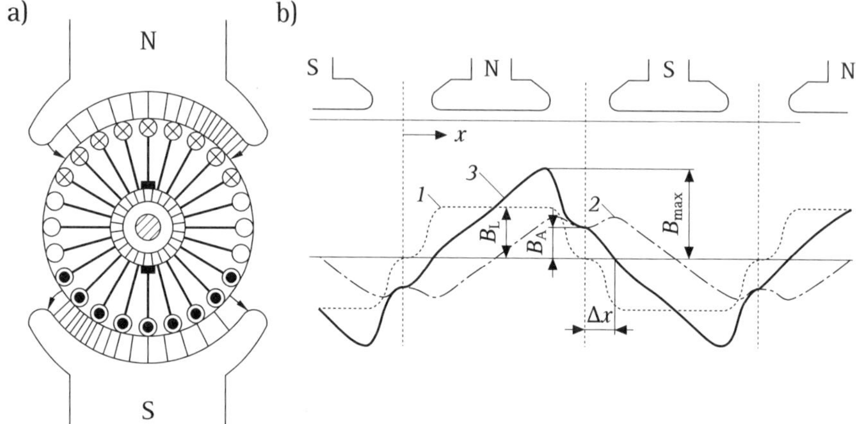

Bild 5.7 Resultierendes Ankerfeld einer belasteten Gleichstrommaschine

1 Felderregerkurve $V_A(x)$

2 Ankerquerfeld $B_A(x)$

3 resultierendes verzerrtes Luftspaltfeld (Hauptfeld)

Die durch den Rotorstrom verursachte Ankerrückwirkung wirkt sich nachteilig auf das Betriebsverhalten der Maschine aus. Diese negativen Auswirkungen sind im Wesentlichen:

- die Verschiebung der neutralen Zone (Nulldurchgang der Flussdichte) aus der Mitte zwischen den Polen, wo die Bürsten liegen und die Kommutierung stattfindet, erschwert die Kommutierung
- mit der Erhöhung der Flussdichte an einer Polkante kann es zu Sättigungserscheinungen und damit zu einer Schwächung des Hauptfelds kommen

Durch eine Wendepol- und gegebenenfalls durch eine Kompensationswicklung kann hier Abhilfe geschaffen werden.

Welche Wirkung Wendepol- und Kompensationswicklungen auf die Flussverteilung einer Gleichstrommaschine im Luftspalt haben, ist in **Bild 5.8** dargestellt.

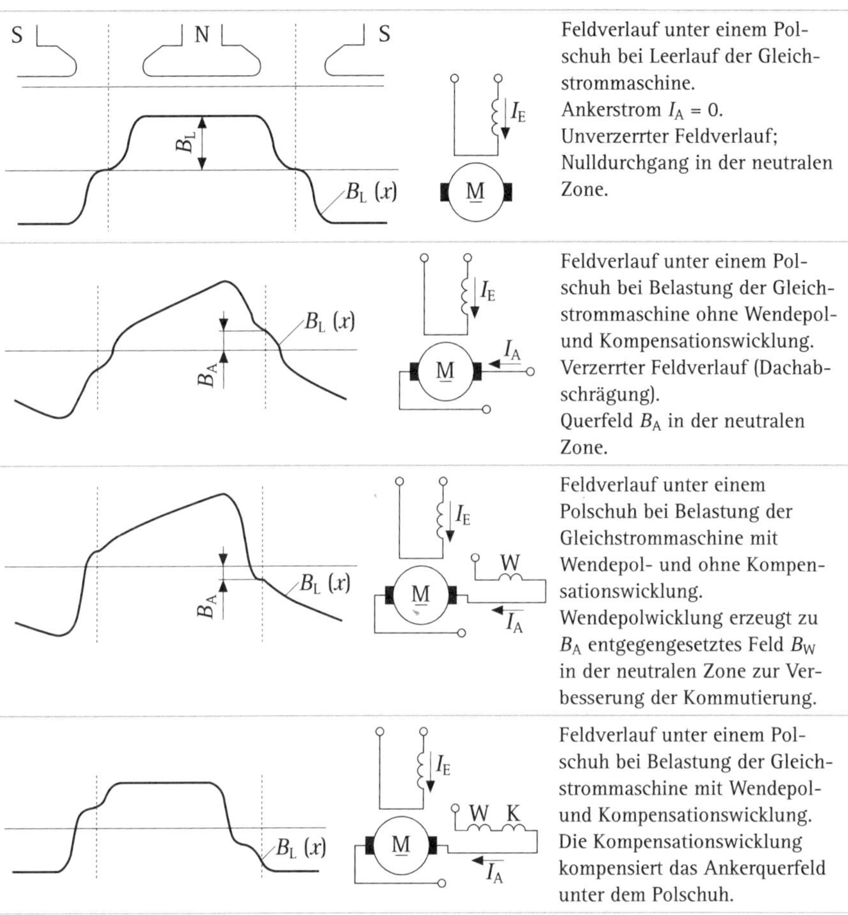

Bild 5.8 Darstellung der Wirkungen von Wendepol- und Kompensationswicklungen auf die Flussverteilung einer Gleichstrommaschine im Luftspalt

5.1.6 Induzierte Ankerspannung

Wenn der Rotor einer erregten Gleichstrommaschine sich dreht, wird in den einzelnen Ankerleitern nach dem Induktionsgesetz eine Spannung induziert. Die Summe dieser einzelnen Spannungen kann an den Bürsten abgegriffen werden. Für die Berechnung der induzierten Spannung wird angenommen, dass sich die mittlere Flussdichte B_m über eine Polteilung τ_P erstreckt (vgl. Bild 5.5 und Gl. (5.5)).

Die induzierte Spannung in einem Ankerleiter berechnet sich zu:

$$U_{\mathrm{i}} = B_{\mathrm{m}} \cdot l \cdot v \tag{5.7}$$

Mit:

$$\omega = \frac{2 \cdot \pi \cdot n}{60} \quad \text{und} \quad v = \omega \cdot \frac{d_{\mathrm{A}}}{2} \tag{5.8}$$

folgt aus Gl. (5.7):

$$U_{\mathrm{i}} = B_{\mathrm{m}} \cdot l \cdot \frac{d_{\mathrm{A}}}{2} \cdot \omega \tag{5.9}$$

Mit $d_{\mathrm{A}} = \frac{2 \cdot p \cdot \tau_{\mathrm{P}}}{\pi}$ ergibt sich aus Gl. (5.9):

$$U_{\mathrm{i}} = B_{\mathrm{m}} \cdot l \cdot \frac{p \cdot \tau_{\mathrm{P}}}{\pi} \cdot \omega \tag{5.10}$$

Aus Gl. (5.10) folgt mit:

$$\Phi = \Phi_{\mathrm{E}} = B_{\mathrm{m}} \cdot l \cdot \tau_{\mathrm{p}} \tag{5.11}$$

$$U_{\mathrm{i}} = \frac{p}{\pi} \cdot \Phi \cdot \omega \tag{5.12}$$

Die Zahl der in Serie geschalteten Ankerleiter zwischen zwei Bürsten ist $z_{\mathrm{A}}/(2 \cdot a)$. Dabei ist z_{A} die Anzahl der Ankerleiter und a die Anzahl der parallel geschalteten Zweige der Ankerwicklung. Damit ergibt sich die gesamte, zwischen zwei Bürsten induzierte Spannung zu:

$$U_{\mathrm{i}} = \frac{z_{\mathrm{A}}}{2 \cdot a} \cdot \frac{p}{\pi} \cdot \Phi \cdot \omega \tag{5.13}$$

Mit der Definition der Maschinenkonstanten:

$$c = \frac{z_{\mathrm{A}} \cdot p}{2 \cdot a \cdot \pi} \tag{5.14}$$

folgt aus Gl. (5.13) für die induzierte Spannung der einfache Ausdruck:

$$U_{\mathrm{i}} = c \cdot \Phi \cdot \omega \tag{5.15}$$

5.1.7 Drehmoment

In ähnlicher Weise wie die induzierte Spannung lässt sich auch das Drehmoment einer Gleichstrommaschine berechnen. Die Kraft auf einen einzelnen Ankerleiter mit dem Spulenstrom I_S in einer Ankerwicklung ist:

$$F = l \cdot I_S \cdot B_m \tag{5.16}$$

Das durch diese Kraft F erzeugte Drehmoment beträgt dann in der Anordnung der Ankerwicklung nach Bild 5.5:

$$M_i = \frac{d_A}{2} \cdot F = \frac{d_A}{2} \cdot l \cdot I_S \cdot B_m = \frac{\tau_p \cdot p}{\pi} \cdot l \cdot I_S \cdot B_m \tag{5.17}$$

Mit $\Phi = \Phi_E = B_m \cdot l \cdot \tau_p$ folgt aus Gl. (5.17)

$$M_i = \frac{p}{\pi} \cdot I_S \cdot \Phi \tag{5.18}$$

Aufgrund der Stromaufteilung des gesamten Ankerstroms auf die insgesamt a parallel geschalteten Zweige gilt $I_S = I_A / (2 \cdot a)$ und damit:

$$M_i = \frac{p}{\pi} \cdot \frac{I_A}{2 \cdot a} \cdot \Phi \tag{5.19}$$

Da alle z_A Ankerleiter betroffen sind, erhält man für das Gesamt-Drehmoment:

$$M = z_A \cdot M_i = \frac{z_A \cdot p}{a} \cdot \frac{I_A}{2 \cdot \pi} \cdot \Phi \tag{5.20}$$

Wie in Gl. (5.14) definiert, folgt mit der Maschinenkonstanten:

$$c = \frac{z_A \cdot p}{2 \cdot a \cdot \pi}$$

aus Gl. (5.20):

$$M = c \cdot \Phi \cdot I_A \tag{5.21}$$

5.1.8 Ersatzschaltbild und Systemgleichungen

In diesem Abschnitt wird zunächst das Ersatzschaltbild der Gleichstrommaschine angegeben. Aus dem Ersatzschaltbild werden dann die Beziehungen abgeleitet, die das statische und dynamische Verhalten der Maschine beschreiben.

Ersatzschaltbild

In **Bild 5.9** ist das Ersatzschaltbild der Gleichstrommaschine dargestellt. Sowohl der Ankerkreis als auch der Erregerkreis enthalten eine ohmsche und eine induktive Komponente.

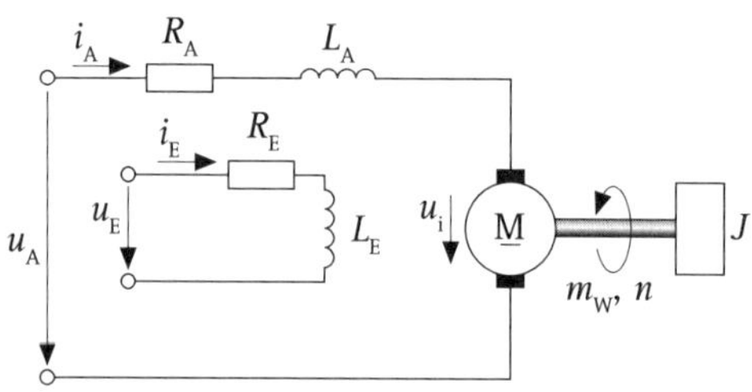

Bild 5.9 Ersatzschaltbild der Gleichstrommaschine

Aus dem Ersatzschaltbild können unmittelbar die Spannungsgleichungen (Maschengleichungen) für den Ankerkreis und den Erregerkreis abgelesen werden. Zusammen mit den bereits in Abschnitt 5.1.6 und Abschnitt 5.1.7 abgeleiteten Gleichungen für die induzierte Spannung und das Drehmoment ergeben sich damit die Systemgleichungen der Gleichstrommaschine.

System-Differentialgleichungen

Im Folgenden sind alle Gleichungen zusammengestellt, die erforderlich sind, um das dynamische Verhalten einer Gleichstrommaschine zu beschreiben.

Die Gleichung für den Ankerkreis der Maschine lässt sich aus dem Ersatzschaltbild von Bild 5.9 ablesen. Sie lautet:

$$u_A(t) = R_A \cdot i_A(t) + L_A \cdot \frac{di_A}{dt} + u_i(i) \quad (5.22)$$

Für die in der Maschine induzierte Gegenspannung gilt:

$$u_i(t) = c \cdot \Phi \cdot \omega(t) \quad (5.23)$$

Die Beziehung zur Berechnung der Erregerspannung lautet:

$$u_{\mathrm{E}}(t) = R_{\mathrm{E}} \cdot i_{\mathrm{E}}(t) + \frac{\mathrm{d}\Phi}{\mathrm{d}t} \tag{5.24}$$

Das von der Maschine erzeugte Drehmoment (Luftspaltmoment) wird berechnet mit:

$$m_{\mathrm{i}}(t) = c \cdot \Phi \cdot i_{\mathrm{A}}(t) \tag{5.25}$$

Für die Bewegungsgleichung gilt:

$$m_{\mathrm{i}}(t) - m_{\mathrm{W}}(t) = J \cdot \frac{\mathrm{d}\omega(t)}{\mathrm{d}t} \tag{5.26}$$

Durch diese fünf Gleichungen für das linearisierte Modell einer Gleichstrommaschine wird deren Betriebsverhalten vollständig beschrieben. Die in den folgenden Abschnitten beschriebenen Gleichungen und Kennlinien für unterschiedliche Steuerverfahren und Schaltungsarten lassen sich alle aus den angegebenen Systemgleichungen ableiten.

Stationäre Gleichungen und Nenngrößen

Aus den Differentialgleichungen ergeben sich in sehr einfacher Weise die Gleichungen für den stationären Betrieb (ohne $\mathrm{d}/\mathrm{d}t$-Ausdrücke). Die Gleichungen für das stationäre Verhalten der Gleichstrommaschine sind nachfolgend angegeben:

Die stationäre Ankerspannung berechnet sich zu:

$$U_{\mathrm{A}} = R_{\mathrm{A}} \cdot I_{\mathrm{A}} + U_{\mathrm{i}} \tag{5.27}$$

Die induzierte Gegenspannung für den stationären Betrieb wird berechnet nach:

$$U_{\mathrm{i}} = c \cdot \Phi \cdot \omega \tag{5.28}$$

Die stationäre Erregerspannung ergibt sich zu:

$$U_{\mathrm{E}} = R_{\mathrm{E}} \cdot I_{\mathrm{E}} \tag{5.29}$$

Für das im stationären Betriebsfall erzeugte Drehmoment (Luftspaltmoment) gilt:

$$M_{\mathrm{Ni}} = c \cdot \Phi \cdot I_{\mathrm{A}} \tag{5.30}$$

Die Bewegungsgleichung vereinfacht sich für den stationären Betriebsfall zu:

$$M_{\mathrm{i}} = M_{\mathrm{W}} \tag{5.31}$$

Es ist zu beachten, dass das an der Welle verfügbare Drehmoment etwas kleiner ist als das durch das Kraftwirkungsgesetz erzeugte Luftspaltmoment.

Um das Wellenmoment zu erhalten, müssen vom Luftspaltmoment M_i noch die Verlustmomente aufgrund der Eisenverluste im Anker der Gleichstrommaschine sowie mechanische Reibmomente (Lagerreibung, Luftreibung) abgezogen werden.

Die im Folgenden verwendeten Ansätze sind üblich, um das Bemessungsmoment des Motors, das er an der Welle abgibt, zu berechnen. Es gilt:

$$M_N = M_i - M_{VR} \quad \text{oder} \quad M_N = M_i \cdot \eta_{mech} \tag{5.32}$$

In den meisten Fällen können aber (zumindest bei größeren Maschinen) die inneren mechanischen Verluste vernachlässigt werden, sodass gilt:

$$\eta_{mech} = 1 \quad \text{bzw.} \quad M_N = M_i \tag{5.33}$$

Auf dem Typenschild einer Gleichstrommaschine ist angegeben, welche Betriebsgrößen (Spannung, Strom, Drehzahl etc.) für die Maschine zulässig sind. Diese Angaben sind gleichzeitig die Bemessungsgrößen für die vorliegende Maschine:

- Bemessungsleistung P_N
- Bemessungsmoment M_N
- Bemessungsdrehzahl n_N
- Bemessungsspannung U_{AN}
- Erregerbemessungsspannung U_{EN}
- Erregerbemessungsstrom I_{EN}

Aus den Typenschilddaten lassen sich weitere Kenngrößen berechnen, die den Leistungsfluss in der Maschine beschreiben (hier am Beispiel des Motor-Bemessungsbetriebs).

Im Erregerkreis ist die Erregerbemessungsleistung:

$$P_{EN} = U_{EN} \cdot I_{EN} \tag{5.34}$$

Die Erregerverluste sind:

$$P_{VE} = P_{EN} \tag{5.35}$$

Wie Gl. (5.35) zeigt, geht bei einer elektrisch erregten Gleichstrommaschine die gesamte, dem Erregerkreis zugeführte elektrische Leistung in Form von Stromwärmeverlusten verloren.

Im Bemessungsbetriebspunkt ergeben sich für den Ankerkreis weitere Beziehungen. Für die dem Anker zugeführte Leistung im Bemessungspunkt gilt:

$$P_{0N} = U_{AN} \cdot I_{AN} \tag{5.36}$$

Die Ankerverluste (elektrische Verlustleistung im Ankerkreis) im Bemessungspunkt errechnen sich zu:

$$P_{VN} = R_A \cdot I_{AN}^2 \tag{5.37}$$

Die motorintern erzeugte elektrische Leistung ist das Produkt aus induzierter Spannung und Ankerstrom und gleichzeitig die „innere" mechanische Leistung. Dafür gilt:

$$P_{iN} = P_{0N} - P_{VN} = \left(U_{AN} - R_A \cdot I_{AN}\right) \cdot I_{AN} = U_{iN} \cdot I_{AN} = M_i \cdot \frac{2 \cdot \pi \cdot n_N}{60} \tag{5.38}$$

Die laut Typenschild angegebene Bemessungsleistung ist:

$$P_N = M_N \cdot \frac{2 \cdot \pi \cdot n_N}{60} = \eta_{mech} \cdot M_i \cdot \frac{2 \cdot \pi \cdot n_N}{60} \tag{5.39}$$

In der Regel kann bei größeren Maschinen $\eta_{mech} = 1$ angenommen werden. Dies bedeutet, dass die „innere Leistung" mit der Leistung an der Motorwelle gleichgesetzt werden kann.

Generell kann festgestellt werden, dass der klassische Gleichstrommotor mit Ankerstromkommutierug durch Kollektor und Kohlebürsten wegen des hohen Verschleißes und der Verfügbarkeit kostengünstiger und leistungsstarker Steuer- und Leistungselektronik fast vollständig durch EC-Motoren (Brushless DC-Motoren) oder Asynchronmotoren ersetzt ist. Wenn er noch zum Einsatz kommt, dann hat er anstatt einer Fremderregung eine permanentmagnetische Erregung und wird dort eingesetzt, wo die relative Einschaltzeit gering ist und zur Versorgung bereits ein Gleichstromnetz zur Verfügung steht. Ein typisches Beispiel hierfür ist der Automotive-Bereich. Dort werden sie beispielsweise eingesetzt als Fensterheberantriebe, als Schiebedachantriebe und zur Sitzverstellung.

Der permanentmagneterregte Gleichstrommotor gleicht in seinem Verhalten im Wesentlichen dem Gleichstromnebenschlussmotor. Der magnetische Fluss wird dabei nicht mehr durch eine Erregerwicklung, sondern er wird durch Permanentmagnete erzeugt. Der Gleichstromreihenschlussmotor ist in seinem Aufbau dem Universalmotor ähnlich. Universalmotoren werden in großen Stückzahlen in Handwerkermaschinen, Küchengeräten u. a. eingesetzt. Dies sind Gründe dafür, warum das Betriebsverhalten von Gleichstromreihen- und Gleichstromnebenschlussmotoren im folgenden Abschnitt näher betrachtet wird.

5.1.9 Schaltungsarten der Erregerwicklung

Das Betriebsverhalten der Gleichstrommaschine wird neben den konstruktiven Eigenschaften, wie z. B. der Maschinenkonstanten, maßgeblich von der Schaltungsart der Erregerwicklung bestimmt. Im Folgenden sind die gängigen Schaltungsarten der Erregerwicklung angegeben.

Bild 5.10 zeigt das vereinfachte Schaltbild einer fremderregten Nebenschlussmaschine. Die Erregerspannung wird aus einem separaten Netz bezogen bzw. ist unabhängig von der Ankerspannung einstellbar. Die bezeichneten Anschlüsse sind:

A_1 – A_2 Ankerwicklung
B_1 – B_2 Wendepolwicklung
E_1 – E_2 Fremderregte Wicklung

In **Bild 5.11** ist wieder eine Gleichstrommaschine im Nebenschluss der Erregerwicklung schematisch dargestellt. Dabei wird die Erregerspannung aus der Ankerspannungsquelle bezogen. Die bezeichneten Anschlüsse sind:

A_1 – A_2 Ankerwicklung
B_1 – B_2 Wendepolwicklung
E_1 – E_2 Fremderregte Wicklung

Bild 5.12 zeigt prinzipiell den Aufbau einer Reihenschlussmaschine. Die Erregerwicklung und die Ankerwicklung sind in Reihe geschaltet. Dadurch sind der Ankerstrom und der Erregerstrom gleich groß. Die in Bild 5.12 angegebenen Anschlussbezeichnungen sind:

A_1 – A_2 Ankerwicklung
B_1 – B_2 Wendepolwicklung
D_1 – D_2 Reihenschlusswicklung

Die Nebenschlussmaschinen besitzen eine relativ hochohmige Erregerwicklung. Die Erregerspannung kann entweder direkt aus der Ankerspannungsquelle bezogen werden (Nebenschluss-Schaltung) oder aus einer separaten Spannungsquelle (fremderregt).

Die für drehzahlgesteuerte Antriebe mit Abstand wichtigste Schaltungsvariante ist die der fremderregten Maschine, da sich hier das Erregerfeld und die Ankerspannung getrennt einstellen lassen.

Reihenschlussmaschinen haben eine niederohmige Erregerwicklung, die für die Serienschaltung mit dem Ankerkreis dimensioniert ist. Die Kennlinien einer Reihenschlussmaschine unterscheiden sich erheblich von den Kennlinien einer fremderregten Nebenschlussmaschine.

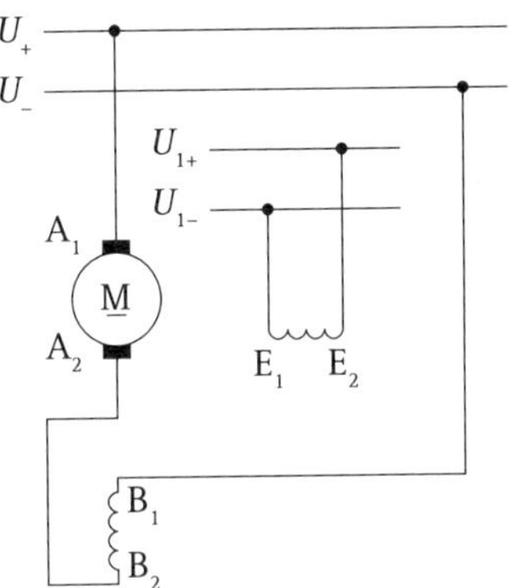

Bild 5.10 Vereinfachtes Schaltbild einer fremderregten Nebenschlussmaschine mit separater Versorgung der Erregerwicklung

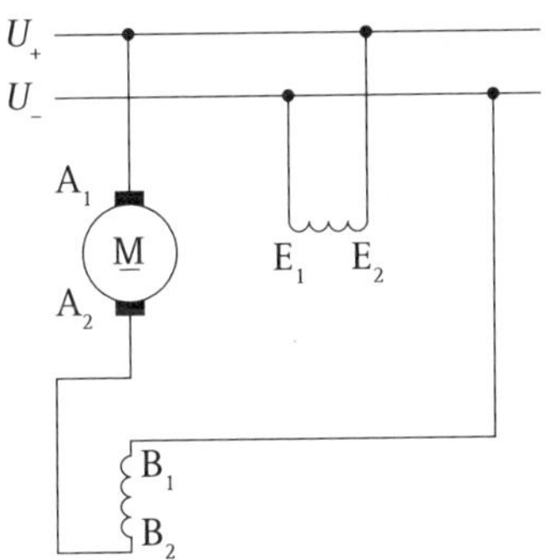

Bild 5.11 Schematische Darstellung einer Gleichstrommaschine im Nebenschluss der Erregerwicklung mit Anschluss der Erregerspannung an die Ankerspannungsquelle

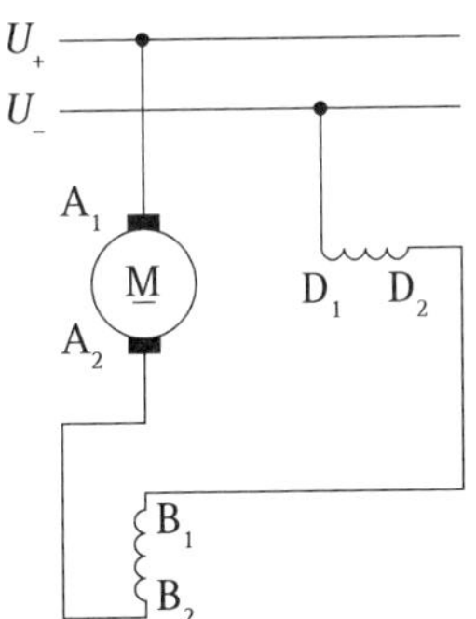

Bild 5.12 Prinzipieller Aufbau einer Reihenschlussmaschine mit Reihenschaltung von Erregerwicklung und Ankerwicklung

Stationäre Betriebskennlinien von fremderregten Nebenschlussmaschinen

Die Eigenschaften von Motoren und Generatoren und insbesondere das Zusammenspiel zwischen Motoren und Arbeitsmaschinen lassen sich zweckmäßig und anschaulich in Kennlinienfeldern darstellen. Die wichtigste Kennlinie ist dabei die Drehzahl-Drehmoment-Kennlinie.

Zur Ableitung der Gleichung für den Zusammenhang zwischen Drehzahl und Drehmoment werden die stationären Systemgleichungen aus Abschnitt 5.1.8 herangezogen.

Danach lautet die Maschengleichung für den Ankerkreis:

$$U_\mathrm{i} = U_\mathrm{A} - R_\mathrm{A} \cdot I_\mathrm{A} \tag{5.40}$$

Mit:

$$U_\mathrm{i} = c \cdot \Phi \cdot \omega = c \cdot \Phi \cdot \frac{2 \cdot \pi \cdot n}{60} \tag{5.41}$$

und:

$$I_\mathrm{A} = M_\mathrm{i} \cdot \frac{1}{c \cdot \Phi} \tag{5.42}$$

folgt durch Einsetzen:

$$c \cdot \Phi \cdot \frac{2 \cdot \pi \cdot n}{60} = U_\mathrm{A} - M_\mathrm{i} \cdot \frac{R_\mathrm{A}}{c \cdot \Phi} \tag{5.43}$$

Daraus ergibt sich die Kennliniengleichung:

$$n = U_\mathrm{A} \cdot \frac{60}{2 \cdot \pi \cdot c \cdot \Phi} - M_\mathrm{i} \cdot \frac{60 \cdot R_\mathrm{A}}{2 \cdot \pi \cdot (c \cdot \Phi)^2} \tag{5.44}$$

Die beiden Ausdrücke in Gl. (5.44) sind die ideelle Leerlaufdrehzahl:

$$n_0 = U_\mathrm{A} \cdot \frac{60}{2 \cdot \pi \cdot c \cdot \Phi} \sim U_\mathrm{A} \tag{5.45}$$

und der lastabhängige Drehzahlabfall:

$$\Delta n = M_\mathrm{i} \cdot \frac{60 \cdot R_\mathrm{A}}{2 \cdot \pi \cdot (c \cdot \Phi)^2} \sim M_\mathrm{i} \tag{5.46}$$

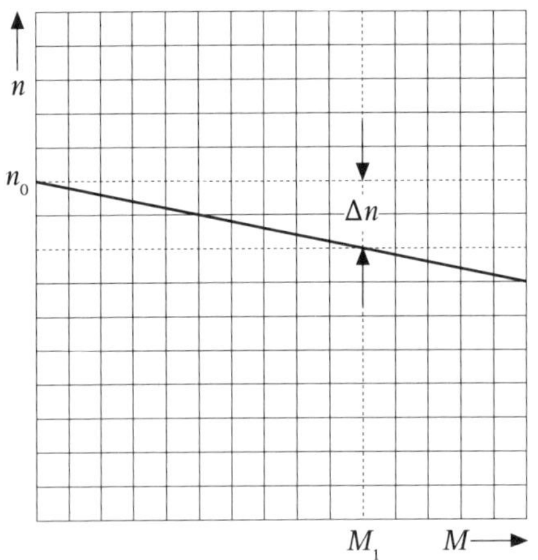

Bild 5.13 Drehzahl-Drehmoment-Kennlinie (für U_A = konst., Φ = konst.)

Bei konstanter Spannung und konstantem Fluss ergibt sich im (n, M)-Kennlinienfeld eine mit zunehmender Belastung abfallende Gerade.

Für die Drehzahl-Drehmoment-Kennlinie, die in **Bild 5.13** dargestellt ist, sind folgende Merkmale charakteristisch:

- bei Belastung ändert sich die Drehzahl linear
- die Leerlaufdrehzahl ist proportional zur Klemmenspannung, negative Spannung bedeutet eine negative Drehzahl
- Generatorbetrieb (negatives Moment bei positiver Drehzahl oder positives Moment bei negativer Drehzahl) ist möglich

Spannungssteuerung der Nebenschlussmaschine bei konstantem Nennfluss

Die in Bild 5.13 angegebene (n, M)-Kennlinie lässt sich durch Änderung der Ankerspannung vertikal verschieben, denn aus der Kennliniengleichung (5.45) ergibt sich unmittelbar, dass sich die Leerlaufdrehzahl $n_0 = U_A \cdot \frac{60}{2 \cdot \pi \cdot c \cdot \Phi} \sim U_A$ der Maschine proportional mit der Ankerspannung ändert. Die Drehzahl kann also durch eine Änderung der Ankerspannung eingestellt werden. Der lastabhängige Drehzahlabfall $\Delta n = M_i \cdot \frac{60 \cdot R_A}{2 \cdot \pi \cdot (c \cdot \Phi)^2} \sim M_i$ ist davon unabhängig.

Somit bewirkt eine Änderung der Ankerspannung eine vertikale Parallelverschiebung der (n, M)-Kennlinie im Kennlinienfeld.

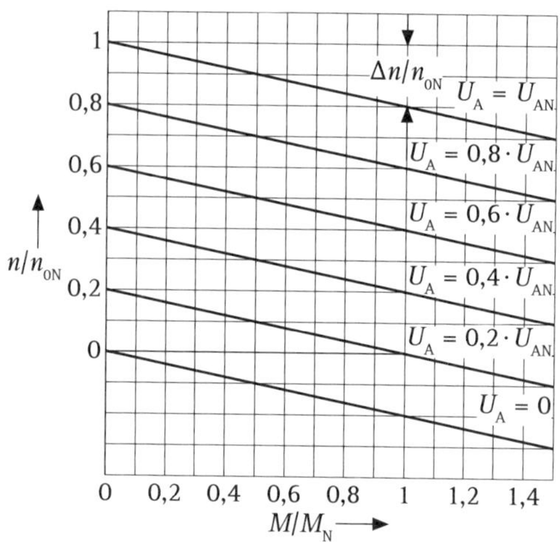

Bild 5.14 Kennlinienfeld für die Spannungssteuerung einer Gleichstromnebenschlussmaschine in normierter Darstellung

In **Bild 5.14** ist das Kennlinienfeld in normierter Darstellung angegeben. Normierungsgrößen (d. h. Bezugsgrößen) für die Skalierung der Achsen sind dabei die ideelle Leerlaufdrehzahl bei Bemessungsspannung $n_{0\mathrm{N}} = U_{\mathrm{AN}} \cdot \dfrac{60}{2 \cdot \pi \cdot c \cdot \Phi_{\mathrm{N}}}$ und das Motor-Bemessungsmoment M_{N}. Diese Darstellung ist zweckmäßig, da sich durch die Normierung für alle Gleichstromnebenschlussmaschinen ein ähnliches Kennlinienfeld ergibt.

Der normierte Drehzahlabfall $\Delta n/n_{0\mathrm{N}}$ bei Nennmoment hat für alle Maschinen gleicher Größenordnung einen ähnlichen Wert:

$\Delta n/n_{0\mathrm{N}} = 0{,}02 \ldots 0{,}05 \ldots$ für große Maschinen

$\Delta n/n_{0\mathrm{N}} = 0{,}1 \ldots$ für mittlere Maschinen

$\Delta n/n_{0\mathrm{N}} = 0{,}2 \ldots$ für kleine Maschinen

Widerstandssteuerung der Gleichstromnebenschlussmaschine

Steht keine einstellbare, variable Ankerspannungsquelle zur Verfügung, dann kann die Drehzahl auch durch einen z. B. in Stufen einstellbaren Vorwiderstand im Ankerkreis beeinflusst werden. Neben der Drehzahleinstellung ist die wichtigste Funktion des Vorwiderstands die Begrenzung des Motorstroms beim Einschalten und beim Abbremsen zum Stillstand. Ohne Vorwiderstand würden sich aufgrund der im Stillstand fehlenden Gegenspannung (induzierten Spannung) unzulässig hohe Anlaufströme ergeben. Mit einem Vorwiderstand R_{AV} im Ankerkreis beträgt der gesamte Ankerwiderstand:

$$R_{Ages} = R_A + R_{AV} = R_A \cdot \left(1 + \frac{R_{AV}}{R_A}\right) \tag{5.47}$$

Ersetzt man den Ausdruck für R_{Ages} durch R_A in der Motor-Kennliniengleichung, dann ergibt sich:

$$n = U_A \cdot \frac{60}{2 \cdot \pi \cdot c \cdot \Phi} - M_i \cdot \frac{60 \cdot R_A}{2 \cdot \pi \cdot (c \cdot \Phi)^2} \cdot \left(1 + \frac{R_{AV}}{R_A}\right) \tag{5.48}$$

Es wird deutlich, dass bei konstanter Spannung und konstantem Fluss die Leerlaufdrehzahl n_0 unabhängig vom Wert des Vorwiderstands bleibt, während sich mit dem Vorwiderstand der lastabhängige Drehzahlabfall Δn vergrößert um den Faktor $1 + R_{AV}/R_A$.

Dieser Zusammenhang wird im Kennlinienfeld (**Bild 5.15**) deutlich.

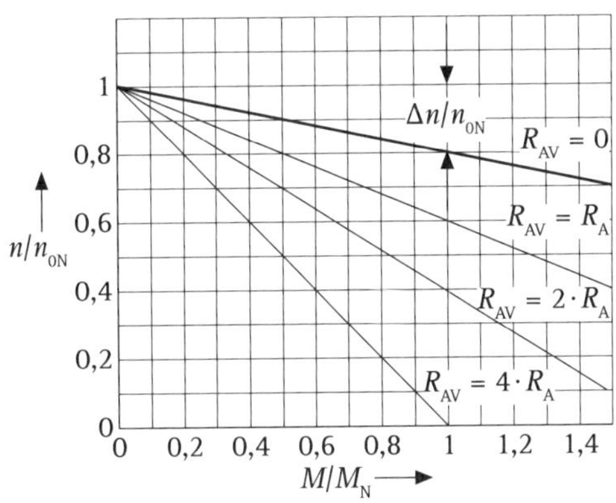

Bild 5.15 Normiertes Kennlinienfeld für die Widerstandssteuerung

Man erkennt, dass eine Drehzahlsteuerung nur unter Belastung der Maschine möglich ist. Ein weiterer Nachteil ist die Verlustleistung im Vorwiderstand und der daraus resultierende schlechte Wirkungsgrad der Anordnung. Aus diesem Grund wird die Widerstandssteuerung seit der Verfügbarkeit der Leistungselektronik zur stufenlosen Spannungseinstellung kaum noch eingesetzt.

Kombinierte Ankerspannungs- und Feldsteuerung

Wie bereits in diesem Abschnitt ausgeführt, kann die Drehzahl durch Änderung der Ankerspannung bei Nennfluss etwa im Bereich zwischen der positiven und negativen Motorbemessungsdrehzahl beliebig eingestellt werden. Dies entspricht einer Spannungsänderung zwischen positiver und negativer Ankernennspannung.

Den zugehörigen Drehzahlstellbereich bezeichnet man als Grunddrehzahlbereich oder Ankerstellbereich. Soll nun die Drehzahl über die Nenndrehzahl hinaus erhöht werden, muss bei konstanter Ankernennspannung U_{AN} die Erregerspannung und damit der Erregerfluss (Feld) reduziert werden. Für den Feldstellbereich oder Feldschwächbereich gilt:

$$U_A = U_{AN} = \text{konst.} \quad \text{und} \quad \Phi_{min} \leq \Phi \leq \Phi_N$$

Betrachtet man unter dieser Randbedingung die Motorkennliniengleichung, ergibt sich für $\Phi < \Phi_N$ mit:

$$n = U_A \cdot \frac{60}{2 \cdot \pi \cdot c \cdot \Phi} - M_i \cdot \frac{60 \cdot R_A}{2 \cdot \pi \cdot (c \cdot \Phi)^2} = n_0 - \Delta n \tag{5.49}$$

eine Erhöhung der Leerlaufdrehzahl im Verhältnis $1/\Phi$.

Es gilt:

$$n_0 = U_{AN} \cdot \frac{60}{2 \cdot \pi \cdot c \cdot \Phi} \tag{5.50}$$

Außerdem folgt eine Änderung der Lastabhängigkeit der Drehzahl mit $1/\Phi^2$, denn es ergibt sich:

$$\Delta n = -M_i \cdot \frac{60 \cdot R_A}{2 \cdot \pi \cdot (c \cdot \Phi)^2} \sim \frac{1}{\Phi^2} \tag{5.51}$$

Allerdings wird auch der Ankerstrom, den man zur Abgabe eines bestimmten Drehmoments M benötigt, im Verhältnis $1/\Phi$ größer. Es gilt:

$$I_A = \frac{M}{c \cdot \Phi} \sim \frac{1}{\Phi} \tag{5.52}$$

Da der zulässige Ankerstrom begrenzt ist (im Dauerbetrieb maximal I_{AN}), reduziert sich im Feldschwächbetrieb das verfügbare Drehmoment, wobei aber die aufgenommene oder abgegebene maximale Leistung konstant bleibt.

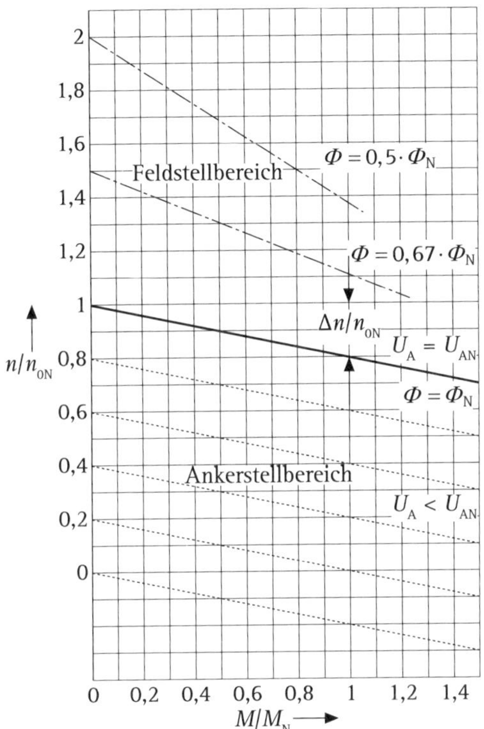

Bild 5.16 Motorkennlinien im Grunddrehzahlbereich und im Feldstellbereich

Daher wird der Feldstell- oder Feldschwächbereich auch Konstant-Leistungsbereich genannt. Die Maschinenkennlinien verlaufen im Feldschwächbereich mit zunehmender Feldschwächung immer steiler. Dies bedeutet, dass die Maschinenkennlinie immer weicher wird, wie dies **Bild 5.16** erkennen lässt.

Wegen der Ankerrückwirkung und der Stromwendung ist der Feldschwächbereich zu höheren Drehzahlen hin begrenzt. Unter Umständen muss bei hohen Drehzahlen der Strom aus Stromwendungsgründen reduziert werden, bevor die mechanische Festigkeit des Läufers als Drehzahlgrenze erreicht ist. Feldstellbereiche von 1 : 1,5 sind normal üblich. Bei höheren Bereichen bis 1 : 5 ist eine Kompensationswicklung in der Maschine vorzusehen. Bei Sonderkonstruktionen ist ein Feldstellbereich von 1 : 10 noch ausführbar. Hohe Feldstellbereiche – also Konstantleistungsbereiche – werden bei z. B. Werkzeugmaschinenantrieben, Antrieben in der Holzbearbeitung oder Wickelantrieben gefordert.

Betriebsverhalten von Gleichstromreihenschlussmaschinen

Bei der Gleichstromreihenschlussmaschine ist die Erregerwicklung mit dem Anker in Reihe geschaltet. Sie wird vom Ankerstrom durchflossen und ist deshalb aus dickem Draht mit relativ geringer Windungszahl gefertigt, denn durch den hohen Ankerstrom wird mit wenigen Windungen derselbe magnetische Fluss erzeugt wie bei der Nebenschlussmaschine durch den kleinen Erregerstrom in der Erregerwicklung mit hoher Windungszahl. Durch die konstruktiven Unterschiede der Erregerwicklung ist es nicht möglich, eine Maschine einmal im Nebenschluss und einmal im Reihenschluss, je nach Schaltung der Erregerwicklung, zu betreiben, sondern das Betriebsverhalten ist von vornherein auf eine Schaltungsart festgelegt.

Bild 5.17 zeigt den prinzipiellen Aufbau des Reihenschlussmotors. Wie bei den bereits behandelten Gleichstrommotoren bedarf es auch hier eines Anlasswiderstands R_{Anl} zur Begrenzung des Einschaltstroms, wenn keine einstellbare Ankerspannungsquelle zur Verfügung steht.

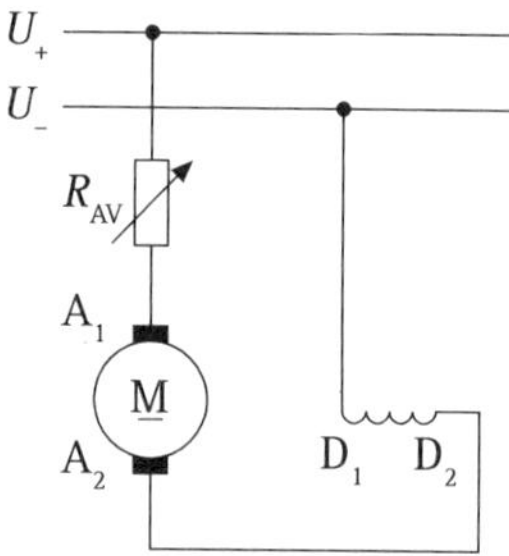

Bild 5.17 Schaltbild eines Reihenschlussmotors mit Anlasswiderstand

Es gelten auch für den Reihenschlussmotor die für den Nebenschlussmotor entwickelten Gleichungen, wobei darauf zu achten ist, dass zum Ankerkreiswiderstand R_{A} nun der ohmsche Widerstand R_{E} der Erregerwicklung und ggf. ein Anlasswiderstand R_{Anl} hinzuzurechnen sind, sodass sich der gesamte Ankerkreiswiderstand für eine Reihenschlussmaschine zusammensetzt zu:

$$R_{\text{A ges}} = R_{\text{A}} + R_{\text{E}} + (R_{\text{Anl}}) \tag{5.53}$$

Aufgrund der Zusammenschaltung von Anker- und Erregerwicklung wird der magnetische Fluss Φ vom Ankerstrom erregt, und damit ist er nicht mehr – wie bislang – konstant, sondern belastungsabhängig. Es gilt:

$$\Phi = f(I_{\text{A}}) \tag{5.54}$$

Im linearen Bereich der Magnetisierungskennlinie, d. h. unter Vernachlässigung der Sättigung, gilt:

$$\Phi = c_i \cdot I_A \qquad (5.55$$

Dabei ist c_i ein konstanter Proportionalitätsfaktor (Dimension Vs/A).

Damit folgt für die induzierte Spannung:

$$U_i = c \cdot \Phi \cdot \omega = c \cdot c_i \cdot I_A \cdot \frac{2 \cdot \pi \cdot n}{60} \qquad (5.56)$$

und für das Drehmoment:

$$M = c \cdot \Phi \cdot I_A = c \cdot c_i \cdot I_A^2 \qquad (5.57)$$

Das Drehmoment steigt also mit dem Quadrat des Laststroms.

Zur Berechnung der Motorkennlinie wird zunächst die Maschengleichung betrachtet:

$$U_i = U_A - I_A \cdot R_{A\,ges} \qquad 5.58)$$

Aus dieser folgt mit $U_i = c \cdot c_i \cdot I_A \cdot \frac{2 \cdot \pi \cdot n}{60}$:

$$n = \frac{60 \cdot U_A}{2 \cdot \pi \cdot c \cdot c_i \cdot I_A} - \frac{60 \cdot R_{A\,ges}}{2 \cdot \pi \cdot c \cdot c_i} \qquad (5.59)$$

Mit $I_A = \sqrt{\frac{M}{c \cdot c_i}}$ folgt aus Gl. (5.58) für die Motorkennlinie:

$$n = \frac{60}{2 \cdot \pi} \cdot \frac{U_A}{\sqrt{c \cdot c_i \cdot M}} - \frac{60 \cdot R_{A\,ges}}{2 \cdot \pi \cdot c \cdot c_i} \qquad (5.60)$$

Bild 5.18 zeigt die Motorkennlinien einer Reihenschlussmaschine bei verschiedenen Ankerspannungen.

Man erkennt, dass die Drehzahl mit zunehmender Belastung stark abfällt, was man als Reihenschlussverhalten oder weiches Drehzahlverhalten bezeichnet. Dieses weiche Drehzahlverhalten hat natürlich andererseits zur Folge, dass bei Lastminderung die Drehzahl stark ansteigt und ein völliges Entlasten zum Durchgehen der Reihenschlussmaschine führt, wobei der Anker wegen der hohen Zentrifugalkräfte zerstört wird. Der Reihenschlussmotor verhält sich also bei Entlastung völlig anders als der Nebenschlussmotor. Er darf deshalb nie unbelastet betrieben oder eingeschaltet werden. Er darf auch nicht über Treibriemen auf die Arbeitsmaschine wirken, weil die Gefahr besteht, dass der Riemen abrutschen oder reißen kann.

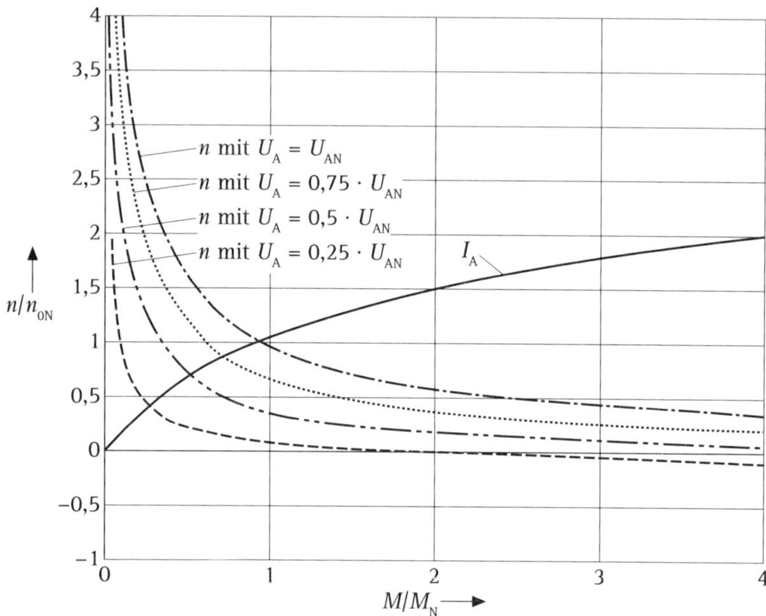

Bild 5.18 Motorkennlinien einer Reihenschlussmaschine bei verschiedenen Ankerspannungen

Der Reihenschlussmotor ist besonders in den Bereichen eingesetzt, in denen ein weiches Drehzahlverhalten, verbunden mit einem großen Anfahrmoment, gefordert wird. Dies galt in der Vergangenheit besonders bei Hebezeugen, Kränen und speziell beim Antrieb von Straßenbahnen und Elektrofahrzeugen; denn zum Anfahren und Beschleunigen aus dem Stand ist ein hohes Moment wünschenswert, während im Betrieb, wenn erst einmal die Fahrgeschwindigkeit erreicht ist, nur noch ein Moment zur Überwindung der Reibungswiderstände aufgebracht werden muss.

Auch beim Reihenschlussmotor sind wie beim Nebenschlussmotor grundsätzlich dieselben Methoden der Drehzahlsteuerung möglich.

Bei Verringerung der Speisespannung U_A nimmt das Anlaufmoment der Maschine ab, und es ergeben sich Kennlinien $M = f(n)$, die unterhalb der „natürlichen" Kennlinie verlaufen (Bild 5.18).

Durch einen Vorwiderstand R_{Anl} im Ankerkreis kann ebenfalls eine Drehzahlverringerung erreicht werden. Entsprechend der oben angegebenen Kennliniengleichung bewirkt die Vergrößerung des Ankerkreiswiderstands eine Verschiebung der natürlichen Kennlinie nach unten und damit ebenfalls eine Drehzahlsenkung. Dabei muss ein kleineres Anlaufmoment in Kauf genommen werden.

5.2 Wechselstrom-Kommutatormaschinen

Reihenschlussmotoren entwickeln, unabhängig von der Polarität der angelegten Ankerspannung, immer ein Drehmoment in einer durch die Schaltung festgelegten Richtung, da sich bei einer Umpolung nicht nur die Richtung des Ankerstroms, sondern auch die Polung des Hauptfelds ändert. Aus diesem Grund können Reihenschlussmotoren nicht nur an einem Gleichstromnetz, sondern auch an einem Wechselstromnetz betrieben werden.

Diese Motoren wurden in verschiedenen Bauformen entwickelt, um die gute Drehzahlsteuerbarkeit der Kommutatormaschine mit dem Vorteil des direkten Netzanschlusses zu verbinden.

Die Einphasen-Reihenschlussmotoren mit Kommutator werden für kleine Leistungen gefertigt. Sie entwickeln ein von der Stromrichtung unabhängiges Drehmoment und können daher mit Gleich- oder Wechselstrom betrieben werden. Man bezeichnet diese Maschinen daher als Universalmotoren und fertigt sie in großen Stückzahlen als Antrieb für Elektrowerkzeuge und Haushaltsgeräte. Die Bemessungsaufnahmeleistung liegt im Bereich 10 W bis etwa 2000 W bei Bemessungsdrehzahlen bis zu 20000 min^{-1}. Durch die hohe Betriebsdrehzahl erreicht man sehr niedrige Leistungsgewichte, die mit z. B. 2 kg/kW von Kondensatormotoren (Einphasen-Asynchronmotoren) nicht zu realisieren sind.

5.3 Drehfeldmaschinen

Drehfeldmaschinen tragen in ihrem Stator meist eine dreiphasige Drehstromwicklung. Damit sind sie zum direkten Anschluss an das zur Verfügung stehende Drehstromnetz geeignet. Die verbreitetsten Bauformen der Drehfeldmaschinen sind die Synchronmaschine und die Asynchronmaschine.

Bei der Synchronmaschine trägt der Rotor ausgeprägte Pole. Man unterscheidet jedoch zwischen fremderregten und permanentmagneterregten Ausführungen. Im Falle der Fremderregung trägt der Rotor ausgeprägte Pole (Vollpol- oder Schenkelpolmaschine) mit Erregerwicklungen. Der Erregerstrom muss über Kohlebürsten und Schleifringe zugeführt werden. Bei der permanentmagneterregten Maschine ist der Rotor mit Permanentmagneten ausgestattet. Im industriellen Bereich, meist als Servoantrieb, wird heute nur noch der Synchronmotor mit Permanentmagneterregung eingesetzt.

Bei Asynchronmotoren gibt es Versionen mit Schleifringläufer und Käfigläufer. In jedem Fall besteht der Läufer aus einem Blechpaket mit Nuten zur Aufnahme der Rotorwicklungen. Beim Schleifringläufer sind die Enden der Wicklungen auf Schleifringe geführt, sodass bei Bedarf Widerstände zur Strombegrenzung in den Läuferstromkreis geschaltet werden können. Beim Käfigläufer sind in die Nuten des Läuferblechpakets Stäbe aus Aluminium oder Kupfer eingegossen und an den Enden durch Kurzschlussringe verbunden. In der Praxis dominiert der Asynchronmotor mit Käfigläufer.

Im Folgenden werden sowohl vom Synchronmotor wie auch vom Asynchronmotor nur die Bauformen betrachtet, die zurzeit für den industriellen Einsatz dominierend sind.

5.3.1 Drehfelder

Der Drehstrom besteht aus mehreren Strängen (Leitern) mit je einem periodischen Stromverlauf. Die Spannungen in den einzelnen Strängen sind gegeneinander um einen bestimmten Phasenwinkel verschoben. Der in der Praxis am meisten verwendete Drehstrom ist dreiphasig, sinusförmig und hat eine Phasenverschiebung von 120° bzw. 240°. Sind dabei auch noch die Amplitude aller Spannungen/Ströme in den Strängen gleich, handelt es sich um einen symmetrischen Drehstrom. **Bild 5.19** zeigt die Stromverläufe in den drei Strängen eines solchen Drehstroms.

Für die Stromverläufe ergeben sich:

$$i_a = \hat{I} \cdot \sin\gamma \tag{5.61}$$

$$i_b = \hat{I} \cdot \sin\left(\gamma - 120^\circ\right) \tag{5.62}$$

$$i_c = \hat{I} \cdot \sin\left(\gamma - 240^\circ\right) \tag{5.63}$$

Die Bedeutung der verwendeten Symbole ist Bild 5.19 zu entnehmen.

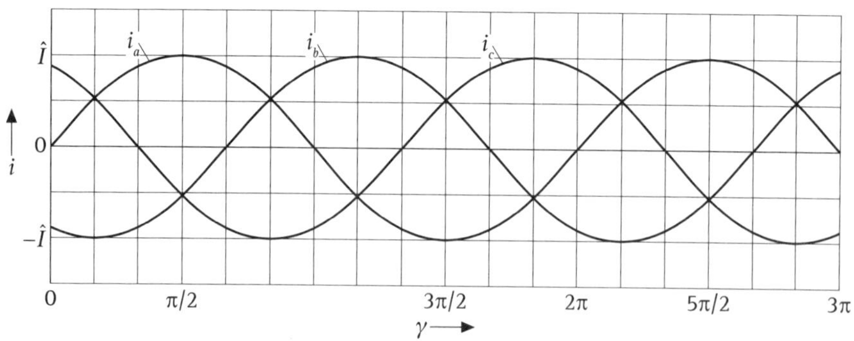

Bild 5.19 Stromverläufe beim Drehstrom als Funktion des Drehwinkels γ

5.3.2 Erzeugung des Drehstroms

Dreiphasiger Drehstrom kann durch einen Generator mit einem zweipoligen Anker und einem Ständer erzeugt werden, der drei um 120° versetzte Wicklungen besitzt. Bei Drehung des zweipoligen Ankers werden die um 120° versetzten Wicklungen durch ein Magnetfeld unterschiedlicher Richtung und Stärke durchsetzt. Dies bewirkt, dass in den Wicklungen um 120° phasenverschobene Ströme fließen. Der Verlauf dieser Ströme ist in Bild 5.19 dargestellt.

Bild 5.20 zeigt schematisch den Aufbau eines solchen Drehstromgenerators mit einem angeschlossenen dreiphasigen Verbraucher bei ohmscher Belastung in Dreieckschaltung. Für solche Drehstromsysteme gilt für Strom und Spannung jeweils die Knotenpunktregel. Diese Beziehungen lauten für jeden Zeitpunkt:

$$i_a + i_b + i_c = 0 \tag{5.64}$$

und:

$$u_a + u_b + u_c = 0 \tag{5.65}$$

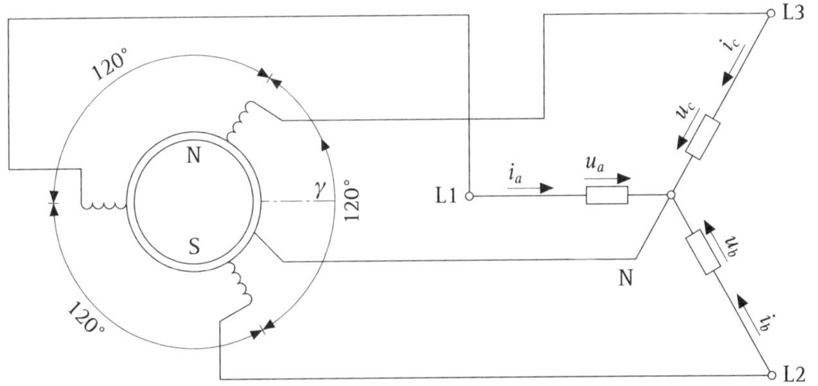

Bild 5.20 Schematischer Aufbau eines Drehstromgenerators mit angeschlossenem dreiphasigen Verbrauchersystem mit ohmscher Belastung

Das dreiphasige *a*,*b*,*c*-System lässt sich durch eine Achsentransformation in ein einphasiges Ersatzsystem überführen [5.1]. Dieses wird dargestellt in einem statorfesten α,β-Koordinatensystem. Die Anordnung der Phasenwicklungen und des α,β-Koordinatensystems zeigt **Bild 5.21**. Aus diesem Bild ergeben sich für die Ströme:

$$i_\alpha = i_a - \frac{1}{2} \cdot i_b - \frac{1}{2} \cdot i_c \tag{5.66}$$

und:

$$i_\beta = \frac{1}{2} \cdot \sqrt{3} \cdot i_b - \frac{1}{2} \cdot \sqrt{3} \cdot i_c \qquad (5.67)$$

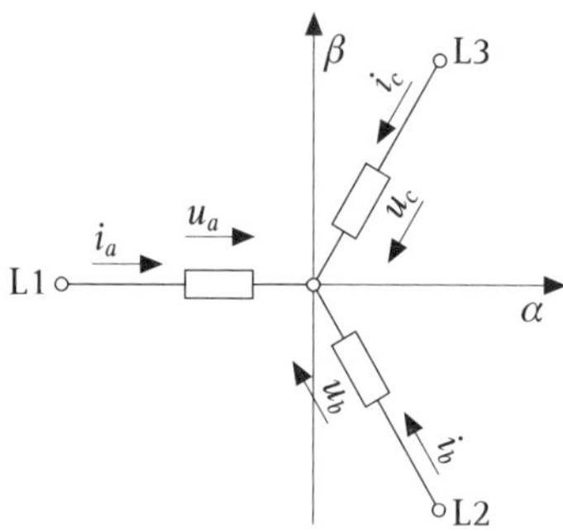

Bild 5.21 Zuordnung der Wicklungsstränge und des α,β-Koordinatensystems

Aus der Knotenpunktregel für den Strom folgt:

$$i_c = -i_a - i_b \qquad (5.68)$$

Mit Gl. (5.68) folgt aus Gl. (5.66) und Gl. (5.67):

$$i_\alpha = i_a - \frac{1}{2} \cdot i_b + \frac{1}{2} \cdot i_a + \frac{1}{2} \cdot i_b = \frac{3}{2} \cdot i_a \qquad (5.69)$$

und:

$$i_\beta = \frac{1}{2} \cdot \sqrt{3} \cdot i_b + \frac{1}{2} \cdot \sqrt{3} \cdot i_a + \frac{1}{2} \cdot \sqrt{3} \cdot i_b = \frac{1}{2} \cdot \sqrt{3} \cdot i_a + \sqrt{3} \cdot i_b \qquad (5.70)$$

In gleicher Weise, wie sich der Strom aus dem dreiphasigen *a,b,c*-System in das einphasige Ersatzsystem des ständerfesten α,β-Koordinatensystems transformieren lässt, lassen sich auch die Spannungen und Flüsse unter Berücksichtigung der Invarianz der Energie in beiden Systemen aus dem dreiphasigen System in das einphasige Ersatzsystem transformieren. Damit lassen sich alle elektrischen Größen des Drehstroms als ein rotierender Vektor darstellen.

5.3.3 Definition des Drehfelds

Aus den Betrachtungen in Abschnitt 5.3.2 ist zu entnehmen, dass auch die Flussverteilung im Luftspalt einer rotierenden elektrischen Maschine eine fortlaufend drehende Welle darstellt. Wenn dies der Fall ist, spricht man von einem Drehfeld. Die Koordinate γ ist dabei die Winkelkoordinate in Umfangsrichtung im Luftspalt.

Eine derartige Welle für die Flussdichte im Luftspalt ist in **Bild 5.22** für die Zeitpunkte $t = 0$ s und $t > 0$ s dargestellt. Gezeichnet ist nur der sinusförmige Grundschwingungsverlauf. Die Wellenlänge ist gleich der doppelten Polteilung der Maschine. Die in der Praxis immer vorhandenen Oberschwingungen sind unberücksichtigt.

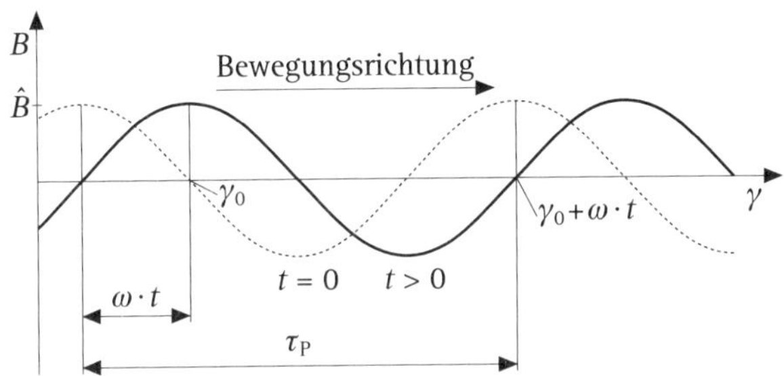

Bild 5.22 Fortschreitende sinusförmige Grundschwingung für die Flussdichte im Luftspalt

Kennzeichnend für das Drehfeld ist, dass die Flussdichteverteilung bei unveränderter Amplitude und Wellenlänge mit konstanter Winkelgeschwindigkeit ω im Luftspalt umläuft. Wenn zum Zeitpunkt $t = 0$ s der Maximalwert der Flussdichteverteilung an der Stelle γ_0 liegt und sich die gesamte Welle in Richtung steigender γ-Werte mit der Winkelgeschwindigkeit ω bewegt, dann errechnet sich für einen beliebigen Zeitpunkt t die Flussdichteverteilung zu:

$$B(t,\gamma) = \hat{B} \cdot \cos(\gamma - \gamma_0 - \omega \cdot t) \tag{5.71}$$

Die Winkelgeschwindigkeit ω errechnet sich aus der Drehfeldfrequenz f:

$$\omega = 2 \cdot \pi \cdot f \tag{5.72}$$

5.3.4 Drehfeldwicklungen

Drehfeldmaschinen (Motoren und Generatoren) benötigen in ihrem Ständer eine Drehfeldwicklung, die in die Nuten des Ständers eingelegt ist. Erst durch diese kann im Luftspalt die erforderliche umlaufende sinusförmige Flussdichteverteilung erzeugt werden. Da in der Anwendung der dreiphasige Drehstrom dominiert, soll dafür der Wicklungsaufbau an einigen Beispielen gezeigt werden. Die drei Stränge der Drehstromwicklung werden mit U, V und W bezeichnet. Die übliche Anschlussbezeichnung, wie sie auch auf den Klemmenbrettern der Maschinen angegeben ist, ist **Bild 5.23** zu entnehmen.

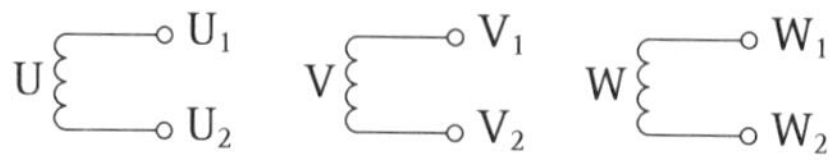

Bild 5.23 Drehstromwicklungen und ihre Anschlussbezeichnungen

Drehstrommotoren erhalten meist eine Einschichtwicklung, nur solche sollen hier betrachtet werden, bei der die Zahl der Nuten je Pol und Strang eine ganze Zahl ist. Deshalb müssen Polzahl, Strangzahl und Nutzahl pro Pol und Strang immer in einer bestimmten Relation stehen. Diese lautet:

$$\text{Nutzahl pro Pol und Strang} = \frac{\text{Nutzahl}}{\text{Polzahl} \cdot \text{Strangzahl}} \tag{5.73}$$

Die zeichnerische Darstellung von Wicklungen erfolgt am besten, wenn man sich die Wicklung in eine Ebene abgewickelt vorstellt. Dabei wählt man als Stranganfang die links liegende Spulenseite und als Strangende die rechts liegende.

Im dreiphasigen Drehstromnetz fließt zu jedem Zeitpunkt gleich viel Strom in zwei Leitern in einer Richtung (z. B. zum Verbraucher) wie im dritten Leiter in der anderen Richtung (z. B. vom Verbraucher). Deswegen fließt der Strom beim Drehstrommotor entweder in zwei Strängen vom Stranganfang zum Strangende und im dritten Strang vom Strangende zum Stranganfang oder in einem Strang vom Stranganfang zum Strangende und in den anderen beiden Leitern von Strangende zum Stranganfang.

Betrachtet man die Stromverläufe in Bild 5.19, so ist zu erkennen, dass auf das Maximum von i_a das Minimum von i_c und dann das Maximum von i_b folgt. Um damit im Luftspalt eine fortlaufende sinusförmige Flussdichteschwingung zu erzeugen, müssen in einem Pol die Stränge U, W und V in dieser Reihenfolge nebeneinander liegen. Dabei fließt der Strom in den Wicklungen U und V vom Stranganfang zum Strangende und in der Wicklung W vom Strangende zum Stranganfang. **Bild 5.24** zeigt die Abwicklung einer zweipoligen, dreiphasigen Drehstromwicklung für 12 Nuten mit der Polteilung τ_P. In **Bild 5.25** ist schematisch ein Querschnitt durch einen Ständer mit 12 Nuten dargestellt, in den die in Bild 5.24 dargestellte Wicklung eingelegt werden kann.

In **Bild 5.26** ist die Abwicklung einer vierpoligen Drehstromwicklung für einen Stator mit 24 Nuten gezeichnet. **Bild 5.27** zeigt die schematische Darstellung eines Querschnitts von einem Ständer mit 24 Nuten, der zum Einlegen der in Bild 5.26 angegebenen Wicklung geeignet ist.

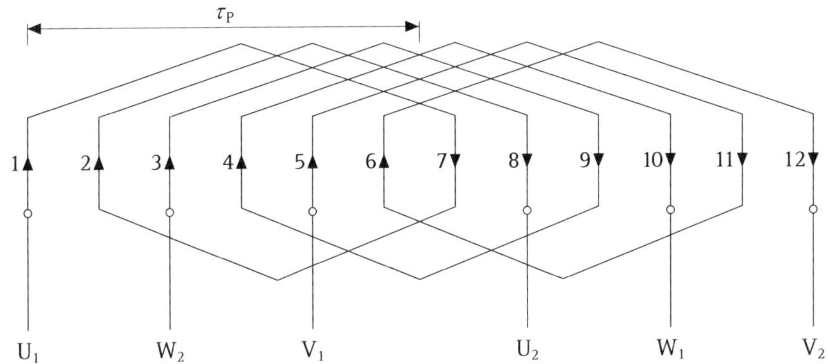

Bild 5.24 Abwicklung einer zweipoligen Drehstromwicklung für einen Stator mit 12 Nuten

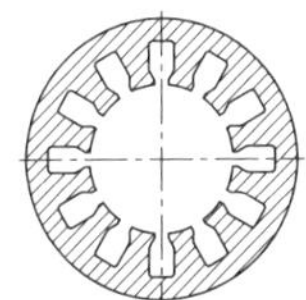

Bild 5.25 Schematische Darstellung eines Querschnitts durch einen Ständer mit 12 Nuten

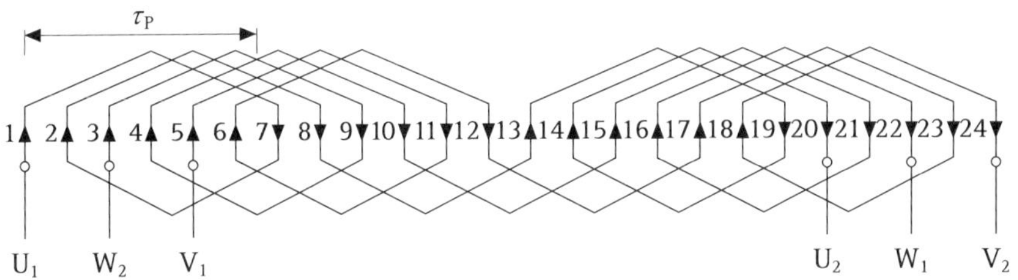

Bild 5.26 Abwicklung einer vierpoligen Drehstromwicklung für einen Stator mit 24 Nuten

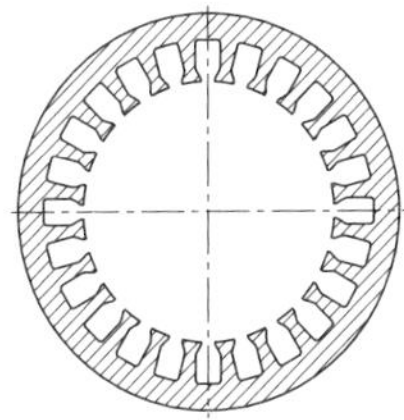

Bild 5.27 Schematische Darstellung des Querschnitts durch einen Ständer mit 24 Nuten

5.4 Asynchronmotor

Der Asynchronmotor ist der mit am weitesteten verbreitete Industriemotor. Der wichtigste Grund dafür ist sein einfacher konstruktiver Aufbau. Deswegen zeichnet er sich besonders durch einen niedrigen Preis, eine hohe Standzeit und eine hohe Betriebssicherheit bei minimalem Wartungsaufwand aus. Als Nachteil konnte man bisher seine starre Drehzahlbindung an die Frequenz des speisenden Netzes ansehen. Seine ungefähre Drehzahl n in min^{-1} mit der Frequenz f in s^{-1} bei Vernachlässigung des Schlupfes berechnet sich nach der Beziehung:

$$n \approx \frac{f_1}{p} \cdot 60 \tag{5.74}$$

Damit sind beim Betrieb des Asynchronmotors direkt am starren 50-Hz-Netz nur Synchrondrehzahlen von 3000 min^{-1}, 1500 min^{-1}, 1000 min^{-1}, 750 min^{-1} usw. möglich. Musste während eines Arbeitsgangs die Drehzahl verändert werden, so erfolgte dies durch Umschaltung von einer Ständerwicklung auf eine andere mit einer anderen Polpaarzahl. Dazu waren, wenn bei einem Arbeitsgang von Eilgang auf Schleichgang umgeschaltet werden musste, mindestens zwei Ständerwicklungen erforderlich. Damit ergab sich für Konstruktion und Herstellung des Ständers ein erhöhter Kosten- und Arbeitsaufwand.

Erst durch die Entwicklung der Halbleitertechnik und damit auch durch die Verfügbarkeit kostengünstiger, leicht anwendbarer und betriebssicherer Komponenten der Leistungs- und Steuerelektronik wurde es möglich, Frequenzumrichter zu entwickeln, die in der Lage sind, die Netzfrequenz in jede andere Frequenz mit jeder geforderten Spannung umzurichten [6.1]. Unter Verwendung der Frequenzumrichter lässt sich der Asynchronmotor auch für anspruchsvolle Anwendungen einsetzen. Ausgestattet mit einer geeigneten Reglerstruktur kann seine Drehzahl exakt geregelt werden. Es lassen sich vorgewählte Positionen genau anfahren; er kann einer vorgegebenen Bahnkurve folgen und vieles mehr. Zusammen mit dem Frequenzumrichter stellt der Asynchronmotor ein Antriebssystem dar, das allen Anforderungen der Fertigungstechnik, Handhabungstechnik usw. genügt.

5.4.1 Aufbau des Asynchronmotors

Wie andere elektrische Maschinen auch besteht der Asynchronmotor aus einem stillstehenden Teil, dem Ständer, und einem bewegten Teil, dem Läufer. Der Läufer ist so am Ständer gelagert, dass zwischen beiden ein Luftspalt von Bruchteilen von Millimetern besteht. Den prinzipiellen Aufbau in Längs- und Querschnitt zeigt **Bild 5.28**.

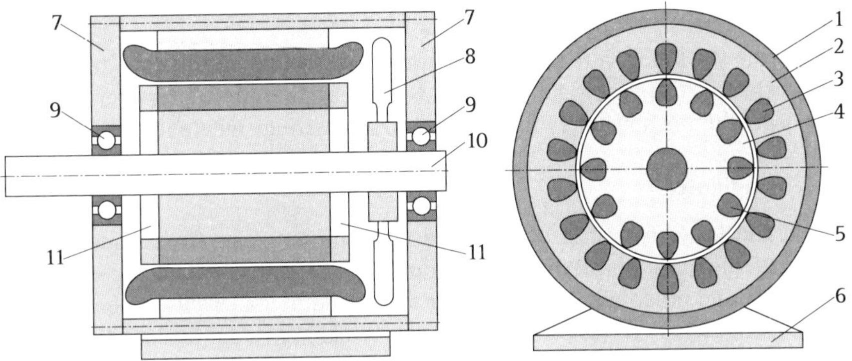

Bild 5.28 Schematische Darstellung einer Asynchronmaschine in Längs- und Querschnitt

1	Ständergehäuse	2	Ständerblechpaket
3	Ständerwicklung	4	Läuferblechpaket
5	Läuferstäbe	6	Fuß
7	Lagerschild	8	Lüfterrad
9	Wälzlager	10	Welle
11	Kurzschlussring		

Ständer

Der Ständer besteht aus einem Gehäuse, das entweder gegossen oder geschweißt sein kann. Zur Befestigung des Motors kann es mit einem Flansch oder Fuß versehen sein. Das Gehäuse nimmt das Paket aus gegeneinander isolierten Dynamoblechen auf, die der Leitung des magnetischen Flusses dienen. Die Dynamobleche werden meistens eingepresst. Das Blechpaket ist in Bohrungsrichtung mit Nuten versehen, in die die Drehstromwicklung eingebracht wird. Je nach Leistung der Maschine können diese Nuten unterschiedliche Querschnitte haben. An seinen beiden Enden werden Lagerschilder an den Ständer angeschraubt, in denen der Läufer gelagert ist.

Läufer

Bei Asynchronmaschinen gibt es zwei unterschiedliche Arten von Läufern. Dies sind der Schleifringläufer und der Kurzschluss- oder Käfigläufer. In jedem Falle trägt die im Ständer gelagerte Läuferwelle das ebenfalls aus gegeneinander isolierten Dynamoblechen bestehende Läuferblechpaket. Mit zunehmendem Einsatz von Frequenzumrichtern wird der Schleifringläufer mehr und mehr durch den Käfigläufer ersetzt.

Käfigläufer

Hier ist die Wicklung von außen nicht mehr zugänglich. Zur Leitung des Läuferstroms sind die Nuten des Läuferblechpakets mit Stäben aus Kupfer oder Aluminium ausgefüllt und an jedem Ende durch Kurzschlussringe miteinander verbunden.

Schleifringläufer

Bei diesem Läufertyp ist in die Nuten des Blechpakets eine Drehstromwicklung eingelegt, die meist im Stern und selten im Dreieck verschaltet ist. Bei der Sternschaltung sind innerhalb des Läufers die drei Wicklungen jeweils mit einem Ende zusammengeschaltet. Das zweite Ende jeder Wicklung ist auf je einen Schleifring geschaltet. Die Verbindungen zu den Schleifringen werden über Kohlebürsten hergestellt, die mit dem Klemmenbrett verbunden sind. Über das Klemmenbrett können beispielsweise Widerstände in den Läuferkreis geschaltet werden, um darin den Strom zu begrenzen.

5.4.2 In Ständer und Läufer induzierte Spannungen

Bewegt sich ein Leiter mit einer konstanten Geschwindigkeit durch ein Magnetfeld mit konstanter Flussdichte, so wird in dem Leiter die Spannung induziert:

$$u_\mathrm{i} = B \cdot l \cdot v \tag{5.75}$$

Unter Berücksichtigung der Geometrie einer Drehfeldwicklung ergibt sich für die Geschwindigkeit:

$$v = 2 \cdot \tau_\mathrm{P} \cdot p \cdot n_1 \cdot \frac{1}{60} \tag{5.76}$$

Mit:

$$n_1 = \frac{f_1}{p} \tag{5.77}$$

und mit Gl. (5.76) folgt aus Gl. (5.75):

$$u_\mathrm{i} = 2 \cdot B \cdot l \cdot \tau_\mathrm{P} \cdot f_1 \tag{5.78}$$

In den folgenden Betrachtungen wird nur die Grundschwingung des Drehfelds berücksichtigt. Die im Drehfeld enthaltenen Oberschwingungen bleiben unberücksichtigt. Wird weiterhin von der Annahme ausgegangen, dass sich das Drehfeld im Läufer befindet, wird im Ständer bei einer Wicklung mit N_1 Windungen eine Spannung induziert mit einem Scheitelwert von:

$$\sqrt{2} \cdot U_{i1} = 2 \cdot B_1 \cdot l \cdot \tau_P \cdot f_1 \cdot 2 \cdot N_1 \cdot k_{w1} \tag{5.79}$$

In Gl. (5.79) ist berücksichtigt, dass eine Wicklung eine Gesamtlänge von $2 \cdot l$ hat.

Zwischen Fluss und Flussdichte der Grundschwingung gilt:

$$\Phi_h = B_1 \cdot A = B_1 \cdot l \cdot d \tag{5.80}$$

Der Zusammenhang zwischen d und τ_P ist **Bild 5.29** zu entnehmen.

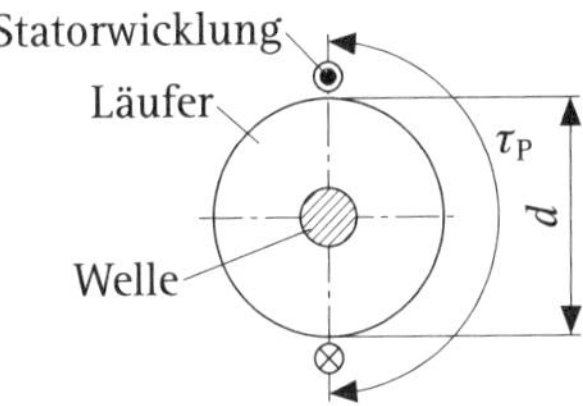

Bild 5.29 Darstellung des Zusammenhangs zwischen Pollänge und Fläche für die Umrechnung von Flussdichte und Fluss

Aus Bild 5.29 ist zu entnehmen, dass gilt:

$$d = \frac{2 \cdot \tau_P}{\pi} \tag{5.81}$$

Mit Gl. (5.81) folgt aus Gl. (5.80):

$$\Phi_h = B_1 \cdot l \cdot \frac{2 \cdot \tau_P}{\pi} \quad \Rightarrow \quad B_1 = \frac{\pi \cdot \Phi_h}{2 \cdot l \cdot \tau_P} \tag{5.82}$$

Mit Gl. (5.82) folgt aus Gl. (5.79) für die im still stehenden Ständer induzierte Spannung, wenn das Drehfeld im Rotor umläuft:

$$U_{i1} = \sqrt{2} \cdot \pi \cdot \Phi_h \cdot f_1 \cdot N_1 \cdot k_{w1} \tag{5.83}$$

Entsprechend Gl. (5.83) gilt für die im Läufer induzierte Spannung bei still stehendem Läufer, wenn das Drehfeld im Ständer umläuft:

$$U_{i20} = \sqrt{2} \cdot \pi \cdot \Phi_h \cdot f_1 \cdot N_2 \cdot k_{w2} \tag{5.84}$$

Die Wickelfaktoren k_{w1} und k_{w2} berücksichtigen Art und Ausführung der Stator- bzw. Rotorwicklungen [3.1].

Wenn sich bei der Asynchronmaschine das Ständerdrehfeld über den noch stehenden Läufer hinwegdreht, werden in den Leitern der Läuferwicklung gemäß Gl. (5.75) Spannungen induziert. Bei geschlossener Läuferwicklung verursachen diese Spannungen Ströme. Mit dem durch die Ständerströme bewirkten Fluss entstehen nach der Beziehung $F = B \cdot I \cdot l$ am Läufer Tangentialkräfte und mit dem Läuferradius ein Drehmoment. Nach der Lenz'schen Regel beginnt sich der Läufer in Drehfeldrichtung zu drehen, um die Relativdrehzahl zum Ständerdrehfeld zu verringern und damit der Ursache der Induktion entgegenzuwirken. Hat die Läuferdrehzahl den Wert n erreicht, so ist die Differenz zwischen Läufer- und Drehfelddrehzahl gegenüber dem Fall des stillstehenden Läufers auf den Wert $\Delta n = n_1 - n$ zurückgegangen. Für den Fall $n = n_1$ ist die Drehzahldifferenz zu null geworden. Damit wird gemäß Gl. (5.84) in den Läuferwicklungen keine Spannung mehr induziert und damit auch kein Drehmoment mehr erzeugt. Somit kann die Läuferdrehzahl nie die Drehfelddrehzahl erreichen, da auch bei der unbelasteten Maschine stets ein geringes Drehmoment zur Überwindung der Reibmomente erforderlich ist. Daher kann dieser Motor nie synchron, sondern immer nur asynchron laufen.

Den relativen Unterschied zwischen Läuferdrehzahl und Drehfelddrehzahl bezeichnet man als Schlupf. Er ist definiert mit:

$$s = \frac{\Delta n}{n_1} = \frac{n_1 - n}{n_1} \tag{5.85}$$

Für die Drehzahl des Rotors der Asynchronmaschine gilt damit:

$$n = n_1 \cdot (1 - s) \tag{5.86}$$

Da die im Läufer induzierte Spannung der Drehzahldifferenz zwischen Drehfeld und Rotor direkt proportional ist, ergibt sich für den mit der Drehzahl n rotierenden Läufer wegen:

$$f_1 \cdot \frac{\Delta n}{n_1} = s \cdot f_1 \tag{5.87}$$

die im Läufer induzierte Spannung zu:

$$U_{i2} = \sqrt{2} \cdot \pi \cdot \Phi_h \cdot N_2 \cdot k_{w2} \cdot s \cdot f_1 \tag{5.88}$$

Aus Gl. (5.84) und (5.88) folgt auch, dass gilt:

$$U_{i2} = s \cdot U_{i20} \tag{5.89}$$

Im Stillstand der Maschine verhalten sich die in Ständer und Läufer induzierten Spannungen wie die wirksamen Windungszahlen nach:

$$\frac{U_{\mathrm{i1}}}{U_{\mathrm{i20}}} = \frac{N_1 \cdot k_{\mathrm{w1}}}{N_2 \cdot k_{\mathrm{w2}}} \tag{5.90}$$

5.4.3 Ersatzschaltbild und Zeigerdiagramm

Der Zusammenhang zwischen den angelegten Spannungen und den in Ständer und Läufer fließenden Strömen lässt sich aus dem Ersatzschaltbild der Asynchronmaschine unter Verwendung der im Motor vorhandenen Induktivitäten und Widerstände ableiten. Dies ist für einen Asynchronmotor mit Käfigläufer in **Bild 5.30** dargestellt.

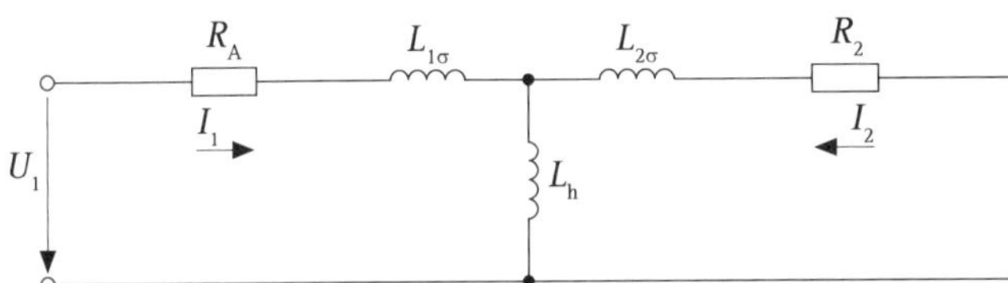

Bild 5.30 Ersatzschaltbild einer Asynchronmaschine mit Käfigläufer

Um für den Asynchronmotor eine galvanisch gekoppelte Ersatzschaltung der Wicklungen zu erhalten, müssen die Läufergrößen auf die Ständergrößen umgerechnet werden. Die transferierten Läufergrößen werden mit einem Hochstrich gekennzeichnet.

Dafür sind zunächst die Induktivitäten in die Reaktanzen umzurechnen. Dies erfolgt mit:

$$X_{\mathrm{h}} = 2 \cdot \pi \cdot f_1 \cdot L_{\mathrm{h}} \tag{5.91}$$

$$X_{1\sigma} = 2 \cdot \pi \cdot f_1 \cdot L_{1\sigma} \tag{5.92}$$

$$X_{2\sigma} = 2 \cdot \pi \cdot f_1 \cdot L_{2\sigma} \tag{5.93}$$

Aus der Bedingung nach gleich bleibender Durchflutung bei der Umrechnung folgt der Strom bei beliebiger Ständer- und Läuferstrangzahl zu:

$$\underline{I}_2' \cdot m_1 \cdot N_1 \cdot k_{\mathrm{w1}} = \underline{I}_2 \cdot m_2 \cdot N_2 \cdot k_{\mathrm{w2}} \tag{5.94}$$

Durch Umstellung folgt aus Gl. (5.94):

$$\underline{I}'_2 = \underline{I}_2 \cdot \frac{m_2 \cdot N_2 \cdot k_{w2}}{m_1 \cdot N_1 \cdot k_{w1}} \tag{5.95}$$

Weiterhin besteht bei der Umrechnung der Läufergrößen auf die Ständerwicklungszahl die Forderung nach der Invarianz der Kupferverluste und Streuinduktivitätsleistungen. Diese Forderungen werden erfüllt durch:

$$m_1 \cdot R'_2 \cdot \underline{I}'_2 = m_2 \cdot R_2 \cdot \underline{I}_2^2 \tag{5.96}$$

und:

$$m_1 \cdot X'_{2\omega} \cdot \underline{I}'_2 = m_2 \cdot X_{2\sigma} \cdot \underline{I}_2^2 \tag{5.97}$$

Aus Gl. (5.96) und Gl. (5.97) folgt unter Verwendung der Gl. (5.95):

$$R'_2 = R_2 \cdot \frac{m_1 \cdot (N_1 \cdot k_{w1})^2}{m_2 \cdot (N_2 \cdot k_{w2})^2} \tag{5.98}$$

und:

$$X'_{2\sigma} = X_{2\sigma} \cdot \frac{m_1 \cdot (N_1 \cdot k_{w1})^2}{m_2 \cdot (N_2 \cdot k_{w2})^2} \tag{5.99}$$

Mit den Reaktanzen und den auf die Ständerwindungszahl umgerechneten Läufergrößen ergibt sich für eine Asynchronmaschine mit Käfigläufer das in **Bild 5.31** dargestellte Ersatzschaltbild.

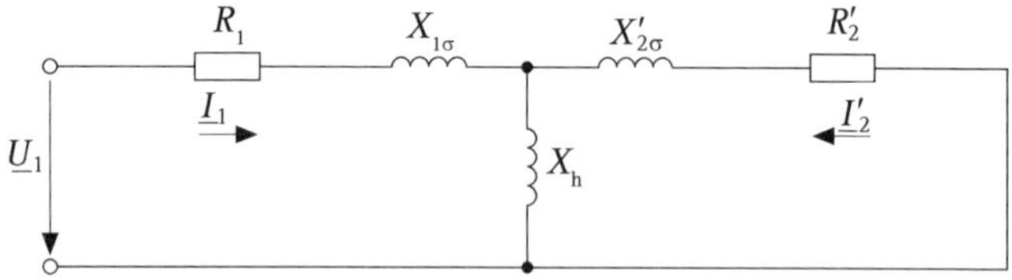

Bild 5.31 Ersatzschaltbild der Asynchronmaschine mit Reaktanzen und auf die Ständerwindungszahl umgerechnetem Läuferparameter

Aus Bild 5.31 lassen sich für Ständerkreis und Läuferkreis ablesen:

$$\underline{U}_1 = R_1 \cdot \underline{I}_1 + \mathrm{j}\, X_{1\sigma} \cdot \underline{I}_1 + \mathrm{j}\, X_h \cdot \left(\underline{I}_1 + \underline{I}'_2 \right) \tag{5.100}$$

und:

$$0 = R_2' \cdot \underline{I}_2' + \mathrm{j}\, X_{2\sigma} \cdot \underline{I}_1 + \mathrm{j}\, X_\mathrm{h} \cdot \left(\underline{I}_1 + \underline{I}_2' \right) \tag{5.101}$$

Wird noch berücksichtigt, dass bei einer Asynchronmaschine immer ein Schlupf auftritt, so ergibt sich aus Gl. (5.101):

$$0 = \frac{R_2'}{s} \cdot \underline{I}_2' + \mathrm{j}\, X_{2\sigma} \cdot \underline{I}_1 + \mathrm{j}\, X_\mathrm{h} \cdot \left(\underline{I}_1 + \underline{I}_2' \right) \tag{5.102}$$

Setzt man in Gl. (5.102) ein:

$$\frac{R_2'}{s} = R_2' + R_2' \cdot \frac{1-s}{s} \tag{5.103}$$

so ergibt sich:

$$0 = \left(R_2' + R_2' \cdot \frac{1-s}{s} \right) \cdot \underline{I}_2' + \mathrm{j}\, X_{2\sigma} \cdot \underline{I}_1 + \mathrm{j}\, X_\mathrm{h} \cdot \left(I_1 + \underline{I}_2' \right) \tag{5.104}$$

Der Widerstand $R_2' \cdot (1-s)/s$ wird als Nutzwiderstand bezeichnet. Er stellt bei der Asynchronmaschine das elektrische Äquivalent der mechanischen Last an der Welle dar. Gleichzeitig werden in dem Widerstand R_2' die Stromwärmeverluste der Läuferwicklung umgesetzt. Unter Berücksichtigung dieses Sachverhalts ergibt sich das in **Bild 5.32** dargestellte Ersatzschaltbild.

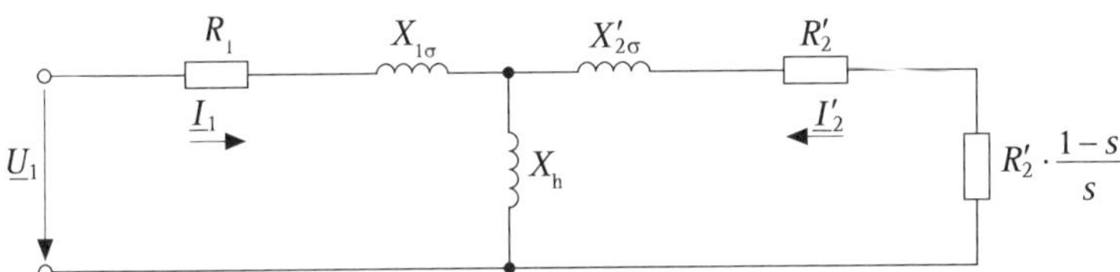

Bild 5.32 Vollständiges Ersatzschaltbild der belasteten Asynchronmaschine unter Berücksichtigung der mechanischen Belastung

Zusätzlich treten in dem Asynchronmotor beim Ummagnetisieren in den Blechpaketen von Ständer und Läufer auch noch Eisenverluste auf. Unter Vernachlässigung der Verlustanteile der Streuflüsse können die Eisenverluste des Hauptfelds durch einen Widerstand R_Fe berücksichtigt werden. Dieser wird parallel zur Hauptreaktanz geschaltet. Wenn, wie allgemein üblich, die Aufteilung von R_2'/s nicht vorgenommen wird, ergibt sich die vollständige, in **Bild 5.33** dargestellte Ersatzschaltung der Asynchronmaschine.

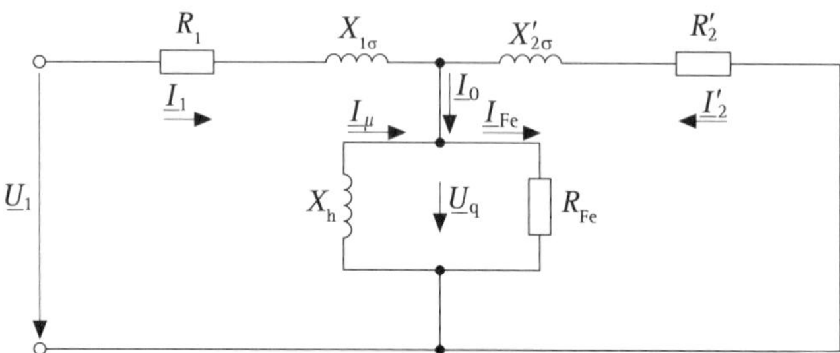

Bild 5.33 Vollständiges Ersatzschaltbild der Asynchronmaschine

Aus der Ersatzschaltung in Bild 5.33 lässt sich für den Asynchronmotor ein Zeigerdiagramm ableiten. Um zu zeigen, wie sich der Schlupf auf Ständer- und Läuferstrom auswirkt, sind zwei Zeigerdiagramme gezeichnet. In dem Diagramm in **Bild 5.34** ist das Verhalten eines Motors mit höherer Belastung dargestellt. Diese höhere Belastung erfordert höhere Ströme im Läufer und im Ständer und einen höheren Schlupf. Aus dem Zeigerdiagramm ist weiter zu erkennen, dass sich eine relativ geringe Phasenverschiebung φ zwischen der Statorspannung und dem Statorstrom einstellt.

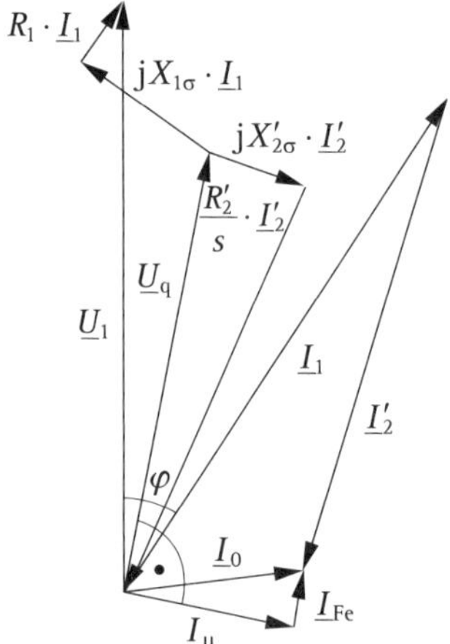

Bild 5.34 Zeigerdiagramm für eine stark belastete Asynchronmaschine

In **Bild 5.35** ist das Zeigerdiagramm für einen Betriebsfall mit geringer Belastung gezeichnet. Hier ist der Läuferstrom sehr klein und der Widerstand R_2'/s sehr hoch. Dadurch ergibt sich auch ein geringer Läuferstrom. Dieser bewirkt auch einen geringeren Ständerstrom. Aus dem Diagramm ist auch erkennbar, dass sich der

Schlupf mit abnehmender Belastung reduziert. Bei einer gänzlich unbelasteten Maschine mit $s \to 0$ gehen der Widerstand R_2'/s gegen unendlich und der Läuferstrom gegen null. Im Ständer fließt dann nur noch der Magnetisierungsstrom. Die Phasenverschiebung stellt sich auf einen Winkel von 90° ein.

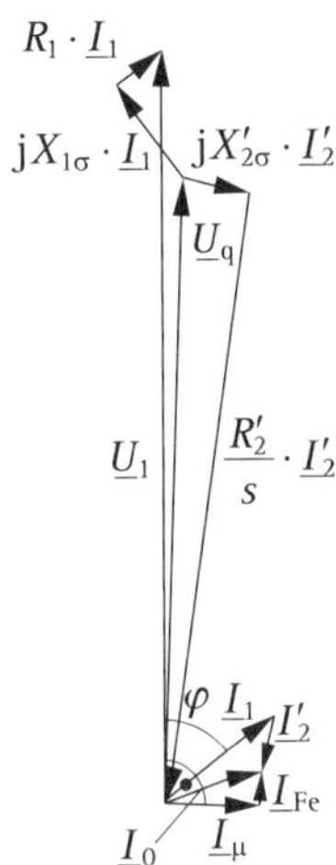

Bild 5.35 Zeigerdiagramm für eine gering belastete Asynchronmaschine

5.4.4 Leistungsaufteilung und Drehmoment

Die der Asynchronmaschine zugeführte elektrische Leistung wird nur zum Teil in mechanische Leistung umgesetzt, die dann an der Welle zur Verfügung steht. Um festzustellen, welche Verluste im Motor und wo diese Verluste auftreten, soll eine Leistungsbilanz der Asynchronmaschine erstellt werden.

Dem Motor zugeführt wird die elektrische Leistung P_1. Im Ständer treten die sogenannten Kupferverluste auf, die durch den ohmschen Widerstand der Wicklung verursacht werden, und die sogenannten Eisenverluste, die durch das ständige Ummagnetisieren in den Blechpaketen entstehen.

Die Kupferverluste berechnen sich zu:

$$P_{\mathrm{Cu1}} = m \cdot I_1^2 \cdot R_1 \tag{5.105}$$

Für die Eisenverluste gilt:

$$P_{\mathrm{Fe}} = m \cdot \frac{U_1^2}{R_{\mathrm{Fe}}} \tag{5.106}$$

Damit errechnet sich die auf die Sekundärseite der Maschine übertragene Luftspaltleistung zu:

$$P_{\mathrm{L}} = P_1 - P_{\mathrm{Cu}} - P_{\mathrm{Fe}} \tag{5.107}$$

Diese Luftspaltleistung wird in dem Widerstand R_2'/s mit dem Strom I_2' umgesetzt. Damit ergibt sich:

$$P_{\mathrm{L}} = I_2'^2 \cdot \frac{R_2'}{s} \tag{5.108}$$

In der nach Gl. (5.108) berechneten Luftspaltleistung sind die Kupferverluste (Stromwärmeverluste) bereits enthalten, die berechnet werden können nach:

$$P_{\mathrm{Cu2}} = m \cdot I_2'^2 \cdot R_2' \tag{5.109}$$

Für die abgegebene Leistung, einschließlich der Reibleistung, ergibt sich:

$$P + P_{\mathrm{R}} = P_{\mathrm{L}} - P_{\mathrm{Cu2}} = m \cdot I_2'^2 \cdot \frac{R_2'}{s} \cdot (1 - s) \tag{5.110}$$

mit der Aufteilung:

$$P + P_{\mathrm{R}} = P_{\mathrm{L}} \cdot (1 - s) \tag{5.111}$$

Aus Gl. (5.111) folgt:

$$P_{\mathrm{Cu2}} = P_{\mathrm{L}} \cdot s \tag{5.112}$$

Die Leistungsbilanz mit zugeführter elektrischer Leistung und abgegebener mechanischer Leistung sowie mit allen Verlustleistungen ist anschaulich in **Bild 5.36** dargestellt.

Für das Drehmoment an der Motorwelle gilt:

$$M = \frac{P}{\omega} = 60 \cdot \frac{P}{2 \cdot \pi \cdot n} \tag{5.113}$$

Mit $n = n_1 (1 - s)$ und mit P nach Gl. (5.110) folgt:

$$M = 60 \cdot \frac{P_{\mathrm{L}} \cdot (1 - s)}{2 \cdot \pi \cdot n_1 \cdot (1 - s)} - 60 \cdot \frac{P_{\mathrm{R}}}{2 \cdot \pi \cdot n_2} = M_{\mathrm{i}} - M_{\mathrm{R}} \tag{5.114}$$

Damit ergibt sich das innere Moment der Asynchronmaschine zu:

$$M_{\mathrm{i}} = 60 \cdot \frac{P_{\mathrm{L}}}{2 \cdot \pi \cdot n_1} \tag{5.115}$$

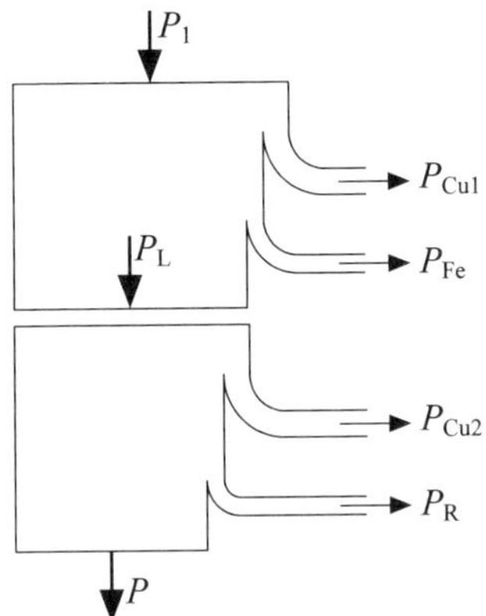

Bild 5.36 Darstellung der Energiebilanz eines Asynchronmotors

5.4.5 Drehmomentgleichung und Drehzahl-Drehmoment-Kennlinie

Als Grundlage für die Ableitung der Drehzahl-Drehmoment-Kennlinie und der Drehmomentgleichung dienen Gl. (5.100) und Gl. (5.102).

Mit:

$$X_1 = X_{1\sigma} + X_{\mathrm{h}} \tag{5.116}$$

und:

$$X_2' = X_{2\sigma}' + X_{\mathrm{h}} \tag{5.117}$$

folgt aus den oben genannten Gleichungen:

$$\underline{U}_1 = \left(R_1 + \mathrm{j}\,X_1\right) \cdot \underline{I}_1 + \mathrm{j}\,X_{\mathrm{h}} \cdot \underline{I}_2' \tag{5.118}$$

und:

$$0 = \left(\frac{R_2'}{s} + \mathrm{j}\,X_2'\right) \cdot \underline{I}_2' + \mathrm{j}\,X_{\mathrm{h}} \cdot \underline{I}_1 \tag{5.119}$$

Eine Umstellung der Gl. (5.119) liefert:

$$\underline{I}_2' = -\frac{\mathrm{j}\,X_{\mathrm{h}}}{\left(\dfrac{R_2'}{s} + \mathrm{j}\,X_2'\right)} \cdot \underline{I}_1 \tag{5.120}$$

Durch Einsetzen von Gl. (5.120) in Gl. (5.118) folgt:

$$\underline{U}_1 = \left(R_1 + \mathrm{j}\,X_1\right)\cdot \underline{I}_1 + \frac{X_\mathrm{h}^2}{\left(\frac{R_2'}{s} + \mathrm{j}\,X_2'\right)}\cdot \underline{I}_1 \tag{5.121}$$

Eine Umformung von Gl. (5.121) liefert:

$$\underline{I}_1 = \frac{\left(\frac{R_2'}{s} + \mathrm{j}\,X_2'\right)}{\left(R_1 + \mathrm{j}\,X_1\right)\cdot\left(\frac{R_2'}{s} + \mathrm{j}\,X_2'\right) + X_\mathrm{h}^2}\cdot \underline{U}_1 \tag{5.122}$$

Wird Gl. (5.122) für $\underline{I}_1$ in Gl. (5.120) eingesetzt, ergibt sich:

$$\underline{I}_2' = -\frac{\mathrm{j}\,X_\mathrm{h}}{\left(R_1 + \mathrm{j}\,X_1\right)\cdot\left(\frac{R_2'}{s} + \mathrm{j}\,X_2'\right) + X_\mathrm{h}^2}\cdot \underline{U}_1 \tag{5.123}$$

Der Ausdruck in Gl. (5.123) wird zerlegt in Real- und Imaginärteil. Es ergibt sich:

$$\underline{I}_2' = -\frac{\mathrm{j}\,X_\mathrm{h}\cdot\left(\left(R_1\cdot\frac{R_2'}{s} - X_1\cdot X_2' + X_\mathrm{h}^2\right) - \mathrm{j}\left(R_1\cdot X_2' + \frac{R_2'}{s}\cdot X_1\right)\right)}{\left(R_1\cdot\frac{R_2'}{s} - X_1\cdot X_2' + X_\mathrm{h}^2\right)^2 + \left(R_1\cdot X_2' + \frac{R_2'}{s}\cdot X_1\right)^2}\cdot \underline{U}_1 \tag{5.124}$$

Wird der Ständerstrom I_2' aufgeteilt in Wirkanteil und Blindanteil nach:

$$I_2'^2 = I_{2\mathrm{w}}'^2 + I_{2\mathrm{b}}'^2 \tag{5.125}$$

folgt:

$$I_2'^2 = \frac{X_\mathrm{h}^2}{\left(R_1\cdot\frac{R_2'}{s} - X_1\cdot X_2' + X_\mathrm{h}^2\right)^2 + \left(R_1\cdot X_2' + \frac{R_2'}{s}\cdot X_1\right)^2}\cdot U_1^2 \tag{5.126}$$

Mit Gl. (5.108) und Gl. (5.114) folgt für das innere Drehmoment der Maschine:

$$M_\mathrm{i} = 60\cdot\frac{m}{2\cdot\pi\cdot n_1}\cdot\frac{R_2'}{s}\cdot I_2'^2 \tag{5.127}$$

Für die weitere Berechnung definiert man die primäre Streuziffer:

$$\sigma_1 = \frac{X_{1\sigma}}{X_h} \tag{5.128}$$

die sekundäre Streuziffer:

$$\sigma_2 = \frac{X'_{2\sigma}}{X_h} \tag{5.129}$$

und die gesamte Streuziffer:

$$\sigma = 1 - \frac{X_h^2}{X_1 \cdot X'_2} = 1 - \frac{1}{(1+\sigma_1)\cdot(1+\sigma_2)} \tag{5.130}$$

Der Ausdruck für $I_2'^2$ aus Gl. (5.126) wird in Gl. (5.127) eingesetzt und unter Verwendung der Gl. (5.130) umgeformt. Es ergibt sich:

$$M_i = 60 \cdot \frac{m}{2 \cdot \pi \cdot n_1} \cdot \frac{1-\sigma}{\frac{R_2}{s \cdot X_1 \cdot X'_2} \cdot \left(R_1^2 + X_1^2\right) + \frac{s \cdot X'_2}{R'_2 \cdot X_1} \cdot \left(R_1^2 + \sigma^2 \cdot X_1^2\right) + 2 \cdot R_1 \cdot (1-\sigma)} \tag{5.131}$$

Wird die Gl. (5.129) nach dem Schlupf s abgeleitet und die Ableitung gleich null gesetzt, ergibt sich der sogenannte Kippschlupf zu:

$$s_K = \frac{R'_2}{X'_2} \cdot \sqrt{\frac{R_1^2 + X_1^2}{R_1^2 + \sigma^2 \cdot X_1^2}} \tag{5.132}$$

Das bei diesem Kippschlupf vom Motor erreichte Moment wird als Kippmoment bezeichnet. Es errechnet sich zu:

$$M_K = 60 \cdot \frac{m \cdot U_1^2}{4 \cdot \pi \cdot n_1} \cdot \frac{1-\sigma}{R_1 \cdot (1-\sigma) + \sqrt{\left(R_1^2 + \sigma^2 \cdot X_1^2\right) \cdot \left(1 + \frac{R_1^2}{X_1^2}\right)}} \tag{5.133}$$

Zur Vereinfachung der Gln. (5.132) und (5.133) wird angenommen, dass die Streuziffern bei den eingesetzten Asynchronmaschinen sehr klein sind. Mit dieser Annahme ergibt sich aus der Gl. (5.130):

$$\sigma \cdot X_1 = X_1 - \frac{X_h^2}{X'_2} = X_h + X_{1\sigma} - X_h \cdot \frac{X'_2 - X'_{2\sigma}}{X'} = X_{1\sigma} + X'_{2\sigma} \cdot \frac{1}{1+\sigma_2}$$

Aus dieser Gleichung folgt:

$$\sigma \cdot X_1 = X_{1\sigma} + X'_{2\sigma} = X_\sigma \qquad (5.134)$$

Wird außerdem angenommen, dass bei Drehfeldfrequenzen ≥ 50 Hz stets gilt $R_1 \ll X_1$, ergeben sich zur Berechnung für Kippschlupf und Kippmoment:

$$s_K = \frac{R'_2}{\sqrt{R_1^2 + X_\sigma^2}} \approx \frac{R'_2}{X_\sigma^2} \qquad (5.135)$$

und:

$$M_K = 60 \cdot \frac{m \cdot U_1^2}{4 \cdot \pi \cdot n_1} \cdot \frac{1-\sigma}{R_1 \cdot (1-\sigma) + \sqrt{\left(R_1^2 + X_\sigma^2\right)}} \approx 60 \cdot \frac{m \cdot U_1^2}{4 \cdot \pi \cdot n_1 \cdot X_\sigma} \qquad (5.136)$$

Wird in Gl. (5.131) der Ausdruck R'_2 / X'_2 unter Verwendung der Gl. (5.132) ersetzt, ergibt sich:

$$M_i = 60 \cdot \frac{m \cdot U_1^2}{4 \cdot \pi \cdot n_1} \cdot \frac{2 \cdot (1-\sigma)}{2 \cdot R_1 \cdot (1-\sigma) + \sqrt{\left(R_1^2 + \sigma^2 \cdot X_1^2\right) \cdot \left(1 + \frac{R_1^2}{X_1^2}\right) \cdot \left(\frac{s}{s_K} + \frac{s_K}{s}\right)}} \qquad (5.137)$$

Die Gl. (5.137) enthält das Kippmoment nach Gl. (5.133). Bei Vernachlässigung des Ausdrucks $2 \cdot R_1 \cdot (1-\sigma)$ in Gl. (5.137) erhält man die bezogene Momentgleichung:

$$\frac{M}{M_K} = \frac{2}{\frac{s}{s_K} + \frac{s_K}{s}} \qquad (5.138)$$

Dabei ist in Gl. (5.138) zur Vereinfachung $M_i = M$ gesetzt. Diese Gleichung stellt für die Asynchronmaschine die allgemeine Beziehung zwischen Drehmoment und Schlupf dar. Sie wird als Kloss'sche Gleichung bezeichnet. Wenn für eine Maschine der Kipppunkt gegeben ist, kann mit ihr für jeden beliebigen Schlupf das Drehmoment berechnet werden.

Zur Ermittlung des Verlaufs $M/M_K = f(s)$ wird der gesamte Schlupfbereich für zwei Sonderfälle betrachtet. Für $s/s_K \ll 1$ gilt:

$$\frac{M}{M_K} \approx 2 \cdot \frac{s}{s_K} \qquad (5.139)$$

Damit fällt die Drehzahl $n = n_1 \cdot (1 - s)$ bei zunehmender Belastung und mit wachsendem Schlupf linear ab. Für $s/s_K \gg 1$ gilt:

$$\frac{M}{M_K} \approx 2 \cdot \frac{s_K}{s} \tag{5.140}$$

Damit steigt das Drehmoment während des Anlaufs nach einer Hyperbel an. Der sich nach Gl. (5.139) und Gl. (5.140) als Funktion des Schlupfs ergebende Verlauf des Drehmoments ist in **Bild 5.37** dargestellt.

Aus der in Bild 5.37 dargestellten Funktion $M/M_K = f(s)$ lässt sich auch die üblicherweise angegebene Drehzahl-Drehmoment-Kennlinie ableiten. Mit $s = 0$ folgen daraus $n = n_1$ und $M/M_K = 0$. Für $s = s_K$ ergeben sich $n_K = n_1 \cdot (1 - s_K)$ und $M = M_K$. Bei $s = 1$ sind $n = 0$ und $M = 2 \cdot s_K \cdot M_K < M_K$. Damit ergibt sich die in **Bild 5.38** angegebene Drehzahl-Drehmoment-Kennlinie für den reinen Motorbetrieb.

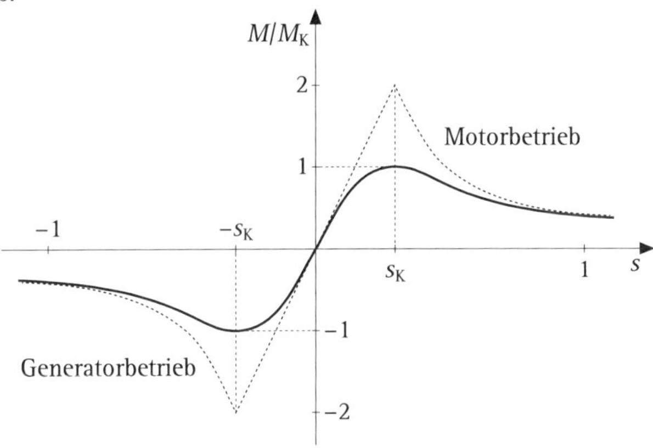

Bild 5.37 Verlauf des Drehmoments als Funktion des Schlupfs

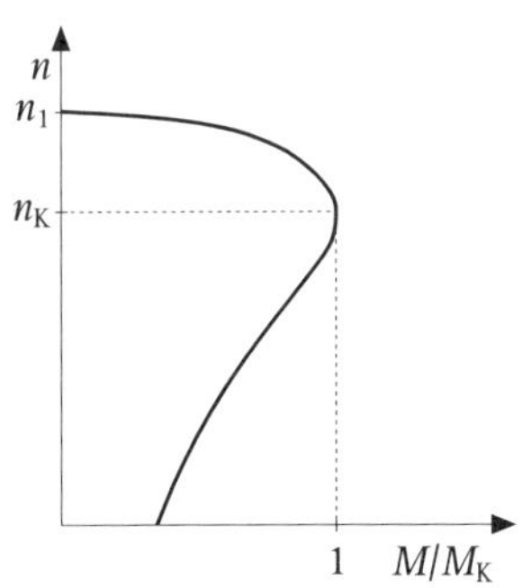

Bild 5.38 Drehzahl-Drehmoment-Kennlinie für den reinen Motorbetrieb

5.4.6 Stromortskurve

Aufgrund der Ersatzschaltung hängt der Ständerstrom der Asynchronmaschine bei konstanten Widerständen und Reaktanzen sowie bei fester Klemmenspannung nur vom Schlupf ab. Damit ergibt sich für den Zeiger $I_1 = f(s)$ eine für die Maschine charakteristische Ortskurve, die sich stets als Kreis darstellt. Daraus lassen sich weitere Aussagen über das Betriebsverhalten ablesen.

Die Bestimmung dieser Ortskurve erfolgt durch Auswertung der komplexen Gleichung für den Ständerstrom $\underline{I}_1$ nach der bereits abgeleiteten Gl. (5.122). Diese lautet:

$$\underline{I}_1 = \frac{\left(\frac{R_2'}{s} + \mathrm{j}X_2'\right)}{\left(R_1 + \mathrm{j}X_1\right)\cdot\left(\frac{R_2'}{s} + \mathrm{j}X_2'\right) + X_\mathrm{h}^2} \cdot \underline{U}_1$$

Aus dieser ergibt sich der Scheinwiderstand zu:

$$\underline{Z}_1 = \frac{\underline{U}_1}{\underline{I}_1} - \frac{\left(R_1 + \mathrm{j}X_1\right)\cdot\left(\frac{R_2'}{s} + \mathrm{j}X_2'\right) + X_\mathrm{h}^2}{\frac{R_2'}{s} + \mathrm{j}X_2'} \tag{5.141}$$

Gl. (5.141) muss in Real- und Imaginärteil zerlegt werden. Dazu wird die Gleichung mit dem konjugiert komplexen Ausdruck des Nenners erweitert. Dies ergibt:

$$\underline{Z}_1 = \frac{\underline{U}_1}{\underline{I}_1} = \frac{\left(\left(R_1 + \mathrm{j}X_1\right)\cdot\left(\frac{R_2'}{s} + \mathrm{j}X_2'\right) + X_\mathrm{h}^2\right)\cdot\left(\frac{R_2'}{s} - \mathrm{j}X_2'\right)}{\left(\frac{R_2'}{s} + \mathrm{j}X_2'\right)\cdot\left(\frac{R_2'}{s} - \mathrm{j}X_2'\right)} \tag{5.142}$$

Aus Gl. (5.142) folgt für den Realteil:

$$R(s) = R_1 + \frac{R_2'}{s}\cdot\frac{X_\mathrm{h}^2}{\left(\frac{R_2'}{s}\right)^2 + X_2'^2} \tag{5.143}$$

und für den Imaginärteil:

$$X(s) = X_1 - X_2'\cdot\frac{X_\mathrm{h}^2}{\left(\frac{R_2'}{s}\right)^2 + X_2'^2} \tag{5.144}$$

Mithilfe von Gl. (5.143) und Gl. (5.144) werden der Leerlaufpunkt P_0 für $s = 0$ und der Kurzschlusspunkt P_k für $s = 1$ berechnet. Für den Leerlaufpunkt ergeben sich:

$$R_0(s) = R_1 \quad \text{und} \quad X_0(s) = X_1$$

Daraus lassen sich der Betrag des Leerlaufstroms und der zugehörige Phasenwinkel berechnen zu:

$$I_0 = \frac{U_1}{\sqrt{R_1^2 + X_1^2}} \quad \text{und} \quad \varphi_0 = \arctan\frac{X_1}{R_1}$$

Für den Kurzschlusspunkt P_K berechnen sich mit $s = 1$ und $R_2' \ll X_2'$ Realteil und Imaginärteil zu:

$$R_K(s) = R_1 + R_2' \cdot \frac{X_h^2}{X_2'^2} \quad \text{und} \quad X_K(s) = X_1 - \frac{X_h^2}{X_2'}$$

Damit lassen sich der Betrag des Kurzschlussstroms und der zugehörige Phasenwinkel berechnen:

$$I_K = \frac{U_1}{\sqrt{\left(R_1 + R_2' \cdot \frac{X_h^2}{X_2'^2}\right)^2 + \left(X_1 - \frac{X_h^2}{X_2'}\right)^2}} \quad \text{und} \quad \varphi_K = \arctan\frac{X_1 - \frac{X_h^2}{X_2'}}{R_1 + R_2' \cdot \frac{X_h^2}{X_2'^2}}$$

Zusätzlich wird noch der virtuelle Ortskurvenpunkt P_∞ mit $s = \infty$ betrachtet. Für diesen gilt:

$$R_\infty(s) = R_1 \quad \text{und} \quad X_\infty(s) = X_1 - \frac{X_h^2}{X_2'}$$

Für diesen Punkt der Ortskurve kann man damit den Betrag des Kurzschlussstroms und den zugehörigen Phasenwinkel berechnen:

$$I_\infty = \frac{U_1}{\sqrt{R_1^2 + \left(X_1 - \frac{X_h^2}{X_2'}\right)^2}} \quad \text{und} \quad \varphi_\infty = \arctan\frac{X_1 - \frac{X_h^2}{X_2'}}{R_1}$$

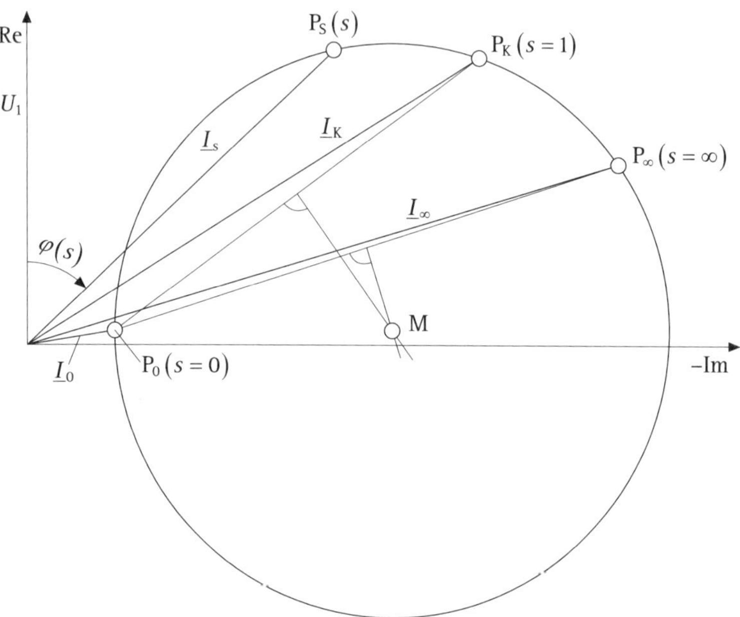

Bild 5.39 Konstruktion der Ortskurve des Ständerstroms über die Punkte P_0, P_K und P_∞

In **Bild 5.39** ist eine Stromortskurve exemplarisch dargestellt. In diese lässt sich für einen beliebigen Schlupf *s* der Ortskurvenpunkt einzeichnen. Durch die Verbindung dieses Punkts mit dem Ursprung des Koordinatensystems ergibt sich der Betrag des zugehörigen Stroms $\underline{I}_s$ mit dem zugehörigen Phasenwinkel φ_S.

Der Mittelpunkt dieses Kreises lässt sich als Schnittpunkt der Mittelsenkrechten auf den Geraden von P_0 nach P_K sowie von P_0 nach P_∞ konstruieren.

Um auf der Stromortskurve gezielt die Punkte finden zu können, die zu bestimmten Schlupfwerten gehören, sind verschiedene grafische Verfahren möglich. In **Bild 5.40** ist eine Methode angegeben, die eine Schlupfgerade verwendet. Dabei wird die Stromortskurve zunächst über die Punkte P_0, P_k und P_∞ konstruiert. Dann wird auf der Ortskurve ein beliebiger Punkt P_B gewählt. Dieser wird mit dem Punkt P_∞ verbunden. Zu dieser Verbindung wird eine Parallele in einem beliebigen Abstand gezeichnet. Auf dieser Parallelen werden von den Sehnen durch die Kreispunkte P_0 und P_B sowie durch P_B und P_K die Schlupfwerte $s = 0$ und $s = 1$ festgelegt. Die Strecke zwischen diesen beiden Schlupfwerten wird linear aufgeteilt. Um den Schlupfpunkt P_S auf der Ortskurve zu erhalten, wird durch den Punkt P_B und durch den gewünschten Schlupfwert auf der skalierten Geraden eine Sehne gezeichnet. Diese schneidet die Stromortskurve im Punkt P_S.

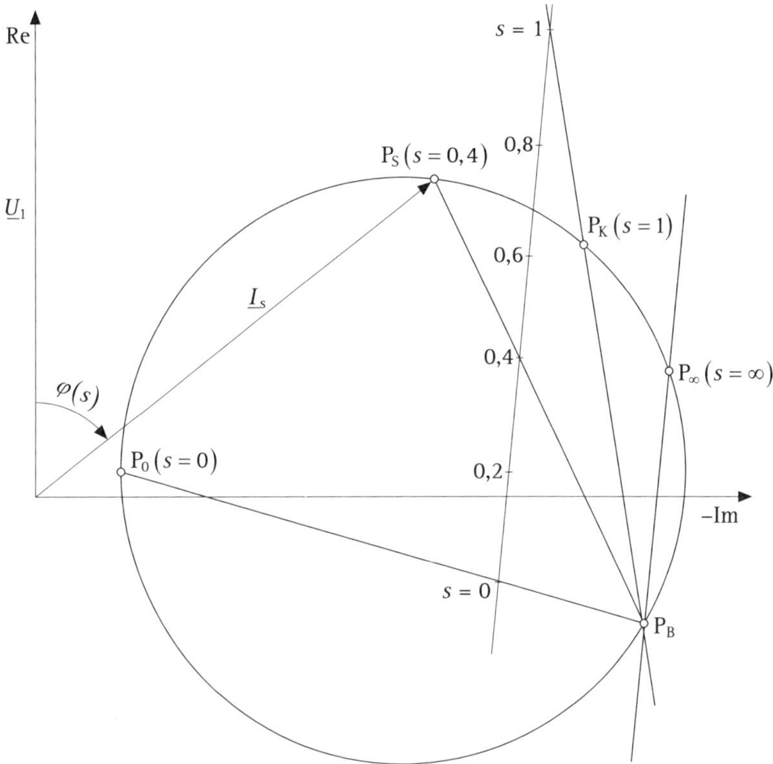

Bild 5.40 Konstruktion der Schlupfgeraden und Bestimmung von Ständerstrombetrag und Phasenverschiebung für einen vorgegebenen Schlupf

Um den zugehörigen Ständerstrom und die Phasenverschiebung gegenüber der angelegten Spannung zu erhalten, ist nur der Koordinatenursprung mit dem Punkt P_S zu verbinden.

Die nach dem Ersatzschaltbild (Bild 5.32) abgeleitete Ortskurve für den Ständerstrom erlaubt auch die Aufteilung der einzelnen, am Motor entstehenden Leistungen. Allerdings wird dabei der sehr kleine Wirkstromanteil $\underline{I}_{Fe}$ der Eisenverluste nicht erfasst. Um diesen zu berücksichtigen, wird die negative imaginäre Achse abgesenkt um das Stück von 0 auf 0′ (**Bild 5.41**):

$$I_{Fe} = \frac{\underline{U}_1}{R_{Fe}} \tag{5.145}$$

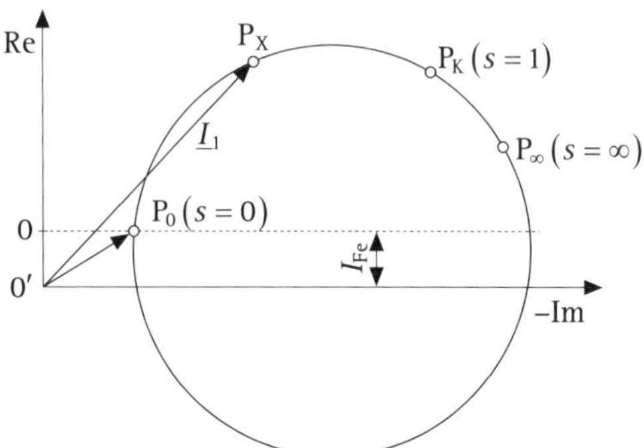

Bild 5.41 Berücksichtigung der Eisenverluste in der Stromortskurve

Die Eisenverluste werden damit als konstanter Betrag unabhängig von der Belastung in die Wirkkomponente eingeführt. Bei Maschinenleistungen von einigen kW ist die genannte Wirkkomponente des Maschinenstroms so gering, dass der Punkt P_0 fast auf der negativen imaginären Achse liegt. Damit ist der Eisenverlustanteil praktisch ohne Einfluss auf den Gesamtstrom.

Für einen beliebigen Anwendungsfall sind die Punkte P_X, P_K und P_∞ in der Stromortskurve in **Bild 5.42** eingetragen. Darin entspricht die Strecke zwischen P_X und B_0 dem vom Netz gelieferten Wirkstrom nach der Beziehung $I_{1W} = I_1 \cdot \cos\varphi_1$.

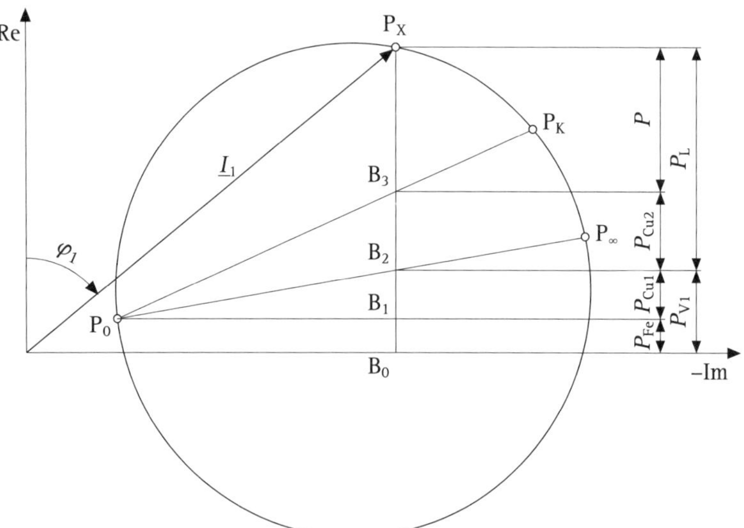

Bild 5.42 Bestimmung der Einzelleistungen der Asynchronmaschine mithilfe der Stromortskurve

Gleichzeitig gilt auch $P_1 = m_1 \cdot U_1 \cdot I_1 \cdot \cos\varphi_1 = m_1 \cdot U_1 \cdot I_{1W}$. Damit ist diese Strecke auch ein Maß für die von der Maschine aufgenommene Wirkleistung.

Im Leerlauf bei $s = 0$ und im Stillstand bei $s = 1$ wird die abgegebene Leistung P jeweils null. Dazwischen ist diese mit guter Näherung der Strecke zwischen P_X und B_3 proportional, die auf der Senkrechten zwischen P_X und B_0 durch die Verbindungsgerade von P_0 und P_K entsteht.

In den Punkten P_0 und P_∞ wird sämtliche vom Motor aufgenommene Leistung auf der Ständerseite umgesetzt, da bei $s = \infty$ wegen $R_2'/s = 0$ der Läuferkreis offen ist. Daher ergeben sich näherungsweise über die Verbindungsgerade von P_0 und P_∞ mit der Strecke zwischen B_0 und B_2 die gesamten Ständerverluste P_{V1} für den Betriebspunkt P_X. Werden die Kupferverluste gegenüber den Eisenverlusten vernachlässigt, so lässt sich P_{V1} durch den Punkt B_1 auf der Höhe von P_0 in die Ständerkupferverluste P_{Cu1} und in die Eisenverluste P_{Fe} aufteilen. Von der Gesamtleistung bleiben dann nur noch die Läuferkupferverluste P_{Cu2} übrig, die durch die Strecke zwischen B_2 und B_3 dargestellt werden.

Gemäß Gl. (5.110) und Gl. (5.111) ergibt sich für die Luftspaltleistung der Asynchronmaschine $P_L = P + P_{Cu2}$, wenn die Reibverluste P_R der abgegebenen Leistung P zugerechnet werden. Damit entsteht in der Strecke zwischen B_2 und P_X jeweils ein Maß für die Luftspaltleistung P_L und das Drehmoment M_i.

Um die Leistungen und Drehmomente grafisch in der Ortskurve bestimmen zu können, müssen für die einzelnen Variablen Maßstabsfaktoren bekannt sein. Diese ergeben sich aus der Beziehung $P_1 = m_1 \cdot U_1 \cdot I_{1W}$ und der Gl. (5.112) zu:

- Strommaßstab m_I in A/cm
- Leistungsmaßstab $m_P = 3 \cdot U_1 \cdot m_1$ in W/cm
- Drehmomentmaßstab $m_M = 9{,}55 \cdot m_P \cdot n_1$ in Nm/cm mit n_1 in min^{-1}

5.5 Permanentmagneterregter Synchronmotor

Die Dauermagnettechnik hat in der jüngsten Vergangenheit große Fortschritte zu verzeichnen. In Verbindung damit haben sich auch die Herstellungsverfahren verbessert, sodass qualitativ hochwertige Magnete zu vertretbaren Preisen auf dem Markt angeboten werden.

Die wesentlichen Kriterien für die Auswahl der Dauermagnete sind ihre Flussdichte und ihre Koerzitivfeldstärke [5.2]. Der Flussdichte proportional ist das von der Maschine entwickelte Drehmoment, und von der Koerzitivfeldstärke ist der Entmagnetisierungsstrom abhängig. Die am häufigsten eingesetzten Dauermagnete sind Hartferrit ($B \leq 350$ mT), AlNiCo-Magnete ($B \leq 1\,200$ mT), SmCo (Seltene Erden)-Magnete ($B \leq 1\,000$ mT) und NdFeB (Seltene Erden)-Magnete ($B \leq 1\,400$ mT). Welcher dieser Magnetwerkstoffe zum Einsatz kommt, hängt vom Aufbau und von der Anwendung der Maschine ab. AlNiCo-Magnete weisen nur eine geringe Koerzitivfeldstärke auf. Dies bedeutet eine Einschränkung für ihre Verwendbarkeit. Da die NdFeB (Seltene Erden)-Magnete über die besten technischen Eigenschaften verfügen und im Zeichen des globalen Wettbewerbs auch sehr preiswert geworden sind, ist bei neuen Entwicklungen ein eindeutiger Trend hin zu diesen zu erkennen.

Unter Verwendung solcher Dauermagnete, die meistens auf dem Läufer angebracht sind, erreichen Synchronmotoren sehr große Drehmomente und sehr gute Wirkungsgrade bei hohem Leistungsgewicht (Verhältnis von Abgabeleistung zu Eigengewicht). Ferner besitzen permanentmagneterregte Synchronmotoren eine sehr hohe Lebensdauer und Betriebssicherheit, da sie außer den Lagern für den Läufer keine weiteren Verschleißteile enthalten. Diese hervorragenden Eigenschaften haben zu einer hohen Akzeptanz und einer sehr starken Verbreitung dieses Motortyps geführt.

Die Funktionsweise eines Synchronmotors lässt sich sehr einfach darstellen. Erforderlich ist ein rotierendes magnetisches Feld in einem Ständer (Stator). Bringt man in dieses Feld einen als Stabmagnet ausgebildeten Läufer, so wird dieser, vorausgesetzt, er hat die Drehzahl des umlaufenden Drehfelds erreicht, vom Statordrehfeld mitgenommen.

Dabei steht dem Nordpol des Statordrehfelds immer der Südpol des Läufers gegenüber und dem Südpol des Statordrehfelds der Nordpol des Läufers. Das heißt, der Rotor dreht sich genauso schnell wie das Drehfeld im Stator, er läuft also synchron mit dem Statordrehfeld um. Dieses Funktionsprinzip ist in **Bild 5.43** anschaulich dargestellt.

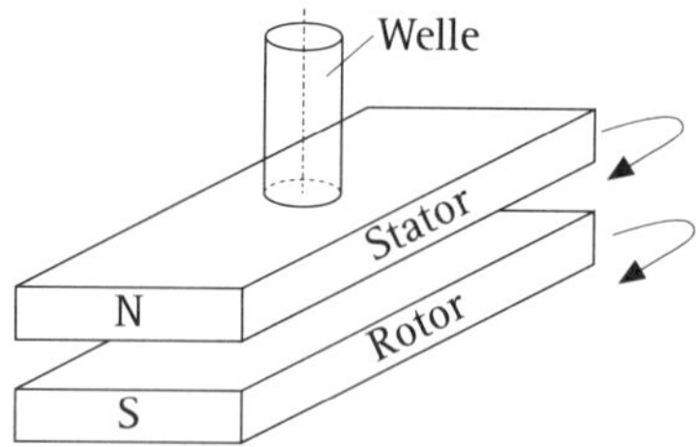

Bild 5.43 Funktionsprinzip des Synchronmotors

5.5.1 Aufbau der permanentmagneterregten Synchronmaschine

Die meisten der in der Praxis eingesetzten Motoren dieses Typs werden in Verbindung mit Frequenzumrichtern in drehzahl- oder positionsgeregelten Anwendungen im Bereich der Fertigungs- und Handhabungstechnik eingesetzt. In solchen Fällen werden diese durch eine Drehspannung versorgt und erhalten einen Ständer mit einer Drehfeldwicklung, wie dies in Abschnitt 5.3.4 beschrieben ist. Bei Motoren kleinerer Leistung werden häufig auch Ständer mit ausgeprägten Polen verwendet. Die Drehzahl ist abhängig von der Frequenz des speisenden Netzes und berechnet sich dann nach:

$$n = \frac{f_1}{p} \tag{5.146}$$

Um das Drehmoment zu erhöhen, gibt es insbesondere bei Kleinantrieben auch Synchronmotoren, die mit mehr als zwei Polen ausgestattet sind. Üblicherweise verfügen dann Läufer und Ständer über dieselbe Anzahl von Polen.

In **Bild 5.44** sind schematisch übliche Ständerkonstruktionen für Synchronmotoren dargestellt. Bild 5.44a zeigt den Querschnitt durch ein Ständerblechpaket mit 24 Nuten zum Einlegen einer zwei- oder mehrpoligen Drehstromwicklung. In Bild 5.44b ist die Ansicht eines Ständers mit zwölf ausgeprägten Polen angegeben.

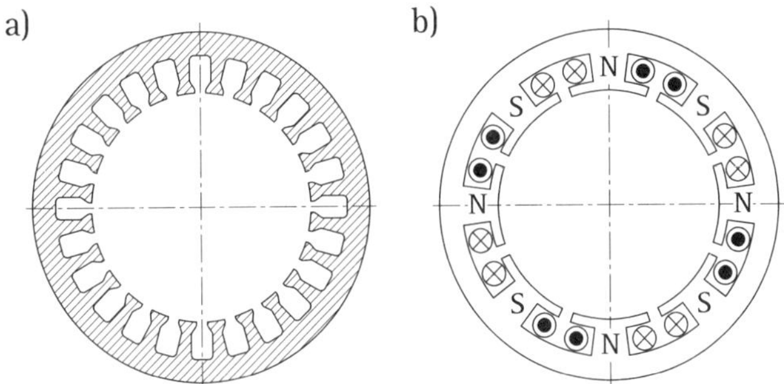

Bild 5.44 Exemplarische Darstellung von zwei üblichen Ständerkonstruktionen für Synchronmaschinen
a) Ständer mit Nuten zum Einlegen einer Drehstromwicklung
b) Ständer mit ausgeprägten Polen

Einige Beispiele für den Aufbau des Läufers sind in **Bild 5.45** dargestellt. Die Konstruktionen nach Bild 5.45a und Bild 5.45b besitzen Pole aus Weicheisen und damit prinzipiell das Verhalten einer fremderregten Schenkelpolmaschine mit konstantem Erregerstrom. In der Variante Bild 5.45c ist der Läufer mit Aussparungen versehen.

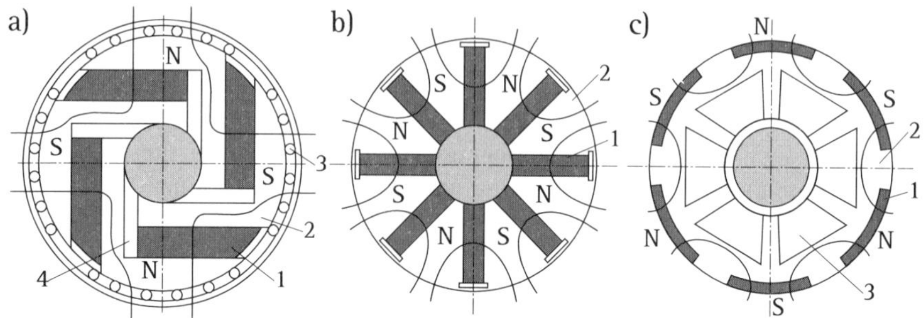

Bild 5.45 Verschiedene Läuferkonstruktionen permanentmagneterregter Synchronmotoren

a)
1 Permanentmagnet
2 Weicheisen
3 Dämpferkäfig
4 Luftspalt

b)
1 Permanentmagnet
2 Weicheisen

c)
1 Permanentmagnet (Seltene-Erden-Magnet)
2 Weicheisen
3 Aussparung

Dadurch wird sein Massenträgheitsmoment gering gehalten, was sein dynamisches Verhalten erheblich verbessert. Deswegen wird er auch bevorzugt als Synchron-Servomotor für Positionieraufgaben eingesetzt. In der dargestellten Form sind die Permanentmagnete mit einem Innenradius versehen, der dem Außenradius des Läufers entspricht, damit sie auf diesen aufgeklebt werden können. Zusätzlich wird über dem Umfang eine Glasfaserbandage zum Schutz der spröden Magnete und zur Aufnahme von Fliehkräften angebracht.

5.5.2 Zeigerdiagramm der Durchflutung

Wenn die Synchronmaschine an einem Drehstromnetz betrieben wird, entsteht im Luftspalt der Maschine das Statordrehfeld mit dem Fluss $\underline{\Phi}_1$ bzw. die Statordurchflutung, $\underline{\Theta}_1$, die mit der Drehzahl umlaufen:

$$n_1 = \frac{f_1}{p}$$

Damit sind der Statorfluss $\underline{\Phi}_1$ und die Statordurchflutung $\underline{\Theta}_1$ gerichtete, sich im Raum drehende Größen, die sich als Raumzeiger darstellen lassen. Diese überlagern sich im Luftspalt mit dem Rotorfluss $\underline{\Phi}_E$ bzw. der Rotordurchflutung $\underline{\Theta}_E$ (**Bild 5.46**).

Aus Stator- und Rotordurchflutung lässt sich die resultierende Gesamtdurchflutung ermitteln nach:

$$\underline{\Theta}_\mu = \underline{\Theta}_1 + \underline{\Theta}_E \tag{5.147}$$

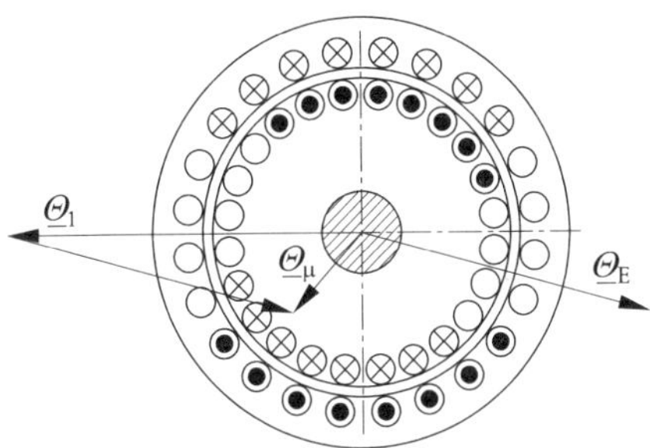

Bild 5.46 Darstellung des Flusses und der Durchflutung bei der Synchronmaschine

Die Gesamtdurchflutung $\underline{\Theta}_\mu$ bestimmt nach Betrag und Richtung die Größe des Hauptflusses $\underline{\Phi}_h$ und damit auch die tatsächliche Flussdichteverteilung im Luftspalt.

5.5.3 Spannungszeigerdiagramm und Ersatzschaltbild

Aus den in Bild 5.46 dargestellten Raumzeigern für die Durchflutung und den Fluss lassen sich auch die Raumzeiger der Spannungen ableiten, die sich nach dem Induktionsgesetz aus den mit n_1 umlaufenden Flüssen ergeben.

Dabei ist die Polradspannung (Polrad = Läufer) die durch den rotierenden Läuferfluss in der Wicklung eines Statorstrangs induzierte ideelle Leerlaufspannung:

$$\underline{U}_P = j\omega \cdot \underline{\Psi}_E \tag{5.148}$$

Diese Spannung wird an den Klemmen des Stators beim Statorstrom null gemessen, wenn das Polrad mit der Drehzahl n umläuft. Dabei berechnet sich die Winkelgeschwindigkeit ω in Gl. (5.148) nach:

$$\omega = 2 \cdot \pi \cdot f_1 \tag{5.149}$$

Durch den Hauptfluss $\underline{\Phi}_h$ zusammen mit dem Statorstrom $\underline{I}_1$ entsteht aber bei der belasteten Maschine durch Selbstinduktion eine weitere Gegenspannung, die sich mit der Polradspannung überlagert. Diese Spannung kann auch als Spannungsfall des Statorstroms an der Hauptreaktanz X_h aufgefasst werden.

Die aus diesen beiden Anteilen resultierende Statorspannung ergibt sich zu:

$$\underline{U}_q = j\omega \cdot \underline{\Psi}_E = \underline{U}_p + jX_h \cdot \underline{I}_1 \tag{5.150}$$

Bei fremd- und permanentmagneterregten Synchronmaschinen ist $\underline{\Psi}_E$ der dem Erregerfluss $\underline{\Phi}_E$ zugeordnete, mit der Statorwindungszahl verkettete Fluss. Entsprechend sind $\underline{\Psi}_h$ und $\underline{\Psi}_\mu$ die verketteten Flüsse zu $\underline{\Phi}_h$ und $\underline{\Phi}_\mu$. Der verkettete Fluss ist das Produkt aus Fluss und Windungszahl.

Eine weitere Gegenspannung wird an der Statorwicklung durch Selbstinduktion an der Streuinduktivität $L_{1\sigma}$ erzeugt. Ein zusätzlicher Spannungsfall ergibt sich am ohmschen Widerstand der Statorwicklung. Diese beiden Spannungen überlagern sich auch noch mit der durch den Läuferfluss induzierten Spannung und der durch Selbstinduktion an der Hauptreaktanz entstandenen Spannung. Damit ergibt sich die Spannung an der Statorwicklung zu:

$$\underline{U}_1 = R_1 \cdot \underline{I}_1 + \mathrm{j}\, X_\mathrm{h} \cdot \underline{I}_1 + \mathrm{j}\, X_{1\sigma} \cdot \underline{I}_1 + \underline{U}_\mathrm{p} \tag{5.151}$$

Die durch den Hauptfluss induzierte Spannung $\underline{U}_q$ unterscheidet sich somit nur durch die Spannungsfälle am Ständerwiderstand und an der Streuinduktivität des Stators von der Klemmenspannung $\underline{U}_1$.

In **Bild 5.47** ist das Zeigerdiagramm einer Synchronmaschine angegeben, während **Bild 5.48** das zugehörige Ersatzschaltbild zeigt.

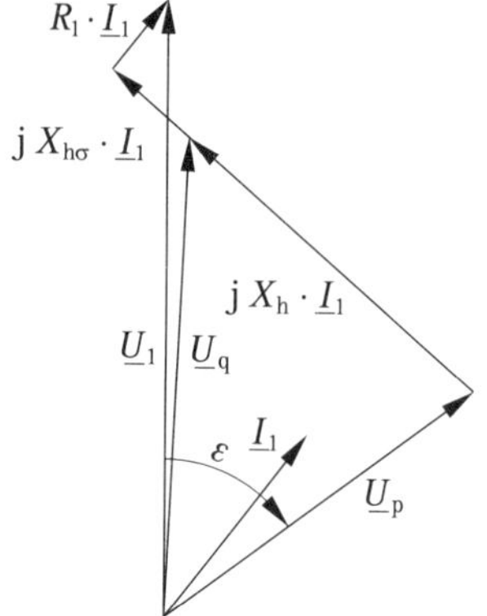

Bild 5.47 Zeigerdiagramm einer Synchronmaschine

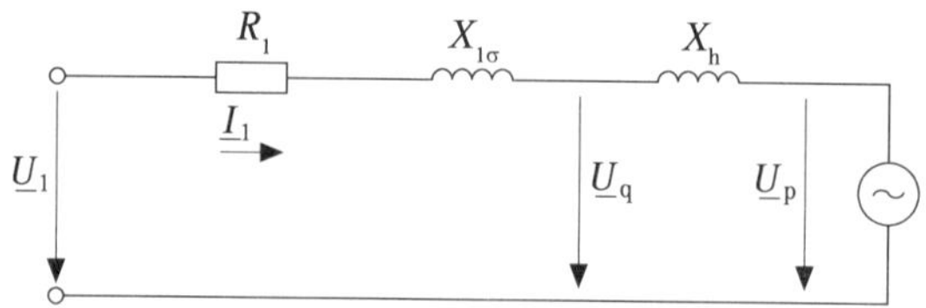

Bild 5.48 Vollständiges Ersatzschaltbild einer Synchronmaschine

Da die Streureaktanz der Statorwicklung gegenüber der Hauptreaktanz relativ klein ist, fasst man diese beiden zur Synchronreaktanz zusammen:

$$X_{\mathrm{d}} = X_{\mathrm{h}} + X_{1\sigma} \tag{5.152}$$

Damit ergibt sich eine vereinfachte Gleichung für die Spannung an der Statorwicklung. Diese lautet:

$$\underline{U}_1 = R_1 \cdot \underline{I}_1 + \mathrm{j}\,X_{\mathrm{d}} \cdot \underline{I}_1 + \underline{U}_{\mathrm{p}} \tag{5.153}$$

Gemäß Gl. (5.153) vereinfachen sich Spannungszeigerdiagramm und Ersatzschaltbild zu den Darstellungen in **Bild 5.49** und **Bild 5.50**.

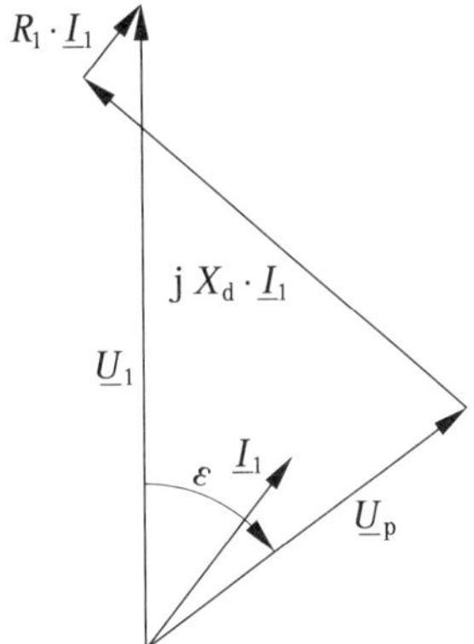

Bild 5.49 Spannungszeigerdiagramm für die vereinfachte Beschreibung der Synchronmaschine

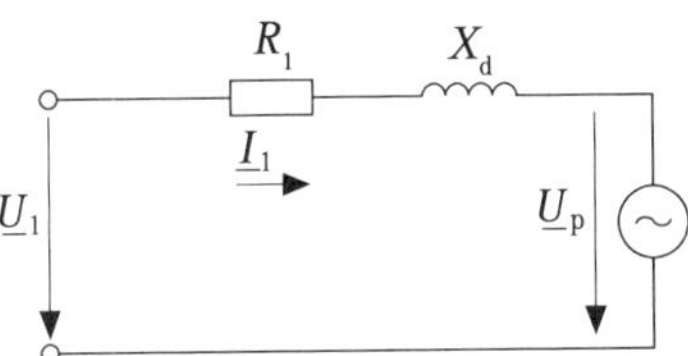

Bild 5.50 Ersatzschaltbild für die vereinfachte Beschreibung der Synchronmaschine

5.5.4 Stromortskurve

Bei konstanter Spannung $\underline{U}_1$ und gleichbleibender Frequenz f_1 nimmt eine Drehstromsynchronmaschine mit konstanter Erregung bei einer bestimmten Belastung einen Strom bestimmter Größe und Phasenlage aus dem Netz auf. Bei sich ändernder Belastung ergibt sich auch ein Strom anderer Größe und Phasenlage.

Grundlage für die Konstruktion der Stromortskurve ist die Gl. (5.153). Wird in dieser noch der Spannungsfall am ohmschen Widerstand der Statorwicklung vernachlässigt, ergibt sich daraus:

$$\underline{U}_1 = \mathrm{j}\, X_\mathrm{d} \cdot \underline{I}_1 + \underline{U}_\mathrm{p} \tag{5.154}$$

Eine Umformung dieser Gleichung liefert:

$$\underline{I}_1 = \frac{\underline{U}_1}{\mathrm{j} \cdot X_\mathrm{d}} + \frac{\underline{U}_\mathrm{p}}{\mathrm{j} \cdot X_\mathrm{d}} = -\mathrm{j}\frac{\underline{U}_1}{X_\mathrm{d}} + \mathrm{j}\frac{\underline{U}_\mathrm{p}}{X_\mathrm{d}} \tag{5.155}$$

Der Statorstrom $\underline{I}_1$ ergibt sich also aus der Summe der beiden Stromzeiger:

$$-\mathrm{j}\frac{\underline{U}_1}{X_\mathrm{d}} \quad \text{und} \quad \mathrm{j}\frac{\underline{U}_\mathrm{p}}{X_\mathrm{d}}$$

Wenn davon ausgegangen wird, dass der Statorspannungszeiger $\underline{U}_1$ immer in Richtung der reellen Achse zeigt, dann ist der in Länge und Richtung konstante Stromzeiger $\underline{U}_1/X_\mathrm{d}$ immer in Richtung der negativen imaginären Achse gerichtet. An den Endpunkt dieses Zeigers ist der in seiner Länge ebenfalls konstante Zeiger $\underline{U}_\mathrm{p}/X_\mathrm{d}$ anzufügen. Seine Richtung ist aber abhängig vom Lastwinkel zwischen der Statorspannung $\underline{U}_1$ und der Polradspannung $\underline{U}_\mathrm{p}$. Somit bewegt sich die Spitze dieses Zeigers stets auf einem Kreis. Dieser Kreis ist die Stromortskurve der Synchronmaschine.

Um die Stromortskurve darzustellen, wird zuerst ein geeigneter Maßstab gewählt. Dann zeichnet man ein Koordinatensystem mit einer nach oben gerichteten reellen Achse und einer nach rechts weisenden negativen imaginären Achse. In seinem Ursprung wird nach oben die Stotorspannung $\underline{U}_1$ aufgetragen. Nach rechts wird der Stromzeiger $\underline{U}_1/X_\mathrm{d}$ eingezeichnet. Sein Endpunkt ist der Mittelpunkt für den Kreis der Stromortskurve mit dem Radius $\underline{U}_\mathrm{p}/X_\mathrm{d}$. **Bild 5.51** zeigt exemplarisch eine Stromortskurve für den Fall $\underline{U}_1 > \underline{U}_\mathrm{p}$. Die obere Halbebene stellt das Verhalten im Motorbetrieb und die untere das im Generatorbetrieb dar. Vereinbarungsgemäß ist der Lastwinkel für den Generatorbetrieb positiv und für den Motorbetrieb negativ.

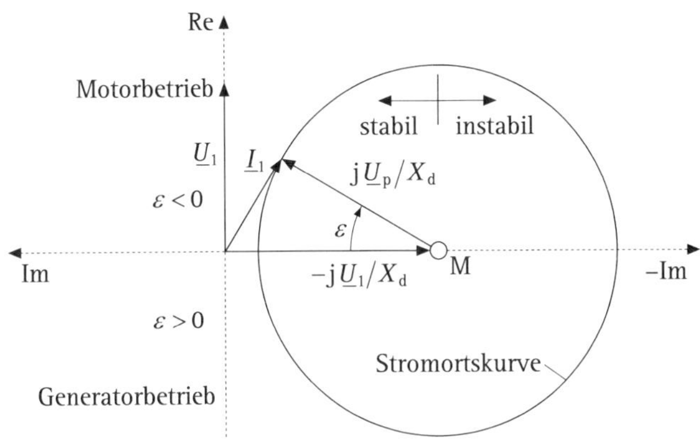

Bild 5.51 Stromortskurve für eine Synchronmaschine

5.5.5 Leistung und Drehmoment

Die von einem Motor aus dem Netz aufgenommene Wirkleistung berechnet sich als Produkt aus angelegter Spannung und aufgenommenem Wirkstrom. Bei einem Phasenwinkel φ zwischen Spannung und Strom ergibt sich dafür:

$$P_1 = U_1 \cdot I_{1\mathrm{W}} = U_1 \cdot I_1 \cdot \cos\varphi \tag{5.156}$$

Wie aus der Stromortskurve (Bild 5.51) zu erkennen ist, lässt sich der Wirkstrom auch angeben als:

$$I_{1\mathrm{W}} = -\frac{U_\mathrm{p}}{X_\mathrm{d}} \cdot \sin\varepsilon \tag{5.157}$$

Das Minuszeichen in Gl. (5.157) kommt daher, dass aus dem Netz aufgenommene Leistung stets positiv gezählt, aber der Lastwinkel für Motorbetrieb als negativ definiert ist. Damit ergibt sich für einen Motor mit m Strängen eine aufgenommene Wirkleistung von:

$$P_1 = -m \cdot U_1 \cdot \frac{U_\mathrm{p}}{X_\mathrm{d}} \cdot \sin\varepsilon \tag{5.158}$$

Für die verlustfrei arbeitende Maschine gilt, dass die aus dem Netz aufgenommene Wirkleistung gleich der an der Motorwelle abgegebenen mechanischen Leistung ist. Da bei der Synchronmaschine die Rotordrehzahl gleich der Drehfelddrehzahl ist, gilt:

$$n_1 = \frac{60 \cdot f_1}{p} \tag{5.159}$$

Damit ergibt sich:

$$M = \frac{60 \cdot P_1}{2 \cdot \pi \cdot n_1} \tag{5.160}$$

Mit den Gln. (5.158) und (5.160) folgt für das Drehmoment bei einem dreiphasigen Motor:

$$M = -3 \cdot U_1 \cdot \frac{U_p}{X_d} \cdot \sin \varepsilon \cdot \frac{60}{2 \cdot \pi \cdot n_1} \tag{5.161}$$

Das Kippmoment M_K ist dabei das maximale Moment, das die Maschine abgeben kann. Dieses tritt bei $\varepsilon = -90°$ (an der Stabilitätsgrenze) auf. Es ergibt sich:

$$M_K = 3 \cdot U_1 \cdot \frac{U_p}{X_d} \cdot \frac{60}{2 \cdot \pi \cdot n_1} \tag{5.162}$$

Die Verluste der Maschine werden durch ihren Wirkungsgrad berücksichtigt. Damit ergeben sich für das lastabhängige Moment M und das Kippmoment M_K:

$$M = -3 \cdot U_1 \cdot \frac{U_p}{X_d} \cdot \sin \varepsilon \cdot \frac{60 \cdot \eta}{2 \cdot \pi \cdot n_1} \tag{5.163}$$

$$M_K = 3 \cdot U_1 \cdot \frac{U_p}{X_d} \cdot \frac{60 \cdot \eta}{2 \cdot \pi \cdot n_1} \tag{5.164}$$

5.6 Schrittmotoren

Schrittmotoren sind eine besondere Variante der Synchronmotoren. Gegenüber diesen haben sie im Ständer anstatt einer Drehfeldwicklung ausgeprägte Ständerpole, an deren Wicklungen zyklisch impulsförmige Spannungen gelegt werden, sodass sich ein rotierendes Magnetfeld ergibt. Diesem folgt der Rotor bei jeder Weiterschaltung um den Schrittwinkel α. Eine Folge von n Spannungsimpulsen in geeigneter Reihenfolge erzeugt damit einen Rotordrehwinkel von $\gamma = n \cdot \alpha$. Damit erlaubt der Schrittmotor im Open-Loop-Betrieb eine Positionierung [5.3].

5.6.1 Aufbau und Wirkungsweise

Der heute in der Praxis am häufigsten eingesetzte Typ ist der Hybridschrittmotor. Sein schematischer Aufbau und seine Funktionsweise sollen exemplarisch erläutert werden an dem in **Bild 5.52** dargestellten Motor mit zwölf Zähnen am Rotor und mit zwei Strängen, die mit A und B bezeichnet sind. Damit verfügt der Motor über insgesamt vier Pole.

Wie der Längsschnitt in Bild 5.52a zeigt, ist auf seiner Welle ein axial orientierter Permanentmagnet angeordnet. Dieser trägt an beiden Enden ein aus Weicheisen hergestelltes lamelliertes Blechpaket, auf dessen äußerem Umfang die Zähne eingearbeitet sind. Linkes und rechtes Blechpaket sind dabei in tangentialer Richtung um eine halbe Zahnbreite gegeneinander versetzt. Infolge des Permanentmagneten entsteht ein magnetischer Kreis durch den Permanentmagneten, die Blechpakete aus Weicheisen, den Luftspalt und die Statorpole. Dieser Fluss zeigt im linken Blechpaket mit den schraffierten Zähnen nach außen und im rechten Blechpaket mit den nicht schraffierten Zähnen nach innen. Zu jedem Strang gehören in dem dargestellten Beispiel zwei Statorpole, deren Wicklungen in Reihe geschaltet sind. Wenn durch die Wicklungen der Statorpole infolge einer angelegten Spannung Strom fließt, entsteht ein weiterer magnetischer Kreis über die Statorpole, das Statorgehäuse, die Blechpakete aus Weicheisen des Rotors und den Luftspalt. Dieser magnetische Kreis ist durch die beiden Pfeile jeweils an den Außenseiten des Rotors angedeutet. Im linken Luftspalt addieren sich die Flüsse, die durch den Permanentmagneten und den Strom durch die Statorpolwicklungen verursacht sind. Hingegen heben sich diese Flüsse im rechten Luftspalt gegenseitig auf. Da sich ein magnetischer Kreis, wenn möglich, immer nach seinem kleinsten magnetischen Widerstand ausrichtet, der bei minimalem Luftspalt gegeben ist, stellt sich der Rotor so ein, dass sich die Stotorpolzähne und die Zähne des rechten Rotorblechpakets gegenüberstehen. Dies ist in Bild 5.52b dargestellt.

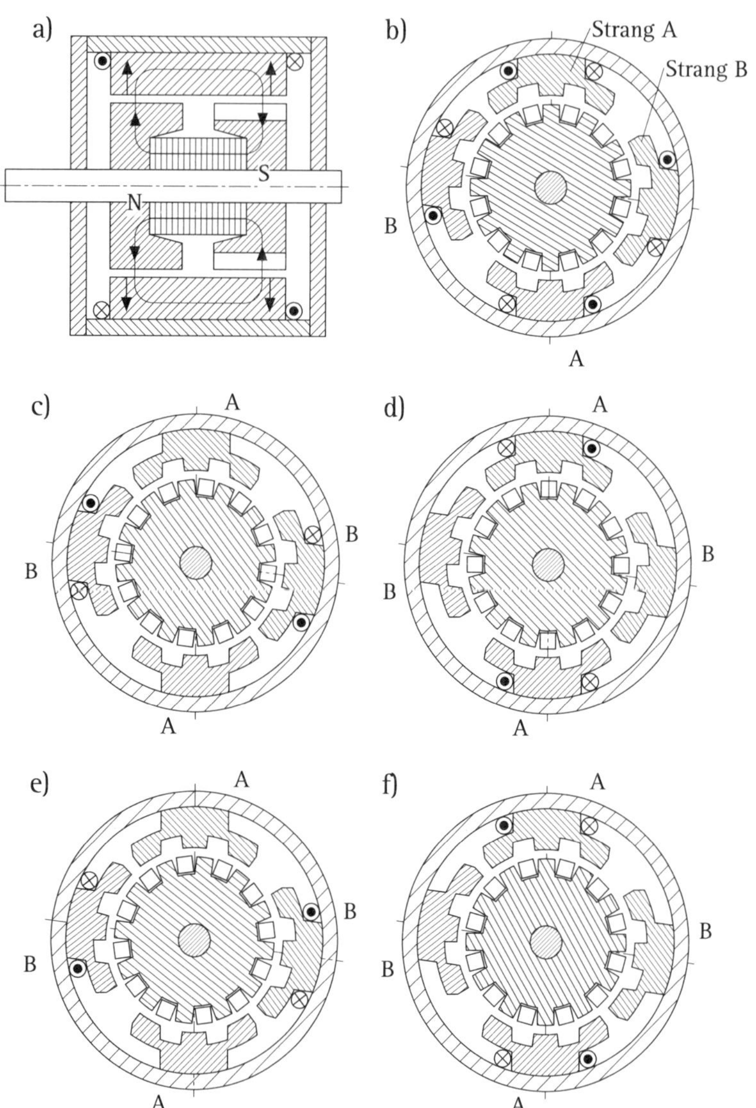

Bild 5.52 Schematische Darstellung des Aufbaus und der Funktionsweise eines Hybridschrittmotors

Wie aus diesem Bild zu erkennen ist, sind im Ständer die Pole von Strang B gegenüber denen von Strang A versetzt um den Winkel:

$$\varphi = \frac{360^\circ}{n_P} + \frac{1}{4} \cdot \frac{360^\circ}{z_R} \tag{5.165}$$

In Gl. (5.165) sind:

n_P Anzahl der Statorpole
z_R Zähnezahl

Für das betrachtete Beispiel mit zwölf Zähnen ergibt sich damit:

$$\varphi = \frac{360^\circ}{4} + \frac{1}{4} \cdot \frac{360^\circ}{12} = 97{,}5^\circ \tag{5.166}$$

Wird der Spannungsimpuls am Strang A abgeschaltet und ein Spannungsimpuls auf Strang B geschaltet, sodass der durch diesen erzeugte magnetische Fluss nach innen zeigt, addieren sich jetzt Rotorfluss und Statorfluss auf der Seite der nicht schraffierten Zähne. Damit stehen sich Statorzähne von Strang B und nicht schraffierte Rotorzähne gegenüber, und der Läufer hat sich um 7,5° (einen Schritt) weitergedreht (Bild 5.52c). Für den folgenden Schritt wird wieder Strang A, aber in umgekehrter Richtung, bestromt, es ergibt sich aber auch an diesem im Luftspalt ein nach innen gerichteter Fluss. Dieser addiert sich zu dem Rotorfluss auf der Seite der nicht schraffierten Pole. Infolgedessen stehen sich Statorzähne von Strang A und nicht schraffierte Rotorzähne gegenüber (Bild 5.52d). Zur Ausführung des nächsten Schritts wird wieder Spannung an Strang B gelegt, sodass dieser diesmal einen Fluss erzeugt, der nach außen zeigt. Dieser addiert sich zu dem auf der Seite mit den schraffierten Zähnen. Damit richten sich diese an den Zähnen der Pole von Strang B aus, und der Rotor hat sich um weitere 7,5° gedreht (Bild 5.52e). Um einen weiteren Schritt auszuführen, wird ein Spannungsimpuls an die Wicklung von Strang A gelegt, sodass der dadurch erzeugte Strom einen Fluss erzeugt, der nach außen zeigt. Damit addieren sich die Flüsse auf der Seite der schraffierten Pole, und diese richten sich unter denen von Strang A aus. Damit hat sich der Rotor in den geschilderten Schritten um eine Zahnbreite nach links weitergedreht. Dies ist erkennbar an der Darstellung der Rotorpositionen in den Bildern 5.52b bis 5.52f. Für die weiteren Schritte ist diese Schaltfolge ständig zu wiederholen. Zur Realisierung der entgegengesetzten Drehrichtung ist diese Schrittfolge in umgekehrter Reihenfolge zu durchlaufen.

In der **Tabelle 5.1** ist die Schaltfolge nochmals für vier Schritte angegeben.

Tabelle 5.1 Zusammenstellung von Schaltfolge, Schrittweite und Drehrichtung eines Hybridschrittmotors am Beispiel von zwölf Zähnen

Spannungsimpuls	Drehwinkel	Drehrichtung	
$u_{\text{Strang A}}$	x	Drehrichtung links ↓	Drehrichtung rechts ↑
$\overline{u}_{\text{Strang B}}$	$x + 7{,}5°$		
$\overline{u}_{\text{Strang A}}$	$x + 15°$		
$u_{\text{Strang B}}$	$x + 22{,}5°$		
$u_{\text{Strang A}}$	$x + 30°$		

Der Überstrich kennzeichnet die Spannungsimpulsvorgabe für eine umgekehrte (inverse) Stromrichtung.

Die in der Praxis eingesetzten Motoren verfügen meistens über 50 Zähne am Umfang des Rotors. Daraus ergibt sich bei der oben beschriebenen Impulsfolge, dem sogenannten Vollschrittverfahren, bei dem immer nur ein Strang bestromt ist, ein Schrittwinkel von:

$$\alpha = \frac{360° \cdot K_{\text{SR}}}{2 \cdot m_{\text{F}} \cdot z_{\text{R}}} \tag{5.167}$$

Für einen handelsüblichen Motor mit zwei Strängen und fünfzig Zähnen ergibt sich hiermit für Vollschrittbetrieb eine Schrittweite von:

$$\alpha = \frac{360° \cdot 1}{2 \cdot 2 \cdot 50} = 1{,}8° \tag{5.168}$$

Somit ergeben sich pro Umdrehung 200 Einzelschritte.

5.6.2 Spannungsversorgung

Um die geschilderte Impulsfolge zu realisieren, ist für jeden Schrittmotor eine Elektronik erforderlich, bestehend aus Steuerteil zur Erzeugung der Impulsfolge und Leistungsteil zur Lieferung der Strangströme. Der Steuerteil wird heute fast ausschließlich durch einen Mikrocontroller realisiert. Um den Strom in beiden Richtungen über die Wicklungen der Statorpole schalten zu können, besteht der Leistungsteil aus zwei H-Brücken. Am Markt werden für diese Anwendung speziell geeignete Mikrocontroller sowie hochintegrierte Schaltungen für Leistungsteile angeboten, sodass sich der Projektierungsaufwand für solche Schaltungen auf ein

Minimum reduziert. **Bild 5.53** zeigt den prinzipiellen Aufbau der Leistungselektronik für einen Zweiphasenschrittmotor. Die Schaltung besteht aus zwei H-Brücken, aufgebaut mit Feldeffekttransistoren und parallel geschalteten Freilaufdioden, an die die Wicklungen der Stränge A und B angeschlossen sind. Damit ist es möglich, den Strom in beiden Richtungen durch die Wicklungen zu schalten. Dies geschieht für den Strang A mit den Ansteuersignalen z_A und $/z_A$. Mit z_A werden die FETs T_{A+} und T_{A-} leitend geschaltet und mit $/z_A$ die FETs $/T_{A+}$ und $/T_{A-}$, sodass der Strom in beiden Richtungen durch die Wicklung geleitet werden kann. Gleiches gilt für die zweite H-Brücke und die Wicklung des Strangs B.

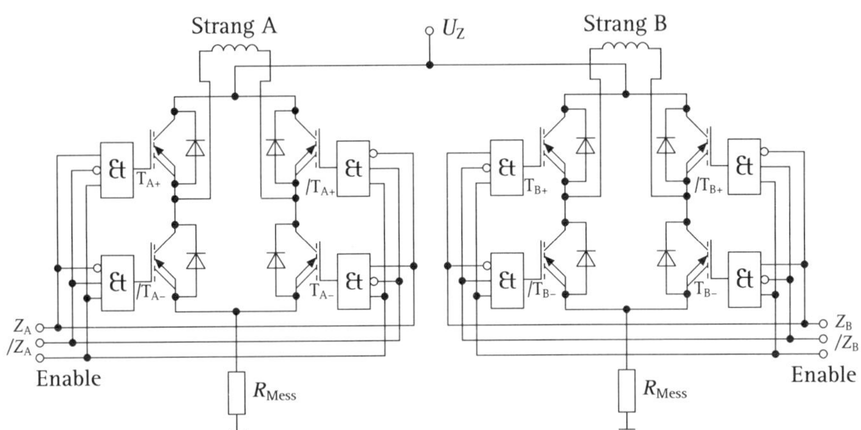

Bild 5.53 Schaltung der Leistungselektronik für einen Zweiphasenschrittmotor

Um Fehlschaltungen zu vermeiden, die zur Zerstörung des Leistungsteils führen können, sind die Ansteuersignale für die beiden FETs jedes Brückenzweigs gegeneinander verriegelt, sodass nie beide FETs leitend sein können. Damit werden Kurzschlüsse in der Leistungselektronik vermieden. Ferner verfügt in der angegebenen Schaltung jede H-Brücke über einen Enable-Eingang. Damit können die H-Brücken für den Betrieb des Schrittmotors freigegeben oder gesperrt werden.

Jede H-Brücke ist mit einem Messwiderstand versehen, sodass auch der gesamte fließende Strom ständig kontrolliert werden kann. Dies ist bei Schrittmotoren von besonderem Interesse beim Beschleunigen aus dem Stillstand und beim Abbremsen in den Stillstand, denn zwischen Winkelgeschwindigkeit ω, Schrittwinkel α und der Impulsdauer T_T, die für einen Schritt erforderlich ist, besteht der Zusammenhang:

$$\omega = \frac{\alpha}{T_T} \tag{5.169}$$

Da unmittelbar nach dem Start aus dem Stillstand die Winkelgeschwindigkeit sehr klein ist und der Schrittwinkel aufgrund der Motorbauart konstant ist, muss die Impulsdauer T_T größer werden. Für die Wicklung, die als Reihenschaltung von ohmschem Widerstand R_W und Induktivität L_W angesehen werden kann, gilt zwischen angelegter Spannung U_Z, dem dadurch folgenden Strom i_W und der Impulsdauer T_T die Beziehung:

$$i_W\left(T_T\right) = U_Z \cdot \frac{1}{R_W} \cdot \left(1 - e^{-\frac{R_W}{L_W} \cdot T_T}\right) \tag{5.170}$$

Die Gl. (5.170) zeigt, dass mit wachsender Impulsdauer der Wicklungsstrom sehr weit ansteigen kann. Dies führt zu hoher Verlustleistung und damit zu starker Erwärmung im Motor, was seine Zerstörung zur Folge haben kann. Um dies zu verhindern, wird über die Widerstände R_{Mess} ständig der Strom gemessen. Bei Überschreitung eines vorgegebenen Grenzwerts wird durch geeignete Maßnahmen, wie zum Beispiel durch Pulsen der stromführenden FETs, in der H-Brücke der Wicklungsstrom begrenzt.

Der hier beschriebene Hybridschrittmotor zeichnet sich besonders aus durch kleine Schrittwinkel, hohe Drehmomente und eine gute Dämpfung.

Neben der zweiphasigen Ausführung gibt es noch Varianten mit drei und fünf Strängen. Damit ist eine kleinere Schrittweite zu realisieren, die sich nach Gl. (5.167) berechnen lässt. Bei allen Schrittmotoren gibt es neben dem Vollschrittbetrieb, der hier beschrieben ist, weitere Betriebsarten. Die bekanntesten davon sind der Halbschrittbetrieb und der Mikroschrittbetrieb. Diese und der Steuerteil werden im Kapitel 6 näher erläutert.

Für spezielle Anwendungen gibt es zwei weitere Bauformen von Schrittmotoren. Dies sind neben dem Hybridschrittmotor noch der permanentmagneterregte Schrittmotor und der Reluktanzschrittmotor.

Permanentmagneterregte Motoren haben einen zylindrischen Ferritläufer, der in Umfangsrichtung mehrpolig magnetisiert ist. Da die Pole nicht beliebig dicht gesetzt werden können ($p \leq 12$), ist nur eine minimale Schrittweite von 7,5° erreichbar. Er ist damit für Feinpositionierungen wenig geeignet. Dieser Motortyp ist aber preiswert, verfügt über eine gute Dämpfung, ein hohes Drehmoment und ist in der Lage, auch im stromlosen Zustand ein Haltemoment zu erzeugen.

Reluktanzmotoren haben einen Läufer aus weichmagnetischem Material, der sich entsprechend der bestromten Ständerpole in deren Magnetfeld einstellt. Ausgenutzt wird also der durch die Zahn-/Nutfolge veränderliche magnetische Widerstand zur Drehmomentbildung.

5.6.3 Momentverhalten

Wird der Rotor eines Schrittmotors bei erregter Ständerwicklung aus seiner Nulllage herausgedreht, reagiert er darauf mit der Entwicklung eines Rückstellmoments bei Einstellung eines Lastwinkels ε. Betrachtet man das Rückstellmoment als Funktion des Drehwinkels, so hat dieses einen sinusförmigen Verlauf (**Bild 5.54**). Erreicht die Auslenkung den Schrittwinkel, so ergibt sich das Kippmoment M_K, das auch als Haltemoment bezeichnet wird.

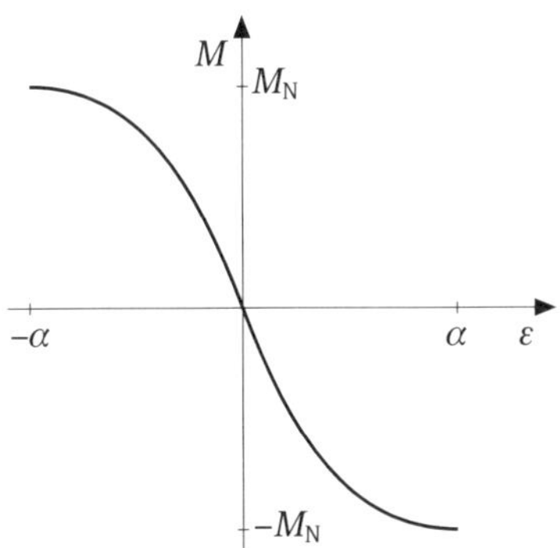

Bild 5.54 Darstellung des Rückstellmoments als Funktion des Lastwinkels

Wirkt auch im Betrieb auf den Motor das Lastmoment M_L, so kann der Motor bei einer Schrittzahl von n nur die Position $n \cdot \alpha - \varepsilon$ erreichen.

Schrittmotoren haben leider die Eigenschaft, dass mit zunehmender Drehzahl, was eine Zunahme der Schrittfrequenz voraussetzt, das Drehmoment absinkt. Bei vorgegebenem Lastmoment kann der Schrittmotor bei einer zu hohen Schrittzahl außer Tritt fallen, d. h., es entstehen Schrittfehler. Um dies zu vermeiden, müssen bei der Projektierung von Schrittantrieben die Drehmoment-Frequenz-Diagramme der Hersteller sehr genau beachtet werden.

Den Anforderungen entsprechend werden Schrittmotoren in sehr vielen Baugrößen angeboten. Die verfügbaren Haltemomente liegen zwischen 1 Nm und 20 Nm. Die maximal zulässigen Drehmomente liegen dann etwas unterhalb dieser Werte.

6 Steuern und Regeln elektrischer Antriebe

Die ständig wachsenden Ansprüche an eine konstant hohe Qualität aller Produkte aus den Bereichen Konsum- und Investitionsgüterindustrie stellen extrem hohe Anforderungen an alle Fertigungsprozesse. Um diese zu erfüllen, müssen alle in Produktionsanlagen eingesetzten Komponenten optimal aufeinander abgestimmt sein und die vorgegebenen Referenzwerte für den Fertigungsprozess exakt eingehalten werden. Dies gilt in besonderem Maße auch für die verwendeten Antriebe. Um die hohen Qualitätsstandards in der Fertigung und auch in der Handhabung zu halten, bedeutet dies für die jeweiligen Antriebe die Einhaltung vorgegebener Drehzahlen und/oder das exakte Positionieren. Neben diesen Größen erfordern viele Prozesse in bestimmten Stufen ihres Ablaufs auch das Aufbringen von exakt vorgegebenen Kräften und Momenten. Um diese Anforderungen zu erfüllen, müssen die Antriebe mit entsprechenden Steuer- und Regeleinrichtungen versehen sein und eventuell über geeignete Sensoren verfügen.

Um die Fertigungsprozesse rationeller zu gestalten, werden die einzelnen Antriebe oft in ein System mit einer übergeordneten Steuerung integriert. Von dieser erhalten sie, dem Prozessablauf entsprechend, ihre Anweisungen mit den zugehörigen Referenzwerten über die auszuführenden Funktionen. Die einzelnen Antriebe führen die ihnen vorgegebenen Aufgaben selbstständig aus und melden gegebenenfalls zurück, wenn der Vorgang abgeschlossen ist. Vermehrt erfordern Anwendungen auch die Ausführung synchroner Bewegungsabläufe von mehreren Funktionen, wobei die Taktzeiten variabel sein müssen. In solchen Fällen müssen die dabei genutzten Antriebe durch eine „elektronische" Kurvenscheibe verbunden sein. Dabei wird das Master-Slave-Prinzip verwendet. Dies bedeutet, dass einer der Antriebe zum Master erklärt wird. Wenn es sich um eine Positionierung handelt, werden aus den von ihm erreichten Positionen die Positionssollwerte für die Slaves abgeleitet. Bei dieser Vorgehensweise ist gewährleistet, dass alle Folgeantriebe die ihnen zugewiesenen Positionen synchron zur Bewegung des Masters erreichen. Ein typisches Beispiel für die Anwendung der „elektronischen" Kurvenscheibe und des Master-Slave-Prinzips findet man in Verpackungsmaschinen. In diesen ist eine Synchronisation von Verpackungsgut und Verpackungsmittel erforderlich. Dabei erhält der Master seine Information über Taktzahl/Minute (Drehzahl) von der vorgeschalteten Produktionsanlage. Alle anderen Antriebe müssen sich dieser Taktzahl anpassen, sodass gewährleistet ist, dass Verpackungsgut und Verpackungsmittel immer zur richtigen Zeit am richtigen Ort zusammentreffen.

Für die durch die Produktions- und Handhabungstechnik geforderten Aufgaben sind die einzelnen Motorarten unterschiedlich geeignet. Wie schon oben erwähnt, ist die Drehzahl beim Asynchronmotor und beim Gleichstrommotor lastabhängig, und beim Synchronmotor wird sie bestimmt durch die Frequenz des Drehfelds. Diese unterschiedlichen Eigenschaften bestimmen maßgebend, für welche Anwendungen die einzelnen Motortypen besonders geeignet sind. Um über diese Frage entscheiden zu können, sollen zunächst die Unterschiede zwischen einer Steuerung und einer Regelung betrachtet werden. Gemeinsam ist beiden, dass die notwendigen Programme zyklisch mit einer Abtastzeit T_0 aufgerufen werden.

In **Bild 6.1** ist das Blockschaltbild einer Motorsteuerung dargestellt, ohne dabei eine spezielle Motorart zu berücksichtigen. Die offenen Pfeile symbolisieren dabei eine parallele Datenübertragung. Der Leistungsteil erzeugt aus den Steuersignalen die erforderlichen Motorströme. Je nach geforderten Motorströmen werden als Leistungsschalter FETs oder IGBTs verwendet. In Abhängigkeit vom angeschlossenen Motor sind die Leistungsteile sehr unterschiedlich aufgebaut. Für einen Gleichstrommotor mit Drehrichtungsumkehr ist eine H-Brücke erforderlich; ein Wechselstrommotor erfordert zur Drehzahlverstellung ebenfalls eine H-Brücke, ein zweiphasiger Schrittmotor benötigt zwei H-Brücken. Bei dreiphasigen Drehfeldmotoren muss der Leistungsteil eine Drehstrombrücke enthalten.

Der Steuerteil, bestehend aus einem Mikrocontroller mit einer den Anforderungen entsprechenden Rechenleistung, hat die Aufgabe, aus den Vorgaben für die vorgesehenen Arbeitsschritte die Ansteuersignale für die Halbleiterschalter im Leistungsteil zu generieren. Dies erfolgt generell über eine PWM (Pulsweitenmodulation). Dazu verfügen die für Antriebssteuerungen besonders geeigneten Mikrocontroller über spezielle Timer, die die PWM-Generierung unterstützen.

Das Interface dient zur Eingabe der Prozessdaten und Prozessabläufe. Dies kann entweder durch eine Mensch-Maschine-Schnittstelle oder durch eine übergeordnete Steuerung über einen Feldbus (Local Area Network, kurz LAN genannt) erfolgen.

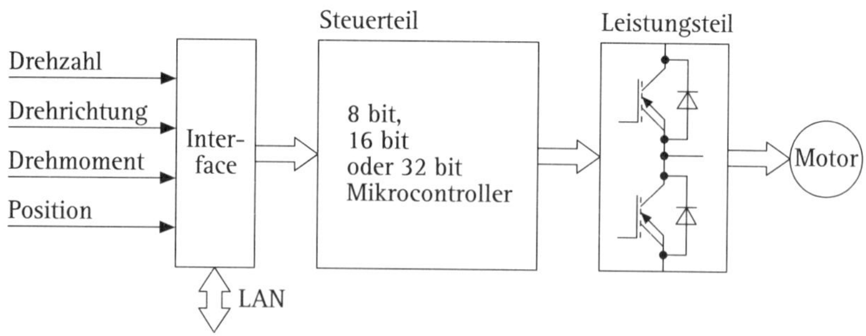

Bild 6.1 Blockschaltbild des prinzipiellen Aufbaus einer Motorsteuerung

Unter Beachtung der besonderen Merkmale der einzelnen Motortypen sind für die Einhaltung vorgegebener Drehzahlen, für das Anfahren bestimmter Positionen und für das Ändern der Drehrichtung Synchronmotoren am besten geeignet, da bei ihnen die Drehzahl direkt von der Drehfeldfrequenz abhängt. Die Positionserfassung erfolgt durch Integration der Drehzahl. Zu beachten ist dabei besonders, dass das frequenzabhängige zulässige Motormoment nicht durch das angreifende Lastmoment plus Beschleunigungsmoment überschritten wird. Bei Nichtbeachtung dieses Sachverhalts kann es zu Schrittfehlern und schlimmstenfalls sogar dazu kommen, dass der Antrieb außer Tritt fällt.

Für den gesteuerten Betrieb sind Gleichstrom- und Asynchronmaschinen weniger geeignet, da bei ihnen die Drehzahl lastabhängig ist.

Für den geregelten Betrieb ist die Schaltung für die Motorsteuerung lediglich um die Rückführung der zu regelnden Prozessgrößen zu ergänzen (**Bild 6.2**). Zu deren Messung sind in den meisten Fällen spezielle Sensoren erforderlich. Aus Kostengründen können diese von einigen Prozessgrößen bei reduzierten Genauigkeitsanforderungen über sogenannte Beobachter mit der Systemtheorie der verwendeten Maschine aus vorgegebener Spannung und gemessenem Strom berechnet werden. Bild 6.2 zeigt das Blockschaltbild für den geregelten Betrieb eines beliebigen Motors. Der offene Pfeil symbolisiert, dass mehrere Werte parallel übertragen werden.

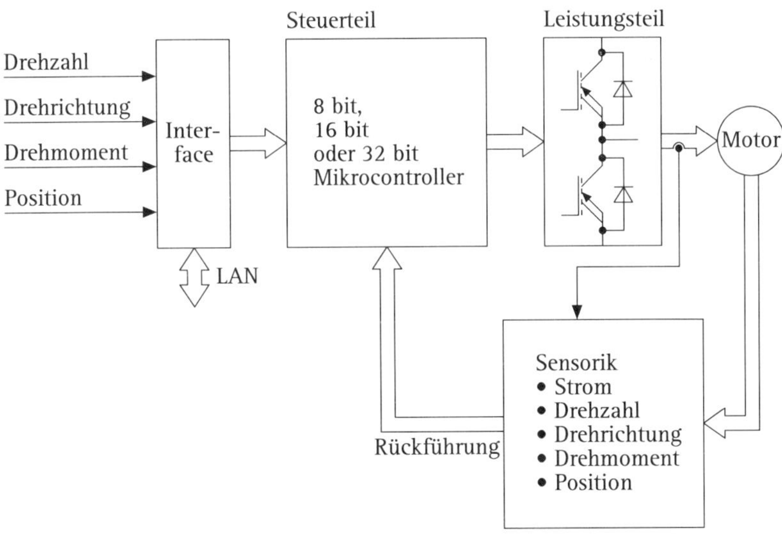

Bild 6.2 Blockschaltbild des prinzipiellen Aufbaus einer Motorregelung

Der Mikrocontroller als zentrales Element des Steuerteils erfasst je nach Anwendung die für die Regelung erforderlichen Prozessgrößen. Die Messung der Position erfolgt meist über einen Resolver oder einen inkrementalen Drehgeber und bei Synchronmotoren immer über Absolutwertpositionsgeber. Diese Sensoren liefern pro Umdrehung eine bestimmte Anzahl von Impulsen. Aus zwei um 90° phasenverschobenen Signalen kann die Drehrichtung bestimmt werden. Je nach Drehrichtung wird ein Zähler im Steuerteil inkrementiert oder dekrementiert, sodass dieser Zählerstand immer ein Äquivalent für die aktuelle Position darstellt. Andere Geber, wie z. B. der Stromsensor oder Momentensensor, liefern eine der Messgröße proportionale Spannung. Diese kann über den A/D-Wandler des Mikrocontrollers erfasst werden. Dazu ist es notwendig, diese über eine Schaltung mit Operationsverstärkern (z. B. Instrumentenverstärker) dem Spannungsbereich des A/D-Wandlers anzupassen.

Wenn die Prozessgrößen erfasst sind, erfolgt die Weiterverarbeitung der Informationen durch die Regelung. Dazu werden aus den Referenzwerten (Sollwerten) und den gemessenen Prozessgrößen die Regelabweichungen gebildet. Aus diesen berechnet der Regelalgorithmus eine Stellgröße mit dem Ziel, die Regelabweichung zu beseitigen.

Das Bild 6.2 zeigt nur die Komponenten, die allgemein für eine Motorregelung erforderlich sind. Es enthält aber keine Aussagen über die Struktur der Regelung, wie sie bei vielen Anwendungen eingesetzt wird. Diese ist in **Bild 6.3** angegeben. Die anspruchsvollste Art der Regelung ist die der Positionierung. Dazu verwendet man eine Reglerkaskade mit einem Positionsregler. Diesem unterlagert ist ein Drehzahlregler und diesem nochmals unterlagert ist ein Stromregler. Dabei liefert der Positionsregler die Führungsgröße n^* für den Drehzahlregler und dieser den Sollwert i^* für den Stromregler. Dabei sind die Ausgangswerte der Regler jeweils auf die maximal zulässigen Werte zu begrenzen, deren Führungsgrößen sie liefern.

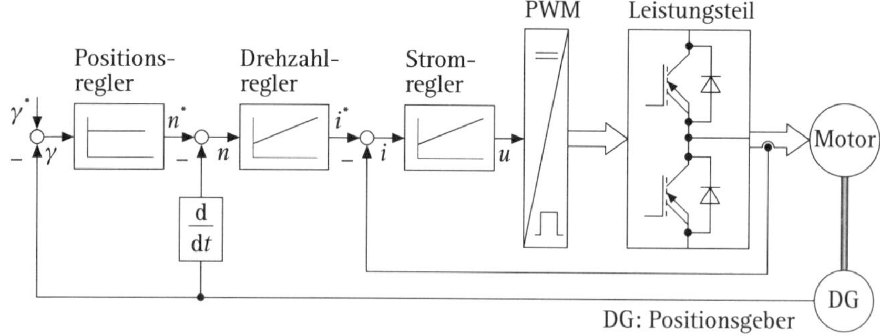

Bild 6.3 Blockschaltbild der Reglerstruktur für eine Positionsregelung

Üblicherweise wird für die Drehzahl- und die Stromregelung jeweils ein PI-Regler und für die Positionsregelung ein P-Regler verwendet, da die Positionsregelstrecke bereits integrales Verhalten aufweist. Der unterlagerte Stromregler hat dabei zwei wichtige Funktionen. Er soll den Motor vor unzulässig hohen Strömen schützen und durch Netzschwankungen hervorgerufene Störungen ausregeln, bevor sie Positions- oder Drehzahländerungen verursachen können. Die Abarbeitung der benötigten Regelalgorithmen erfolgt zeitdiskret. Alle Regler, einschließlich der PWM (Pulsweitenmodulation), sind Bestandteil des Steuerteils.

Damit die Prozessgrößen vom Steuerteil, generell einem Mikrocontroller, erfasst werden können, müssen sie notfalls über zusätzliche Schaltungskomponenten an dessen Eingangsspannungsbereich angepasst werden.

Die Funktion dieser Regelung soll an einem Positioniervorgang erläutert werden. Dabei startet der Motor an der Position γ_0 aus dem Stillstand und soll an der Position γ_1 wieder in den Stillstand abgebremst sein. Für diesen Bewegungsvorgang ist die Drehzahl als Funktion des Drehwinkels in **Bild 6.4** dargestellt.

Der gesamte Positioniervorgang ist in die angegebenen drei Abschnitte aufzuteilen. Beim Start zu Beginn der Beschleunigungsphase wird der Sollwert γ_1^* vorgegeben. Infolge der großen Regeldifferenz $\gamma_1^* - \gamma_1$ befindet sich der Positionsregler in der Begrenzung. Dabei gibt er dem Drehzahlregler einen Sollwert vor, der der maximal geforderten Drehzahl entspricht. Da die Motordrehzahl aber noch sehr klein ist, ist auch die Sollwert-/Istwert-Differenz $n^* - n$ am Eingang des Drehzahlreglers sehr groß. Dies hat zur Folge, dass auch der Ausgang des Drehzahlreglers in die Begrenzung geht und dem Stromregler einen Sollwert vorgibt, der dem maximal zulässigen Strom entspricht. Daraufhin liefert der Stromregler eine Ausgangsspannung, bei der der höchstzulässige Motorstrom fließt. Dieser ist meist so bemessen, dass dabei das maximale Motormoment vom Motor geliefert wird. Die Beschleunigungsphase ist beendet, wenn die geforderte Drehzahl erreicht ist.

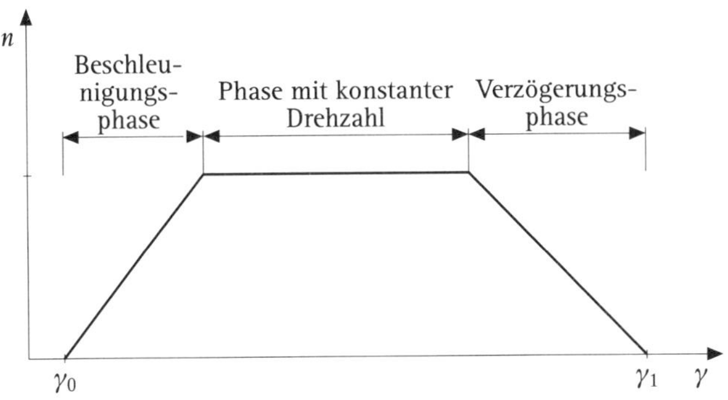

Bild 6.4 Darstellung der Funktion $n = f(\gamma)$ für einen Positioniervorgang

Auf den Beschleunigungsvorgang folgt die Phase mit konstanter Drehzahl. Dabei ist der Ausgang des Positionsreglers noch in der Begrenzung und idealerweise die Regeldifferenz $n^* - n$ zu null geworden. Aufgrund seiner PI-Struktur liefert der Drehzahlregler dem Stromregler eine Führungsgröße, mit der dieser eine Spannung generiert, damit der die gewünschte Drehzahl halten kann.

Die Verzögerungsphase beginnt, wenn die Regeldifferenz $\gamma_1^* - \gamma_1$ so klein geworden ist, dass die Ausgangsgröße des Positionsreglers aus der Begrenzung herauskommt und mit zunehmender Annäherung an die Zielposition immer kleiner wird. Damit wird auch der Drehzahlsollwert immer kleiner. Der Drehzahlregler gibt dem Stromregler eine Führungsgröße vor, mit der dieser eine Motorspannung erzeugt, mit der die vom Positionsregler vorgegebene Solldrehzahl gerade gehalten wird. Hat das System den Zielpunkt erreicht, ist der Sollwert für den Drehzahlregler zu null geworden und das System zum Stillstand gekommen.

Ist das System auch im Stillstand noch belastet, so ist ein Haltemoment aufzubringen. Infolge einer solchen Belastung kann sich das System von der Sollposition entfernen. Die dadurch entstandene Regeldifferenz $\gamma_1^* - \gamma_1$ erzeugt am Ausgang des Positionsreglers eine Stellgröße, mit der das System über die nachgeschalteten Regler wieder in die Zielposition gezogen wird.

Ist nur eine Drehzahlregelung erforderlich, kann die Reglerstruktur nach Bild 6.3 um den Positionsregler reduziert werden, sodass nur der Drehzahlregler mit unterlagertem Stromregler übrig bleibt.

In den folgenden Abschnitten werden für die einzelnen Motorarten die Leistungsteile näher beschrieben. Außerdem werden exemplarisch Verfahren dargestellt, mit denen die Ansteuersignale für die Halbleiterschalter in den Leistungsteilen generiert werden können.

6.1 Gleichstrommotor

Zur Drehzahlsteuerung und Drehzahlregelung eines Gleichstrommotors im Vierquadrantbetrieb (Motor- und Generatorbetrieb in beiden Drehrichtungen) wird als Leistungsteil zum direkten Anschluss eines Gleichstrommotors meist eine H-Brücke verwendet. Diese ist an einen Gleichstromzwischenkreis angeschlossen mit der Ausgangsspannung U_Z. Dieser besteht aus einem Gleichrichter und einem Glättungskondensator. Den prinzipiellen Aufbau einer solchen H-Brücke mit IGBTs und mit vorgeschaltetem Zwischenkreis zeigt **Bild 6.5**.

Um unterschiedliche Drehzahlen bei wechselnden Drehrichtungen zu erhalten, muss das Schalterpaar T_{A+}/T_{B-} abwechselnd mit dem Schalterpaar T_{B+}/T_{A-} leitend

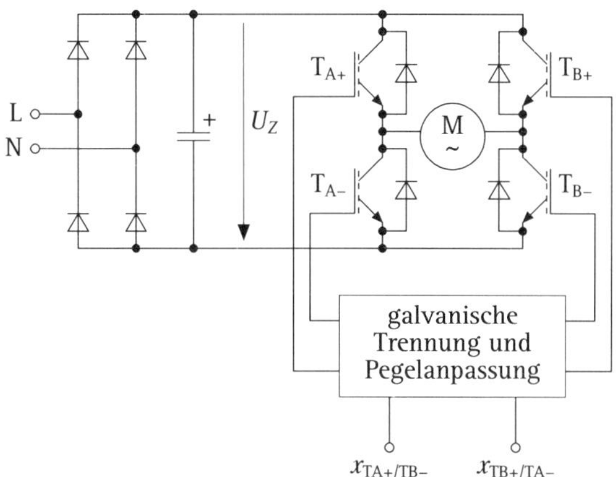

Bild 6.5 Prinzipieller Aufbau einer H-Brücke mit einem Gleichstromzwischenkreis

geschaltet werden. Durch unterschiedliche Einschaltzeiten der beiden Transistorpaare lassen sich Spannungen von U_{Z+} (positive Zwischenkreisspannung) bis U_{Z-} (negative Zwischenkreisspannung) auf den Motor schalten.

Die Ansteuersignale $x_{TA+/TB-}$ und $x_{TB+/TA-}$ werden über eine Baugruppe mit der Bezeichnung „galvanische Trennung/Pegelanpassung" an die Leistungsschalter geführt. Die galvanische Trennung ist erforderlich, um die im Leistungsteil entstehenden Störspannungen vom Steuerteil fernzuhalten. Eine Pegelanpassung ist für die Schalter T_{A+} und T_{B+} erforderlich. Der Grund dafür ist, dass mit einer Gate-Emitter-Spannung U_{GE} = 12 V bis 15 V der IGBT leitend geschaltet ist und mit U_{GE} = 0 V gesperrt ist. Da das Emitterpotential der genannten Schalter sich je nach Schaltzustand (oberer oder unterer IGBT leitend) ändert, muss die Spannung U_{GE} stets auf das Emitterpotential bezogen werden. Dafür gibt es mehrere Möglichkeiten. Diese sind induktive Steuersignalübertragung, Steuersignalübertragung mit Optokopplern oder Ladungspumpen, wobei die Ladungspumpe die kostengünstigste Alternative ist und sich bei Leistungsteilen bis 2 kW weitgehend durchgesetzt hat [5.1; 6.1].

Die Taktzeit T_T ist so zu wählen, dass die Taktfrequenz für die H-Brücke außerhalb des Hörbereichs liegt, also mindestens bei 10 kHz. In ihr berechnen sich Einschaltzeiten für die beiden Transistorpaare in Abhängigkeit von der gewünschten Motorspannung U_1 und der Zwischenkreisspannung U_Z zu:

$$t_{TA+/TB-} = \frac{T_T}{2} \cdot \left(1 + \frac{U_1}{U_Z}\right) \tag{6.1}$$

und:

$$t_{\mathrm{TB+/TA-}} = \frac{T_\mathrm{T}}{2} \cdot \left(1 - \frac{U_1}{U_\mathrm{Z}}\right) \tag{6.2}$$

Zur Erzeugung von Ansteuersignalen mit den in den Gln. (6.1) und (6.2) berechneten Zeiten werden Mikrocontroller-Timer verwendet. Diese erzeugen in Kombination mit Compare-Registern die erforderlichen Ansteuersignale für die Leistungsschalter in der H-Brücke. In **Bild 6.6** ist die Funktionsweise eines solchen asymmetrisch arbeitenden Timers schematisch dargestellt. Ferner sind darin auch die Taktzeit T_T und die Zeiten $t_{\mathrm{TA+/TB-}}$ und $t_{\mathrm{TB+/TA-}}$ dargestellt.

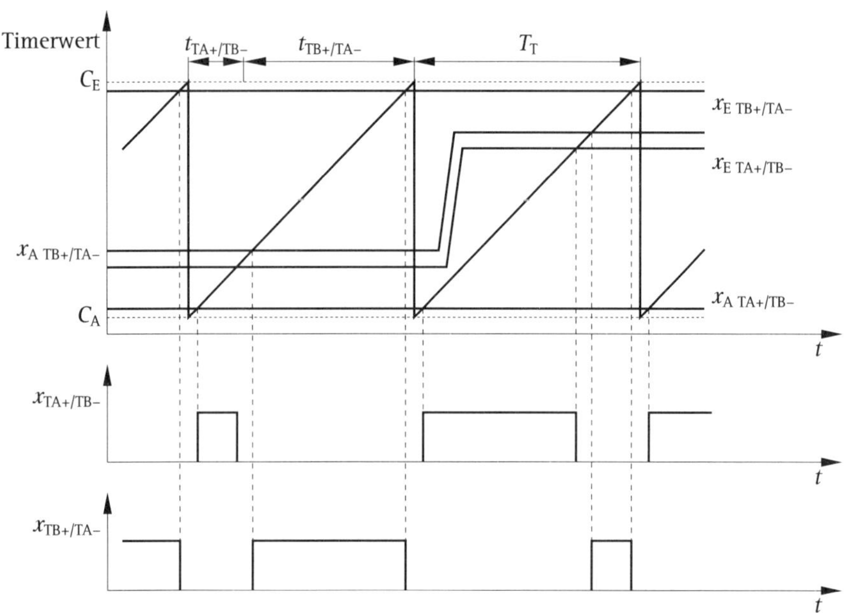

Bild 6.6 Timer-Ausgangssignal und Ansteuersignale für einen Gleichstrommotor

Der Timer verfügt über einen Zähler, der von einem Anfangswert C_A mit der Taktfrequenz des Timers auf einen Endwert C_E hochzählt. Ist der Endwert C_E erreicht, springt er wieder auf den Anfangswert zurück, und der Vorgang beginnt erneut. Die Zählfrequenz f_{Timer} ist immer parametrierbar. Je nach verwendetem Mikrocontroller ist C_A oder C_E festgelegt und der jeweils andere Wert einstellbar, oder beide Werte sind parametrierbar. Über diese beiden Werte und über die Taktfrequenz lässt sich die gewünschte Taktzeit T_T einstellen nach:

$$C_E - C_A = f_{Timer} \cdot T_T \quad \Rightarrow \quad T_T = \frac{C_E - C_A}{f_{Timer}} \tag{6.3}$$

Von den schon oben erwähnten Compare-Registern sind jeweils zwei einem Ausgangs-PIN des Mikrocontrollers zugeordnet. Erreicht der Zähler den Wert des Setz-Registers, wird der zugehörige Ausgangs-PIN auf High-Signal gesetzt, erreicht er den Wert des Rücksetz-Registers, wird der Ausgangs-PIN wieder auf Low-Signal gesetzt. Bezogen auf die Darstellung in Bild 6.6 bedeutet dies, dass für die IGBTs $T_{TA+/TB-}$ der Wert $x_{A\ TA+/TB-}$ im Setz-Register und der Wert $x_{E\ TA+/TB-}$ im Rücksetz-Register steht. Entsprechendes gilt für die IGBTs $T_{TB+/TA-}$.

Wenn die Impulsbreiten nach Bild 6.6 kürzer sind als die nach Gl. (6.1) und Gl. (6.2) berechneten Einschaltzeiten für die Schalttransistorpaare T_{A+}/T_{B-} und T_{B+}/T_{A-}, so ist das damit begründet, dass die Leistungsschalter bestimmte Ein- und Ausschaltzeiten (t_{on} und t_{off}) haben, die den zugehörigen Datenblättern zu entnehmen sind. Um sicher Kurzschlüsse in den einzelnen Brückenzweigen zu vermeiden, sind deshalb Pausenzeiten zwischen dem Ausschalten des einen Schalterpaars und dem Einschalten des anderen Schalterpaars vorgesehen. In dem Beispiel, das in Bild 6.5 dargestellt ist, beträgt diese Pausenzeit jeweils $T_P = 2/f_{Timer}$ in s.

Damit ergeben sich die Werte für die Compare-Register des Timers zu:

$$x_{A\ TA+/TB-} = C_A + 1 \tag{6.4}$$

$$x_{E\ TA+/TB-} = C_A + \frac{C_E - C_A}{T_T} \cdot t_{TA+/TB-} - 1 \tag{6.5}$$

$$x_{A\ TB+/TA-} = x_{E\ TA+/TB-} + 2 \tag{6.6}$$

und:

$$x_{E\ TB+/TA-} = C_E - 1 \tag{6.7}$$

Mit dem Gleichstrommotor ist eine Positionssteuerung nicht möglich, da ohne geschlossenen Regelkreis kein Haltemoment an einer vorgegebenen Position erzeugt werden kann. Für eine Drehzahlsteuerung ist dem Steuerteil lediglich eine Steuerspannung vorzugeben. Aufgrund dieser wird eine Motorspannung erzeugt, die eine Drehzahl bewirkt, die der vorgegebenen Steuerspannung proportional ist.

Wie in Kapitel 6 beschrieben, sind sowohl eine Positions- als auch eine Drehzahlregelung mit dem Gleichstrommotor möglich.

6.2 Wechselstrommotor

Wechselstrommotoren werden generell nur bei geringen Leistungen eingesetzt und wenn zur Versorgung ein Wechselstromnetz zur Verfügung steht, an das sie aufgrund der gestellten Anforderungen direkt angeschlossen werden können. Die Drehzahl ist bei Asynchronmaschinen von der Frequenz und von der Last abhängig und bei Synchronmotoren nur von der Frequenz.

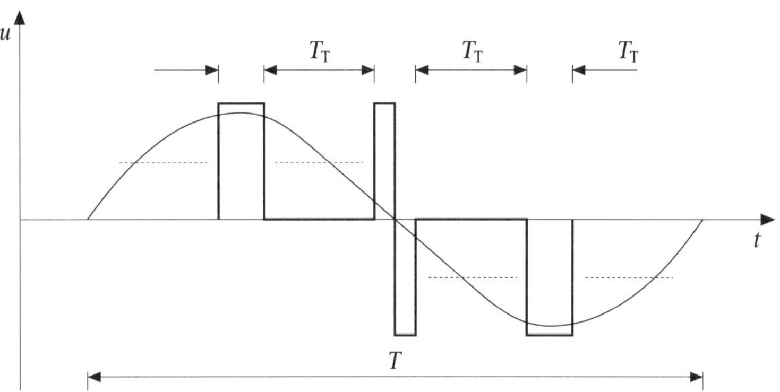

Bild 6.7 Darstellung der Nachbildung einer Sinusfunktion durch ein PWM-Signal

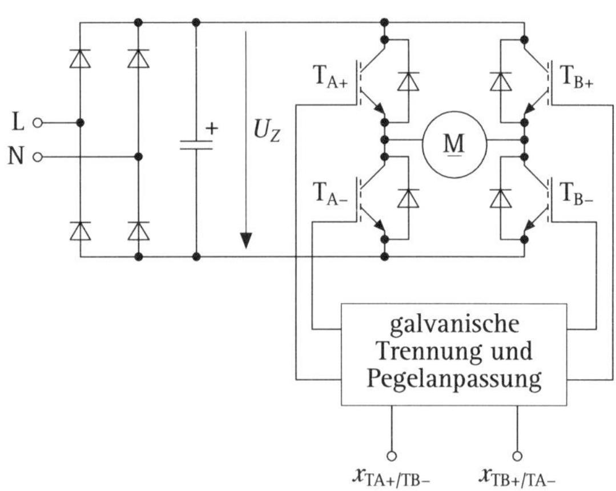

Bild 6.8 Schematische Schaltung eines Leistungsteils zur Nachbildung einer Wechselspannung durch Pulsweitenmodulation

Sollte durch die Anwendung trotzdem eine variabel einstellbare Drehzahl gefordert sein, so ist eine sinusbewertete Pulsweitenmodulation erforderlich nach der Art, wie sie in **Bild 6.7** dargestellt ist. Mit dem in **Bild 6.8** schematisch angegebenen Leistungsteil kann dieses PWM-Signal in eine Wechselspannung für den Motor umgesetzt werden.

Auch hier ist die Taktzeit T_T so zu wählen, dass die Frequenz des PWM-Signals wieder außerhalb des Hörbereichs liegt. Bild 6.7 zeigt, dass bei der hier getroffenen Vereinbarung über den Zusammenhang zwischen Stromrichtung und dem Verlauf der Sinusfunktion im Maximum der positiven Halbschwingung während der gesamten Taktzeit die Leistungsschalter T_{A+} und T_{B-} und im Minimum der negativen Halbschwingung T_{B+} und T_{A-} ebenfalls über die gesamte Taktzeit leitend geschaltet sind. Im Nulldurchgang sind die Leistungsschalterpaare T_{A+}/T_{B-} und T_{B+}/T_{A-} jeweils über die halbe Taktzeit leitend.

Aus Bild 6.7 ist erkennbar, dass die Einschaltzeiten für die diagonal angeordneten Leistungsschalterpaare vom aktuellen Winkel der Sinusfunktion abhängen. Berücksichtigt man noch, dass Drehzahl und Spannung proportional sind, ergeben sich für die Einschaltzeiten unter Beachtung eines Boosts für den Anlauf im diskreten Zeitbereich:

$$t_{TA+/TB-}\left(\gamma_1(k)\right) = \frac{T_T}{2} \cdot \left(1 + \frac{U}{U_{max}} \sin \gamma_1(k)\right) \tag{6.8}$$

und:

$$t_{TB+/TA-}\left(\gamma_1(k)\right) = \frac{T_T}{2} \cdot \left(1 - \frac{U}{U_{max}} \sin \gamma_1(k)\right) \tag{6.9}$$

Wenn die Winkelbeschleunigung α vorgegeben ist, lassen sich daraus Winkelgeschwindigkeit ω_1 und Drehwinkel γ_1 berechnen bei gleichmäßig beschleunigter Bewegung:

$$\omega_1(k) = \omega_1(k-1) + \alpha \cdot T_T \tag{6.10}$$

$$\gamma_1(k) = \gamma_1(k-1) + \omega_1(k-1) \cdot T_T + \frac{1}{2} \cdot \alpha \cdot T_T^2 \tag{6.11}$$

Die Umsetzung der Zeiten $t_{TA+/TB-}$ und $t_{TB+/TA-}$ in die Ansteuerimpulse $x_{TA+/TB-}$ und $x_{TB+/TA-}$ erfolgt in gleicher Weise wie beim Gleichstrommotor (Abschnitt 6.1).

Ein geregelter Betrieb ist bei Wechselstrommotoren generell nicht üblich.

6.3 Asynchronmotor

Die gleichen Anforderungen, wie sie bezüglich des Steuer- und Regelverhaltens an den Gleichstrommotor gestellt werden, gelten auch für den Asynchronmotor. Da seine Drehzahl lastabhängig ist, ist dafür Voraussetzung, dass zu seiner Spannungsversorgung eine Steuer- und eine Leistungselektronik zur Verfügung stehen, die eine Drehfeldspannung mit variabler Frequenz und Amplitude liefern kann. Als Leistungsteil ist dafür eine Drehstrombrücke erforderlich. Wie schon bei der H-Brücke für den Gleichstrommotor, so sind auch hier über eine Pegelanpassung und eine galvanische Trennung die Ansteuersignale zum Leistungsschalter der Drehstrombrücke zu führen.

Um für den Anwender den Aufbau solcher Leistungsteile zu vereinfachen und damit auch den Projektierungsaufwand zu reduzieren, werden für Antriebe kleinerer Leistungen (bis etwa 3 kW) sogenannte „Intelligent Power Moduls“, kurz IPMs genannt, von vielen Herstellern angeboten [6.1; 6.2]. Die Funktionsweise und der prinzipielle Aufbau eines IPMs sind in **Bild 6.9** mit angeschlossenem Motor und Steuerteil dargestellt. Der Steuerteil ist nur soweit angedeutet, dass erkennbar ist, welche Informationen es dem IPM liefert und welche es von ihm erhält. Neben der Drehstrombrücke enthält das IPM zahlreiche weitere Komponenten. An einen integrierten Wechsel- oder Drehstromgleichrichter kann direkt die Netzspannung angeschlossen werden. Um eine geglättete Zwischenkreisspannung U_Z zu erhalten, ist der Gleichrichter extern nur noch mit einem geeigneten Glättungskondensator zu beschalten. An die Zwischenkreisspannung ist die Drehstrombrücke angeschlossen. Ferner werden daraus über ein Schaltnetzteil die Versorgungsspannungen, die für die weiteren Überwachungskomponenten notwendig sind, abgeleitet. Um zu vermeiden, dass das IPM durch Bedienungsfehler, Fehler in der Spannungsversorgung oder bei den Ansteuersignalen zu Schaden kommt, sind zahlreiche Schutzfunktionen eingebaut. Dazu werden über Messwiderstände alle Brückenzweige auf Kurzschluss überwacht. Ferner wird die Ausgangspannung des Schaltnetzteils kontrolliert. Über einen NTC erfolgt eine Temperaturüberwachung. Um zu verhindern, dass die Zwischenkreisspannung insbesondere im Generatorbetrieb zu hoch wird, wird auch diese überwacht und bei Bedarf durch Einschalten eines extern angeschlossenen Widerstands über den IGBT T_{Br} reduziert. Die Ausgangssignale aller Schaltungen zur Erfassung der Störungen innerhalb des IPM werden über ein Oder-Gatter zusammengefasst. Der Ausgang dieses Gatters wird auf einen Interrupt-Eingang des Steuerteils geführt, sodass dort bei Auftreten einer Fehlfunktion ein Interrupt ausgelöst wird, auf den durch eine Interrupt-Serviceroutine angemessen reagiert werden kann.

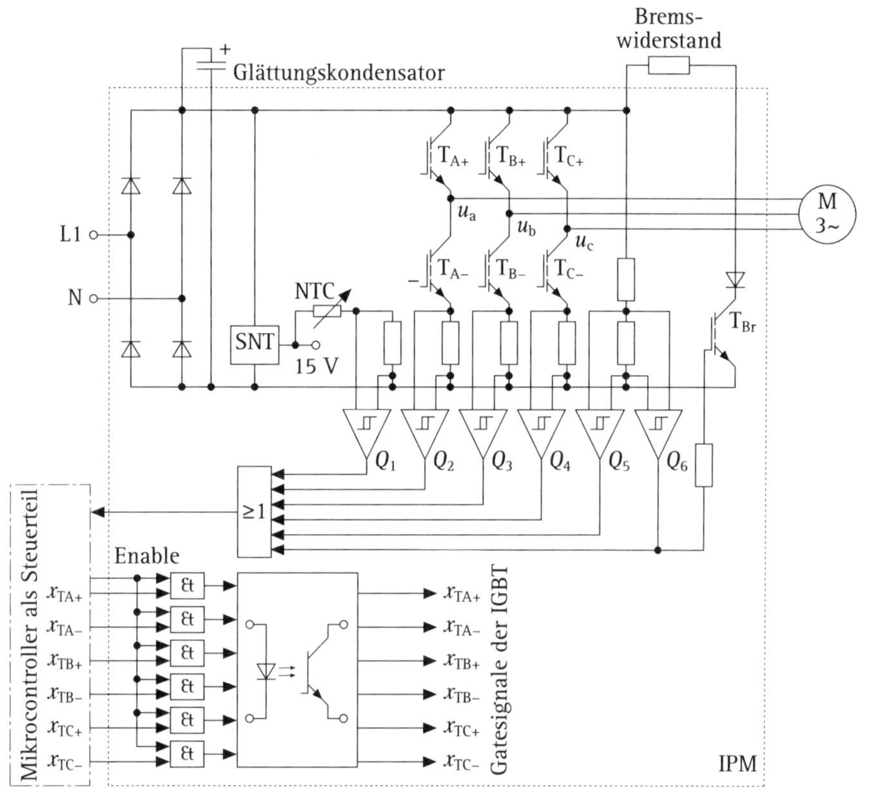

Bild 6.9 Funktionsweise und prinzipieller Aufbau eines IPMs

Ferner beinhaltet das IPM auch das erforderliche Modul zur galvanischen Trennung und Pegelanpassung der Steuersignale an die erforderlichen Steuerspannungen der eingesetzten Leistungsschalter. Dieses Modul ist hier durch einen Optokoppler symbolisiert. Über ein Enable-Signal kann der Leistungsteil vom Steuerteil gesperrt oder freigegeben werden.

Bei Verwendung eines solchen IPMs besteht die gesamte Schaltung nur aus wenigen Bauteilen. Dies und die internen Überwachungen bieten dem Anwender ein Höchstmaß an Betriebssicherheit.

6.3.1 Steuerung der Asynchronmaschine

Im Open-Loop-Betrieb lassen sich mit der Asynchronmaschine lediglich Drehzahlen steuern. In der Praxis werden dazu verschiedene Verfahren eingesetzt, die alle ihre Vor- und Nachteile aufweisen. Deswegen soll der gesteuerte Betrieb nur am Beispiel der I×R-Kompensation gezeigt werden.

Beim idealen Asynchronmotor ist bei konstantem Fluss und konstantem Schlupf die Drehzahl der angelegten Spannung proportional. Beim realen Motor ist dies jedoch nicht der Fall, da besonders bei niedrigen Drehzahlen der Spannungsfall an der Statorwicklung und Reibungseffekte eine Rolle spielen. Deshalb sollte, wie **Bild 6.10** zeigt, immer mit einem einstellbaren Boost (Spannung bei $\omega_1 = 0$) gearbeitet werden.

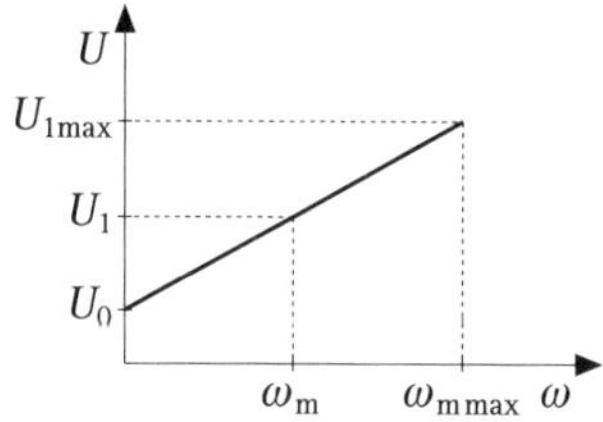

Bild 6.10 Darstellung der Abhängigkeit von Spannung und Drehzahl bei I×R-Kompensation

Aus Bild 6.10 lässt sich ablesen:

$$\frac{U_{1\,max} - U_0}{\omega_{m\,max}} = \frac{U_1 - U_0}{\omega_m} \tag{6.12}$$

Eine Umformung der Gl. (6.12) ergibt:

$$U_1 = \frac{\omega_m \cdot (U_{1\,max} - U_0)}{\omega_{m\,max}} + U_0 \tag{6.13}$$

Um diese Spannung auf den Motor zu schalten, sind im Wesentlichen zwei Verfahren in der Anwendung. Diese sind das Unterschwingungsverfahren und die Raumzeigermodulation.

Beim **Unterschwingungsverfahren** wird die Sinusfunktion durch eine Pulsweitenmodulation nachgebildet. Dabei ist zu beachten, dass deren Spannungszeitfläche der der Sinusfunktion entspricht. Wie dies zu geschehen hat und welche Pulsformen dabei in Abhängigkeit vom Winkel der Sinusfunktion innerhalb der gewählten Taktzeit dabei entstehen, ist bereits in Bild 6.7 dargestellt.

Für die Wahl der Taktzeit T_T gilt, was schon in Abschnitt 6.2 angegeben wurde. Die Schaltzeiten für die Ansteuerimpulse der Leistungsschalter in der Drehstrombrücke lassen sich mit folgenden Beziehungen berechnen:

$$t_{TA+}\left(\gamma_1(k)\right)=\frac{T_T}{2}\cdot\left(1+\frac{U_1}{U_{1\max}}\sin\gamma_1(k)\right) \tag{6.14}$$

$$t_{TA-}\left(\gamma_1(k)\right)=\frac{T_T}{2}\cdot\left(1-\frac{U_1}{U_{1\max}}\sin\gamma_1(k)\right) \tag{6.15}$$

$$t_{TB+}\left(\gamma_1(k)\right)=\frac{T_T}{2}\cdot\left(1+\frac{U_1}{U_{1\max}}\sin\left(\gamma_1(k)-120^\circ\right)\right) \tag{6.16}$$

$$t_{TB-}\left(\gamma_1(k)\right)=\frac{T_T}{2}\cdot\left(1-\frac{U_1}{U_{1\max}}\sin\left(\gamma_1(k)-120^\circ\right)\right) \tag{6.17}$$

$$t_{TC+}\left(\gamma_1(k)\right)=\frac{T_T}{2}\cdot\left(1+\frac{U_1}{U_{1\max}}\sin\left(\gamma_1(k)-240^\circ\right)\right) \tag{6.18}$$

$$t_{TC-}\left(\gamma_1(k)\right)=\frac{T_T}{2}\cdot\left(1-\frac{U_1}{U_{1\max}}\sin\left(\gamma_1(k)-240^\circ\right)\right) \tag{6.19}$$

Bezüglich der Berechnung von ω_1 und γ_1 gelten auch hier Gl. (6.10) und Gl. (6.11).

Bei der **Raumzeigermodulation** geht man davon aus, dass sich mit einer Drehstrombrücke nach Bild 6.9 acht Schaltzustände einstellen lassen. Diese sind in **Tabelle 6.1** angegeben. Welche Winkel im Drehfeld dadurch realisiert werden können, ist dem **Bild 6.11** zu entnehmen. In dem Zeigerdiagramm von **Bild 6.12** sind diese Schaltzustände ebenfalls aufgezeichnet.

Tabelle 6.1 Auflistung der möglichen Schaltzustände in einer Drehstrombrücke

Schaltzustands-Nr.	Schalterpaar		
	T_{A+}/T_{A-}	T_{B+}/T_{B-}	T_{C+}/T_{C-}
1	+	–	–
2	+	+	–
3	–	+	–
4	–	+	+
5	–	–	+
6	+	–	+
7	+	+	+
8	–	–	–

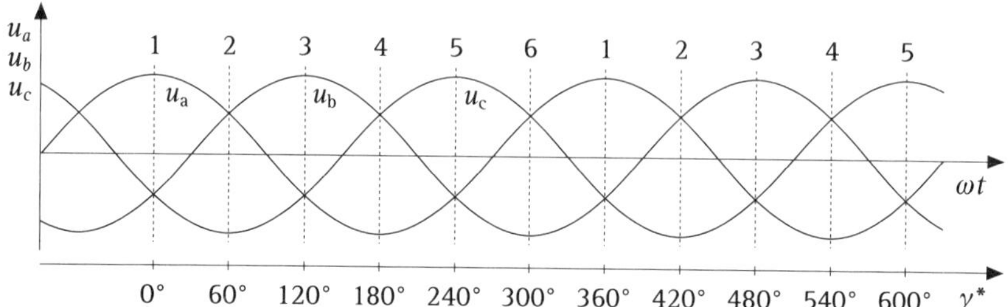

Bild 6.11 Darstellung der Schaltzustände am zeitlichen Verlauf des Drehstroms

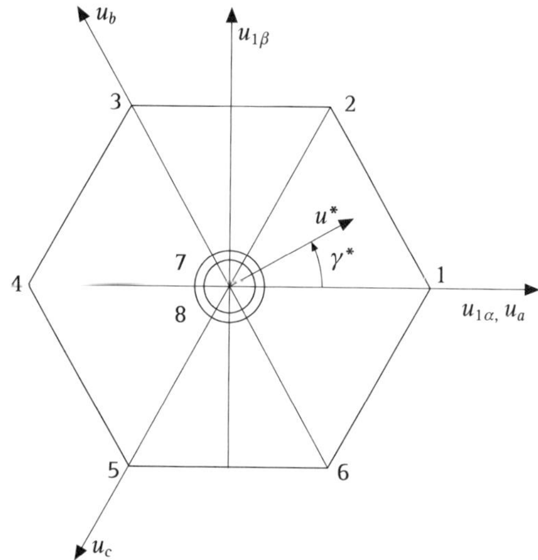

Bild 6.12 Zeigerdiagramm für einen durch Raumzeigermodulation generierten Spannungsvektor

Die Schaltzustände 7 und 8 werden als Nullvektoren bezeichnet. Wenn sie eingeschaltet sind, fließt kein Strom in der Drehstrombrücke.

Im Zeigerdiagramm ist der durch die Raumzeigermodulation erzeugte Spannungsvektor gekennzeichnet durch seinen Betrag $|u^*|$ und durch den Winkel γ^*. Ferner sind die Nullvektoren und ein statorfestes α,β-Koordinatensystem eingeführt. Damit lässt sich der Spannungsraumzeiger zerlegen in die Komponenten $u_{1\alpha}$ und $u_{1\beta}$.

Wie aus Bild 6.12 zu erkennen ist, beschreibt die Spitze des Spannungsvektors bei einer vorgegebenen Zwischenkreisspannung U_Z ein Sechseck. Seine maximale Länge hat er an den Schaltpunkten 1, 2 bis 6. In der Mitte zwischen den Schaltpunkten ist er kürzer. Um $|u^*|$ über eine volle Umdrehung konstant halten zu können, muss gelten:

$$|u^*| \leq \frac{U_Z}{\sqrt{3}} \tag{6.20}$$

Damit beschreibt der Spannungsvektor, wenn er seine maximale Länge hat, den in **Bild 6.13** angegebenen Kreis.

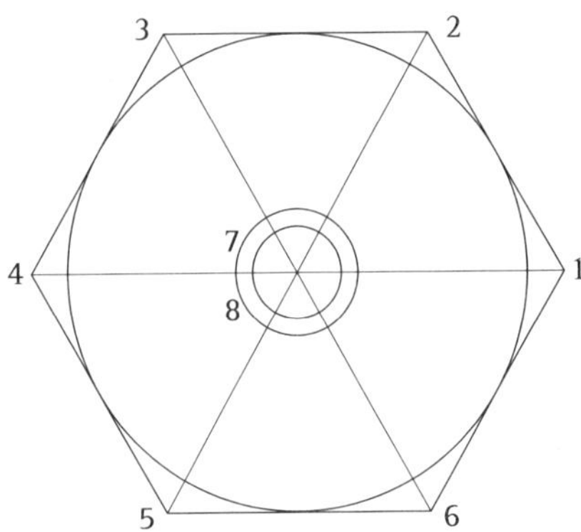

Bild 6.13 Sechseck für die Raumzeigermodulation mit Begrenzungskreis auf die Spannung gemäß Gl. (6.20)

Befindet sich der zu schaltende Spannungsvektor zwischen zwei Schaltpunkten, so sind diese innerhalb der gewählten Taktzeit T_T nacheinander für eine bestimmte Zeit einzuschalten. Die Dauer der Schaltzeiten hängt ab von dem Betrag $|u^*|$ des Spannungsvektors und vom Winkel γ^* Für die Wahl der Taktzeit T_T gilt wieder, was auch in den vorhergehenden Abschnitten gesagt wurde.

Abhängig vom Winkel γ^* sind auch verschiedene Schaltzustände der Drehstrombrücke zu verwenden. Zur Berechnung der Schaltzeiten in Abhängigkeit vom Winkel γ^* dienen folgende Gleichungen (der Index an t gibt den Schaltzustand an):

$0° \leq \gamma^* < 60°$:

$$t_1 = T_T \cdot \frac{|u^*|}{U_Z} \cdot \sqrt{3} \cdot \sin(60° - \gamma^*) \quad \text{und} \quad t_2 = T_T \cdot \frac{|u^*|}{U_Z} \cdot \sqrt{3} \cdot \sin\gamma^* \tag{6.21}$$

$60° \leq \gamma^* < 120°$:

$$t_2 = T_T \cdot \frac{|u^*|}{U_Z} \cdot \sqrt{3} \cdot \sin(120° - \gamma^*) \quad \text{und} \quad t_3 = T_T \cdot \frac{|u^*|}{U_Z} \cdot \sqrt{3} \cdot \sin(\gamma^* - 60°) \tag{6.22}$$

$120^\circ \leq \gamma^* < 180^\circ$:

$$t_3 = T_\mathrm{T} \cdot \frac{|u^*|}{U_\mathrm{Z}} \cdot \sqrt{3} \cdot \sin(180^\circ - \gamma^*) \quad \text{und} \quad t_4 = T_\mathrm{T} \cdot \frac{|u^*|}{U_\mathrm{Z}} \cdot \sqrt{3} \cdot \sin(\gamma^* - 120^\circ) \tag{6.23}$$

$180^\circ \leq \gamma^* < 240^\circ$:

$$t_4 = T_\mathrm{T} \cdot \frac{|u^*|}{U_\mathrm{Z}} \cdot \sqrt{3} \cdot \sin(240^\circ - \gamma^*) \quad \text{und} \quad t_5 = T_\mathrm{T} \cdot \frac{|u^*|}{U_\mathrm{Z}} \cdot \sqrt{3} \cdot \sin(\gamma^* - 180^\circ) \tag{6.24}$$

$240^\circ \leq \gamma^* < 300^\circ$:

$$t_5 = T_\mathrm{T} \cdot \frac{|u^*|}{U_\mathrm{Z}} \cdot \sqrt{3} \cdot \sin(300^\circ - \gamma^*) \quad \text{und} \quad t_6 = T_\mathrm{T} \cdot \frac{|u^*|}{U_\mathrm{Z}} \cdot \sqrt{3} \cdot \sin(\gamma^* - 240^\circ) \tag{6.25}$$

$300^\circ \leq \gamma^* < 360^\circ$:

$$t_6 = T_\mathrm{T} \cdot \frac{|u^*|}{U_\mathrm{Z}} \cdot \sqrt{3} \cdot \sin(360^\circ - \gamma^*) \quad \text{und} \quad t_1 = T_\mathrm{T} \cdot \frac{|u^*|}{U_\mathrm{Z}} \cdot \sqrt{3} \cdot \sin(\gamma^* - 300^\circ) \tag{6.26}$$

Die Einschaltzeit für die Nullvektoren ergibt sich dann – hier exemplarisch für einen Spannungsvektor zwischen den Schaltpunkten 1 und 2:

$$t_{7/8} = T_\mathrm{T} - t_1 - t_2 \tag{6.27}$$

Im gesteuerten Betrieb ebenfalls mit I×R-Kompensation wird mit Gl. (6.13) die vorzugebende Spannung $|u^*|$ in Abhängigkeit von der gewünschten Rotordrehzahl berechnet. Bei einer gleichmäßig beschleunigten Drehbewegung ergeben sich die Winkelgeschwindigkeit ω^* und der Winkel γ^* zu:

$$\omega^*(k) = \omega^*(k-1) + \alpha \cdot T_\mathrm{T} \tag{6.28}$$

und:

$$\gamma^*(k) = \gamma^*(k-1) + \omega^*(k-1) \cdot T_\mathrm{T} + \frac{1}{2} \cdot \alpha \cdot T_\mathrm{T}^2 \tag{6.29}$$

Dies sind im Prinzip die gleichen Formeln, wie sie auch schon beim Wechselstrommotor und beim Unterschwingungsverfahren verwendet worden sind.

6.3.2 Regelung der Asynchronmaschine

Um mit einer geregelten Asynchronmaschine den Vierquadrantbetrieb und im Stillstand Haltemomente zu realisieren, muss diese feldorientiert beschrieben werden. Dies bedeutet, dass das mathematische Modell in einem Koordinatensystem erstellt werden muss, das an einer elektrischen Größe, am zweckmäßigsten dem verketteten Ständerfluss, orientiert ist.

Die folgenden Betrachtungen beziehen sich auf eine Käfigläufermaschine, die in Sternschaltung mit nicht geerdetem Sternpunkt an einen Frequenzumrichter (siehe Bild 6.9) angeschlossen ist.

Das dreiphasige a,b,c-Koordinatensystem orientiert sich an der räumlichen Lage der drei Statorwicklungen. Das rechtwinklige, zweiachsige und statorfeste α,β-Koordinatensystem ist so angeordnet, dass a-Achse und α-Achse zusammenfallen. Gegenüber dem α,β-Koordinatensystem ist das am verketteten Läuferfluss orientierte d,q-Koordinatensystem um den Winkel γ_1 gedreht. Die Zuordnung der drei Koordinatensysteme zeigt **Bild 6.14**.

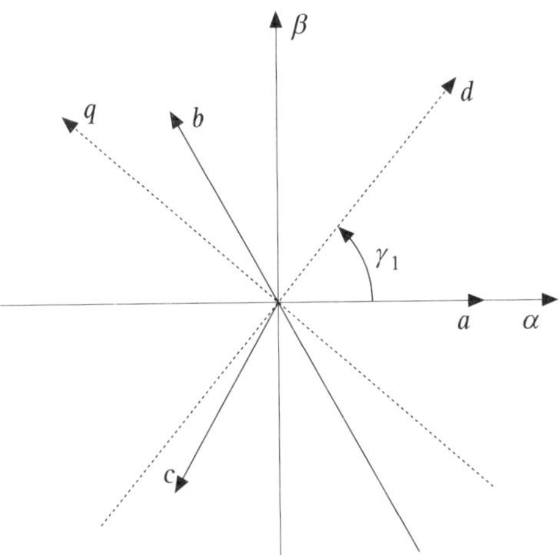

Bild 6.14 Zuordnung der verschiedenen Koordinatensysteme bei der Asynchronmaschine

Die Umrechnung von Strömen, Spannungen und verketteten Flüssen vom Dreiphasensystem in das zweiachsige System erfolgt über die Achsentransformation [5.1]. Dazu dienen die Gleichungen:

$$\begin{pmatrix} i_{1\alpha} \\ i_{1\beta} \end{pmatrix} = \frac{3}{2} \cdot \begin{pmatrix} 1 & 0 \\ 1/\sqrt{3} & 2/\sqrt{3} \end{pmatrix} \cdot \begin{pmatrix} i_{1a} \\ i_{1b} \end{pmatrix} = \frac{3}{2} \cdot \underline{T} \cdot \begin{pmatrix} i_{1a} \\ i_{1b} \end{pmatrix} \tag{6.30}$$

$$\begin{pmatrix} u_{1\alpha} \\ u_{1\beta} \end{pmatrix} = \begin{pmatrix} 1 & 0 \\ 1/\sqrt{3} & 2/\sqrt{3} \end{pmatrix} \cdot \begin{pmatrix} u_{1a} \\ u_{1b} \end{pmatrix} = \underline{T} \cdot \begin{pmatrix} u_{1a} \\ u_{1b} \end{pmatrix} \tag{6.31}$$

und:

$$\begin{pmatrix} \Psi_{1\alpha} \\ \Psi_{1\beta} \end{pmatrix} = \begin{pmatrix} 1 & 0 \\ 1/\sqrt{3} & 2/\sqrt{3} \end{pmatrix} \cdot \begin{pmatrix} \Psi_{1a} \\ \Psi_{1b} \end{pmatrix} = \underline{T} \cdot \begin{pmatrix} \Psi_{1a} \\ \Psi_{1b} \end{pmatrix} \tag{6.32}$$

Dieser Vorgang ist umkehrbar. Für die Transformation vom Zweiachssystem in das Dreiphasensystem gelten:

$$\begin{pmatrix} i_{1a} \\ i_{1b} \end{pmatrix} = \frac{2}{3} \cdot \begin{pmatrix} 1 & 0 \\ -1/2 & \sqrt{3}/2 \end{pmatrix} \cdot \begin{pmatrix} i_{1\alpha} \\ i_{1\beta} \end{pmatrix} = \frac{2}{3} \cdot \underline{T}^{-1} \cdot \begin{pmatrix} i_{1\alpha} \\ i_{1\beta} \end{pmatrix} = \frac{2}{3} \cdot \underline{S} \cdot \begin{pmatrix} i_{1\alpha} \\ i_{1\beta} \end{pmatrix} \tag{6.33}$$

$$\begin{pmatrix} u_{1a} \\ u_{1b} \end{pmatrix} = \begin{pmatrix} 1 & 0 \\ -1/2 & \sqrt{3}/2 \end{pmatrix} \cdot \begin{pmatrix} u_{1\alpha} \\ u_{1\beta} \end{pmatrix} = \underline{S} \cdot \begin{pmatrix} u_{1\alpha} \\ u_{1\beta} \end{pmatrix} \tag{6.34}$$

und:

$$\begin{pmatrix} \Psi_{1a} \\ \Psi_{1b} \end{pmatrix} = \begin{pmatrix} 1 & 0 \\ -1/2 & \sqrt{3}/2 \end{pmatrix} \cdot \begin{pmatrix} \Psi_{1\alpha} \\ \Psi_{1\beta} \end{pmatrix} = \underline{S} \cdot \begin{pmatrix} \Psi_{1\alpha} \\ \Psi_{1\beta} \end{pmatrix} \tag{6.35}$$

Für die Feldorientierung der Asynchronmaschine ist zusätzlich eine Umrechnung vom zweiachsigen, statorfesten α,β-Koordinatensystem in das an einer elektrischen Größe orientierte d,q-Koordinatensystem erforderlich. Dies erfolgt über die Drehtransformation mit:

$$\begin{pmatrix} i_{1d} \\ i_{1q} \end{pmatrix} = \begin{pmatrix} \cos\gamma_1 & \sin\gamma_1 \\ -\sin\gamma_1 & \cos\gamma_1 \end{pmatrix} \cdot \begin{pmatrix} i_{1\alpha} \\ i_{1\beta} \end{pmatrix} = \underline{D}(-\gamma_1) \cdot \begin{pmatrix} i_{1\alpha} \\ i_{1\beta} \end{pmatrix} \tag{6.36}$$

$$\begin{pmatrix} u_{1d} \\ u_{1q} \end{pmatrix} = \begin{pmatrix} \cos\gamma_1 & \sin\gamma_1 \\ -\sin\gamma_1 & \cos\gamma_1 \end{pmatrix} \cdot \begin{pmatrix} u_{1\alpha} \\ u_{1\beta} \end{pmatrix} = \underline{D}(-\gamma_1) \cdot \begin{pmatrix} u_{1\alpha} \\ u_{1\beta} \end{pmatrix} \tag{6.37}$$

und:

$$\begin{pmatrix} \Psi_{1d} \\ \Psi_{1q} \end{pmatrix} = \begin{pmatrix} \cos\gamma_1 & \sin\gamma_1 \\ -\sin\gamma_1 & \cos\gamma_1 \end{pmatrix} \cdot \begin{pmatrix} \Psi_{1\alpha} \\ \Psi_{1\beta} \end{pmatrix} = \underline{D}(-\gamma_1) \cdot \begin{pmatrix} \Psi_{1\alpha} \\ \Psi_{1\beta} \end{pmatrix} \tag{6.38}$$

Die Umrechnungen vom d,q-Koordinatensystem in das α,β-Koordinatensystem können mit den Beziehungen erfolgen:

$$\begin{pmatrix} i_{1\alpha} \\ i_{1\beta} \end{pmatrix} = \begin{pmatrix} \cos\gamma_1 & -\sin\gamma_1 \\ \sin\gamma_1 & \cos\gamma_1 \end{pmatrix} \cdot \begin{pmatrix} i_{1d} \\ i_{1q} \end{pmatrix} = \underline{D}(\gamma_1) \cdot \begin{pmatrix} i_{1d} \\ i_{1q} \end{pmatrix} \tag{6.39}$$

$$\begin{pmatrix} u_{1\alpha} \\ u_{1\beta} \end{pmatrix} = \begin{pmatrix} \cos\gamma_1 & -\sin\gamma_1 \\ \sin\gamma_1 & \cos\gamma_1 \end{pmatrix} \cdot \begin{pmatrix} u_{1d} \\ u_{1q} \end{pmatrix} = \underline{D}(\gamma_1) \cdot \begin{pmatrix} u_{1d} \\ u_{1q} \end{pmatrix} \tag{6.40}$$

und:

$$\begin{pmatrix} \Psi_{1\alpha} \\ \Psi_{1\beta} \end{pmatrix} = \begin{pmatrix} \cos\gamma_1 & -\sin\gamma_1 \\ \sin\gamma_1 & \cos\gamma_1 \end{pmatrix} \cdot \begin{pmatrix} \Psi_{1d} \\ \Psi_{1q} \end{pmatrix} = \underline{D}(\gamma_1) \cdot \begin{pmatrix} \Psi_{1d} \\ \Psi_{1q} \end{pmatrix} \tag{6.41}$$

Wie Ströme, Spannungen und verkettete Flüsse, so müssen auch die Motorparameter wie Widerstände und Induktivitäten aus dem Dreiphasensystem in das Zweiachsensystem umgerechnet werden.

Es wird angenommen, dass die Induktivitäten, die die Verkettungsflüsse und die zugehörigen Motorströme verknüpfen, konstant und bei ruhenden Wicklungen unabhängig vom Koordinatensystem sind. Bei der Definition der Stranggrößen geht man vereinfachend von entkoppelten Strängen aus. Dass dies nicht der Fall ist, sieht man, wenn man den Fluss der leerlaufenden Maschine (ohne Läuferströme) z. B. in Richtung der a-Achse bestimmt. Man erhält:

$$\Psi_{1a} = (L_{\mathrm{H}} + L_{\mathrm{S1Ph}}) \cdot i_{1a} + L_{\mathrm{H}} \cdot i_{1b} \cdot \cos 120° + L_{\mathrm{H}} \cdot i_{1c} \cdot \cos 240° \tag{6.42}$$

$L_{\mathrm{H}} + L_{\mathrm{S1Ph}}$ ist die Induktivität, die einen der drei Strangströme mit dem zugehörigen Spulenfluss verbindet. Eine Umformung der Gl. (6.42) und die Anwendung der Knotenpunktregel liefert:

$$\Psi_{1a} = \left(\frac{3}{2} \cdot L_{\mathrm{H}} + L_{\mathrm{S1Ph}}\right) \cdot i_{1a} - \frac{1}{2} \cdot L_{\mathrm{H}} \cdot (i_{1a} + i_{1b} + i_{1c}) = \left(\frac{3}{2} \cdot L_{\mathrm{H}} + L_{\mathrm{S1Ph}}\right) \cdot i_{1a} \tag{6.43}$$

Genauso gilt für Strang b:

$$\Psi_{1b} = \left(\frac{3}{2} \cdot L_{\mathrm{H}} + L_{\mathrm{S1Ph}}\right) \cdot i_{1b} \tag{6.44}$$

Gl. (6.43) und Gl. (6.44) lassen sich in Matrixschreibweise darstellen:

$$\begin{pmatrix} \Psi_{1a} \\ \Psi_{1b} \end{pmatrix} = \begin{pmatrix} \frac{3}{2} \cdot L_{\mathrm{H}} + L_{\mathrm{S1Ph}} & 0 \\ 0 & \frac{3}{2} \cdot L_{\mathrm{H}} + L_{\mathrm{S1Ph}} \end{pmatrix} \cdot \begin{pmatrix} i_{1a} \\ i_{1b} \end{pmatrix} \quad (6.45)$$

Unter Verwendung von Gl. (6.33) und Gl. (6.35) folgt aus Gl. (6.45)

$$\begin{pmatrix} \Psi_{1\alpha} \\ \Psi_{1\beta} \end{pmatrix} = \begin{pmatrix} L_{\mathrm{H}} + \frac{2}{3} \cdot L_{\mathrm{S1Ph}} & 0 \\ 0 & L_{\mathrm{H}} + \frac{2}{3} \cdot L_{\mathrm{S1Ph}} \end{pmatrix} \cdot \begin{pmatrix} i_{1\alpha} \\ i_{1\beta} \end{pmatrix} \quad (6.46)$$

Mit der Vereinfachung:

$$L_1 = L_{\mathrm{H}} + \frac{2}{3} \cdot L_{\mathrm{S1Ph}} \quad (6.47)$$

folgt aus Gl. (6.46):

$$\begin{pmatrix} \Psi_{1\alpha} \\ \Psi_{1\beta} \end{pmatrix} = \begin{pmatrix} L_1 & 0 \\ 0 & L_1 \end{pmatrix} \cdot \begin{pmatrix} i_{1\alpha} \\ i_{1\beta} \end{pmatrix} \quad (6.48)$$

In gleicher Weise werden auch die Rotorinduktivitäten umgerechnet. Es gilt:

$$L_2 = L_{\mathrm{H}} + \frac{2}{3} \cdot L_{\mathrm{S2Ph}} \quad (6.49)$$

Für den Zusammenhang zwischen Strangwiderständen, Strangströmen und Strangspannungen in den Strängen *a* und *b* des Dreiphasensystems ergibt sich in Matrixschreibweise:

$$\begin{pmatrix} u_{1a} \\ u_{1b} \end{pmatrix} = \begin{pmatrix} R_{1\mathrm{Ph}} & 0 \\ 0 & R_{1\mathrm{Ph}} \end{pmatrix} \cdot \begin{pmatrix} i_{1a} \\ i_{1b} \end{pmatrix} \quad (6.50)$$

Mit Gl. (6.33) und Gl. (6.35) ergibt sich aus Gl. (6.50):

$$\begin{pmatrix} u_{1\alpha} \\ u_{1\beta} \end{pmatrix} = \begin{pmatrix} \frac{2}{3} \cdot R_{1\mathrm{Ph}} & 0 \\ 0 & \frac{2}{3} \cdot R_{1\mathrm{Ph}} \end{pmatrix} \cdot \begin{pmatrix} i_{1\alpha} \\ i_{1\beta} \end{pmatrix} \quad (6.51)$$

Mit der Umrechnung:

$$R_1 = \frac{2}{3} \cdot R_{1\text{Ph}} \tag{6.52}$$

folgt für das Zweiachsensystem:

$$\begin{pmatrix} u_{1\alpha} \\ u_{1\beta} \end{pmatrix} = \begin{pmatrix} R_1 & 0 \\ 0 & R_1 \end{pmatrix} \cdot \begin{pmatrix} i_{1\alpha} \\ i_{1\beta} \end{pmatrix} \tag{6.53}$$

Ebenso gilt für die Umrechnung der Rotorwiderstände:

$$R_2 = \frac{2}{3} \cdot R_{2\text{Ph}} \tag{6.54}$$

Für die belastete Maschine (Rotorströme ungleich null) im rechtwinkligen, statorfesten Koordinatensystem können Stator- und Rotorflüsse berechnet werden mit:

$$\begin{pmatrix} \Psi_{1\alpha} \\ \Psi_{2\alpha} \end{pmatrix} = \begin{pmatrix} L_1 & L_\text{H} \\ L_\text{H} & L_2 \end{pmatrix} \cdot \begin{pmatrix} i_{1\alpha} \\ i_{2\alpha} \end{pmatrix} \tag{6.55}$$

und:

$$\begin{pmatrix} \Psi_{1\beta} \\ \Psi_{2\beta} \end{pmatrix} = \begin{pmatrix} L_1 & L_\text{H} \\ L_\text{H} & L_2 \end{pmatrix} \cdot \begin{pmatrix} i_{1\beta} \\ i_{2\beta} \end{pmatrix} \tag{6.56}$$

Mit der Inversen der Induktivitätsmatrix ergeben sich die Ströme in Abhängigkeit von den Verkettungsflüssen zu:

$$\begin{pmatrix} i_{1\alpha} \\ i_{2\alpha} \end{pmatrix} = \frac{1}{L_1 \cdot L_2 - L_\text{H}^2} \cdot \begin{pmatrix} L_2 & -L_\text{H} \\ -L_\text{H} & L_1 \end{pmatrix} \cdot \begin{pmatrix} \Psi_{1\alpha} \\ \Psi_{2\alpha} \end{pmatrix} = \begin{pmatrix} K_{11} & K_{12} \\ K_{12} & K_{22} \end{pmatrix} \cdot \begin{pmatrix} \Psi_{1\alpha} \\ \Psi_{2\alpha} \end{pmatrix} \tag{6.57}$$

und:

$$\begin{pmatrix} i_{1\beta} \\ i_{2\beta} \end{pmatrix} = \begin{pmatrix} K_{11} & K_{12} \\ K_{12} & K_{22} \end{pmatrix} \cdot \begin{pmatrix} \Psi_{1\beta} \\ \Psi_{2\beta} \end{pmatrix} \tag{6.58}$$

mit den Vereinfachungen:

$$K_{11} = \frac{L_2}{L_1 \cdot L_2 - L_\text{H}^2}, \quad K_{12} = K_{21} = \frac{-L_\text{H}}{L_1 \cdot L_2 - L_\text{H}^2}, \quad K_{22} = \frac{L_1}{L_1 \cdot L_2 - L_\text{H}^2} \tag{6.59}$$

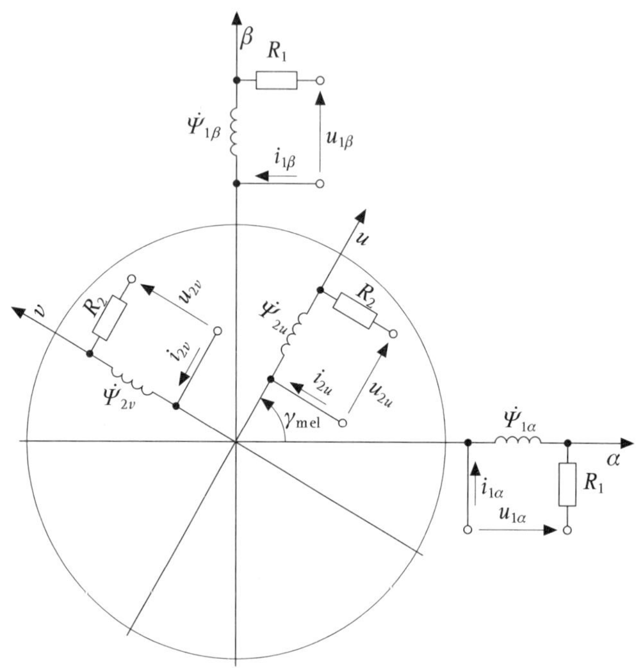

Bild 6.15 Zweiachsen-Ersatzschaltbild der Asynchronmaschine mit Darstellung der Zusammenhänge zwischen Strömen, Spannungen, Flüssen und Widerständen in Stator und Rotor

Zur Umrechnung der Läuferspannungen aus dem rotorfesten u,v-Koordinatensystem in das stotorfeste α,β-Koordinatensystem wird **Bild 6.15** betrachtet.

Aus Bild 6.15 lassen sich ablesen:

$$u_{1\alpha} = R_1 \cdot i_{1\alpha} + \dot{\Psi}_{1\alpha} \tag{6.60}$$

$$u_{1\beta} = R_1 \cdot i_{1\beta} + \dot{\Psi}_{1\beta} \tag{6.61}$$

$$u_{2u} = R_2 \cdot i_{2u} + \dot{\Psi}_{2u} \tag{6.62}$$

$$u_{2v} = R_2 \cdot i_{2v} + \dot{\Psi}_{2v} \tag{6.63}$$

Zur Umrechnung der Spannungsgleichungen aus dem u,v-Koordinatensystem in das α,β-Koordinatensystem wird die Drehtransformation verwendet gemäß:

$$\begin{vmatrix} \Psi_{2u} \\ \Psi_{2v} \end{vmatrix} = \underline{D}\left(-\gamma_{\text{m el}}\right) \cdot \begin{vmatrix} \Psi_{2\alpha} \\ \Psi_{2\beta} \end{vmatrix} \tag{6.64}$$

Differenziert man diese Gleichung unter Verwendung der Produkt- und Kettenregel nach der Zeit, ergibt sich:

$$\begin{vmatrix} \dot{\Psi}_{2u} \\ \dot{\Psi}_{2v} \end{vmatrix} = \omega_{\mathrm{m\,el}} \cdot \begin{vmatrix} -\sin\gamma_{\mathrm{m\,el}} & \cos\gamma_{\mathrm{m\,el}} \\ -\cos\gamma_{\mathrm{m\,el}} & -\sin\gamma_{\mathrm{m\,el}} \end{vmatrix} \cdot \begin{vmatrix} \Psi_{2\alpha} \\ \Psi_{2\beta} \end{vmatrix} + \underline{D}\left(-\gamma_{\mathrm{m\,el}}\right) \cdot \begin{vmatrix} \dot{\Psi}_{2\alpha} \\ \dot{\Psi}_{2\beta} \end{vmatrix} \tag{6.65}$$

Unter Benutzung der Gl. (6.65) folgt aus Gl. (6.62) und Gl. (6.63):

$$\omega_{\mathrm{m\,el}} \cdot \begin{vmatrix} -\sin\gamma_{\mathrm{m\,el}} & \cos\gamma_{\mathrm{m\,el}} \\ -\cos\gamma_{\mathrm{m\,el}} & -\sin\gamma_{\mathrm{m\,el}} \end{vmatrix} \cdot \begin{vmatrix} \Psi_{2\alpha} \\ \Psi_{2\beta} \end{vmatrix} + \underline{D}\left(-\gamma_{\mathrm{m\,el}}\right) \cdot \begin{vmatrix} \dot{\Psi}_{2\alpha} \\ \dot{\Psi}_{2\beta} \end{vmatrix} = \begin{vmatrix} u_{2u} \\ u_{2v} \end{vmatrix} - \begin{vmatrix} R_2 & 0 \\ 0 & R_2 \end{vmatrix} \cdot \begin{vmatrix} i_{2u} \\ i_{2v} \end{vmatrix} \tag{6.66}$$

Mit:

$$\begin{vmatrix} u_{2u} \\ u_{2v} \end{vmatrix} = \begin{vmatrix} \cos\gamma_{\mathrm{m\,el}} & \sin\gamma_{\mathrm{m\,el}} \\ -\sin\gamma_{\mathrm{m\,el}} & \cos\gamma_{\mathrm{m\,el}} \end{vmatrix} \cdot \begin{vmatrix} u_{2\alpha} \\ u_{2\beta} \end{vmatrix} \tag{6.67}$$

und:

$$\begin{vmatrix} i_{2u} \\ i_{2v} \end{vmatrix} = \begin{vmatrix} \cos\gamma_{\mathrm{m\,el}} & \sin\gamma_{\mathrm{m\,el}} \\ -\sin\gamma_{\mathrm{m\,el}} & \cos\gamma_{\mathrm{m\,el}} \end{vmatrix} \cdot \begin{vmatrix} i_{2\alpha} \\ i_{2\beta} \end{vmatrix} \tag{6.68}$$

sowie der Abkürzung:

$$\underline{D}\left(-\gamma_{\mathrm{m\,el}}\right) = \begin{vmatrix} \cos\gamma_{\mathrm{m\,el}} & \sin\gamma_{\mathrm{m\,el}} \\ -\sin\gamma_{\mathrm{m\,el}} & \cos\gamma_{\mathrm{m\,el}} \end{vmatrix} \tag{6.69}$$

folgt aus Gl. (6.66):

$$\omega_{\mathrm{m\,el}} \cdot \begin{vmatrix} -\sin\gamma_{\mathrm{m\,el}} & \cos\gamma_{\mathrm{m\,el}} \\ -\cos\gamma_{\mathrm{m\,el}} & -\sin\gamma_{\mathrm{m\,el}} \end{vmatrix} \cdot \begin{vmatrix} \Psi_{2\alpha} \\ \Psi_{2\beta} \end{vmatrix} + \underline{D}\left(-\gamma_{\mathrm{m\,el}}\right) \cdot \begin{vmatrix} \dot{\Psi}_{2\alpha} \\ \dot{\Psi}_{2\beta} \end{vmatrix} \tag{6.70}$$

$$= \underline{D}\left(-\gamma_{\mathrm{m\,el}}\right) \cdot \begin{vmatrix} u_{2\alpha} \\ u_{2\beta} \end{vmatrix} - \begin{vmatrix} R_2 & 0 \\ 0 & R_2 \end{vmatrix} \cdot \underline{D}\left(-\gamma_{\mathrm{m\,el}}\right) \cdot \begin{vmatrix} i_{2\alpha} \\ i_{2\beta} \end{vmatrix}$$

Durch Multiplikation von links mit $D\left(\gamma_{\mathrm{m\,el}}\right)$ folgt aus Gl. (6.70):

$$\omega_{\mathrm{m\,el}} \cdot \underline{D}\left(\gamma_{\mathrm{m\,el}}\right) \cdot \begin{vmatrix} -\sin\gamma_{\mathrm{m\,el}} & \cos\gamma_{\mathrm{m\,el}} \\ -\cos\gamma_{\mathrm{m\,el}} & -\sin\gamma_{\mathrm{m\,el}} \end{vmatrix} \cdot \begin{vmatrix} \Psi_{2\alpha} \\ \Psi_{2\beta} \end{vmatrix} + \begin{vmatrix} \dot{\Psi}_{2\alpha} \\ \dot{\Psi}_{2\beta} \end{vmatrix} \tag{6.71}$$

$$= \begin{vmatrix} u_{2\alpha} \\ u_{2\beta} \end{vmatrix} - \begin{vmatrix} R_2 & 0 \\ 0 & R_2 \end{vmatrix} \cdot \begin{vmatrix} i_{2\alpha} \\ i_{2\beta} \end{vmatrix}$$

Mit der Umformung:

$$\underline{D}(\gamma_{\mathrm{m\,el}}) \cdot \begin{vmatrix} -\sin\gamma_{\mathrm{m\,el}} & \cos\gamma_{\mathrm{m\,el}} \\ -\cos\gamma_{\mathrm{m\,el}} & -\sin\gamma_{\mathrm{m\,el}} \end{vmatrix} = \begin{vmatrix} \cos\gamma_{\mathrm{m\,el}} & -\sin\gamma_{\mathrm{m\,el}} \\ \sin\gamma_{\mathrm{m\,el}} & \cos\gamma_{\mathrm{m\,el}} \end{vmatrix} \cdot \begin{vmatrix} -\sin\gamma_{\mathrm{m\,el}} & \cos\gamma_{\mathrm{m\,el}} \\ -\cos\gamma_{\mathrm{m\,el}} & -\sin\gamma_{\mathrm{m\,el}} \end{vmatrix}$$

$$= \begin{vmatrix} -\sin\gamma_{\mathrm{m\,el}} \cdot \cos\gamma_{\mathrm{m\,el}} + \sin\gamma_{\mathrm{m\,el}} \cdot \cos\gamma_{\mathrm{m\,el}} & \cos^2\gamma_{\mathrm{m\,el}} + \sin^2\gamma_{\mathrm{m\,el}} \\ -\cos^2\gamma_{\mathrm{m\,el}} - \sin^2\gamma_{\mathrm{m\,el}} & \sin\gamma_{\mathrm{m\,el}} \cdot \cos\gamma_{\mathrm{m\,el}} - \sin\gamma_{\mathrm{m\,el}} \cdot \cos\gamma_{\mathrm{m\,el}} \end{vmatrix}$$

$$= \begin{vmatrix} 0 & 1 \\ -1 & 0 \end{vmatrix} \tag{6.72}$$

folgt aus Gl. (6.71):

$$\begin{vmatrix} \dot{\Psi}_{2\alpha} \\ \dot{\Psi}_{2\beta} \end{vmatrix} = \begin{vmatrix} u_{2\alpha} \\ u_{2\beta} \end{vmatrix} - \begin{vmatrix} R_2 & 0 \\ 0 & R_2 \end{vmatrix} \cdot \begin{vmatrix} i_{2\alpha} \\ i_{2\beta} \end{vmatrix} - \omega_{\mathrm{m\,el}} \cdot \begin{vmatrix} 0 & 1 \\ -1 & 0 \end{vmatrix} \cdot \begin{vmatrix} \Psi_{2\alpha} \\ \Psi_{2\beta} \end{vmatrix} \tag{6.73}$$

Zwischen ω_{m}, $\omega_{\mathrm{m\,el}}$ und der Polpaarzahl p besteht die Beziehung:

$$\omega_{\mathrm{m\,el}} = p \cdot \omega_{\mathrm{m}} \tag{6.74}$$

Mit Gl. (6.74) und durch Umstellung von Gl. (6.73) folgt für die Rotorspannungen im α,β-Koordinatensystem:

$$u_{2\alpha} = R_2 \cdot \hat{i}_{2\alpha} + \dot{\Psi}_{2\alpha} + \Psi_{2\beta} \cdot \omega_{\mathrm{m}} \cdot p \tag{6.75}$$

$$u_{2\beta} = R_2 \cdot \hat{i}_{2\beta} + \dot{\Psi}_{2\beta} - \Psi_{2\alpha} \cdot \omega_{\mathrm{m}} \cdot p \tag{6.76}$$

Mit $u_{2\alpha} = 0$ und $u_{2\beta} = 0$ folgen aus Gl. (6.75) und Gl. (6.76) sowie durch Umstellung der Gl. (6.60) und Gl. (6.61) die Spannungsgleichungen für die Asynchronmaschine mit beliebiger Polpaarzahl im rechtwinkligen, ständerfesten α,β-Koordinatensystem.

Damit lässt sich die Asynchronmaschine mit Käfigläufer im α,β-Koordinatensystem beschreiben durch die vier Differentialgleichungen:

$$u_{1\alpha} = R_1 \cdot i_{1\alpha} + \dot{\Psi}_{1\alpha} \tag{6.77}$$

$$u_{1\beta} = R_1 \cdot i_{1\beta} + \dot{\Psi}_{1\beta} \tag{6.78}$$

$$0 = R_2 \cdot i_{2\alpha} + \dot{\Psi}_{2\alpha} + \Psi_{2\beta} \cdot \omega_{\mathrm{m}} \cdot p \tag{6.79}$$

$$0 = R_2 \cdot i_{2\beta} + \dot{\Psi}_{2\beta} - \Psi_{2\alpha} \cdot \omega_{\mathrm{m}} \cdot p \tag{6.80}$$

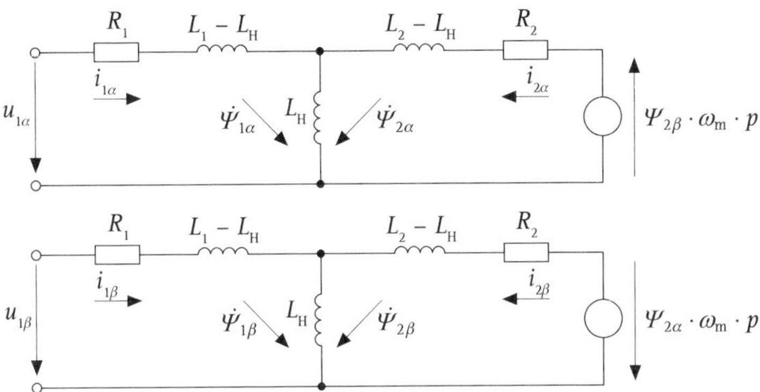

Bild 6.16 Darstellung der Asynchronmaschine in dem ständerfesten zweiachsigen, rechtwinkligen α,β-Koordinatensystem

Unter Verwendung der Gln. (6.70) bis (6.73) ergibt sich dafür das in **Bild 6.16** dargestellte Ersatzschaltbild im α,β-Koordinatensystem.

Für die Feldorientierung soll der resultierende Flussvektor des Rotors immer in Richtung der d-Achse des mit dem Drehfeld des Stators rotierenden d,q-Koordinatensystems zeigen. Dazu müssen die Komponenten des Rotorflussvektors $\Psi_{2\alpha}$ und $\Psi_{2\beta}$ berechnet werden. Man kann ausgehen von Gl. (6.57) und Gl. (6.58). Aus diesen folgt:

$$i_{1\alpha} = K_{11} \cdot \Psi_{1\alpha} + K_{12} \cdot \Psi_{2\alpha} \quad \Rightarrow \quad \Psi_{1\alpha} = \frac{1}{K_{11}} \cdot i_{1\alpha} - \frac{1}{K_{11}} \cdot \Psi_{2\alpha} \tag{6.81}$$

und:

$$i_{1\beta} = K_{11} \cdot \Psi_{1\beta} + K_{12} \cdot \Psi_{2\beta} \quad \Rightarrow \quad \Psi_{1\beta} = \frac{1}{K_{11}} \cdot i_{1\beta} - \frac{1}{K_{11}} \cdot \Psi_{2\beta} \tag{6.82}$$

Gl. (6.81) und Gl. (6.82) werden nach der Zeit abgeleitet und die Ausdrücke für $\mathrm{d}\Psi_{1\alpha}/\mathrm{d}t$ und $\mathrm{d}\Psi_{1\beta}/\mathrm{d}t$ in Gl. (6.77) und Gl. (6.78) eingesetzt. Es ergibt sich:

$$u_{1\alpha} = R_1 \cdot i_{1\alpha} + \frac{1}{K_{11}} \cdot \dot{i}_{1\alpha} - \frac{1}{K_{11}} \cdot \dot{\Psi}_{2\alpha} \tag{6.83}$$

und:

$$u_{1\beta} = R_1 \cdot i_{1\beta} + \frac{1}{K_{11}} \cdot \dot{i}_{1\beta} - \frac{1}{K_{11}} \cdot \dot{\Psi}_{2\beta} \tag{6.84}$$

Der Quotient ist $-K_{12}/K_{11} = L_H/L_2$. Die Ableitungen der Komponenten des Läuferverkettungsflusses im α,β-Koordinatensystem erhält man durch Umformen der Gln. (6.83) und (6.84):

$$\dot{\Psi}_{2\alpha} = \frac{L_2}{L_H} \cdot \left(u_{1\alpha} - R_1 \cdot i_{1\alpha} - \frac{1}{K_{11}} \dot{i}_{1\alpha} \right) \tag{6.85}$$

und:

$$\dot{\Psi}_{2\beta} = \frac{L_2}{L_H} \cdot \left(u_{1\beta} - R_1 \cdot i_{1\beta} - \frac{1}{K_{11}} \dot{i}_{1\beta} \right) \tag{6.86}$$

Die Komponenten des verketteten Läuferflusses im α,β-Koordinatensystem lauten:

$$\Psi_{2\alpha} = |\underline{\Psi}_2| \cdot \cos\gamma_1 \tag{6.87}$$

und:

$$\Psi_{2\beta} = |\underline{\Psi}_2| \cdot \sin\gamma_1 \tag{6.88}$$

Werden Gl. (6.87) und Gl. (6.88) nach der Zeit abgeleitet, erhält man:

$$\dot{\Psi}_{2\alpha} = -\omega_1 \cdot |\underline{\Psi}_2| \cdot \sin\gamma_1 = -\omega_1 \cdot \Psi_{2\beta} \quad \Rightarrow \quad \Psi_{2\beta} = -\frac{\dot{\Psi}_{2\alpha}}{\omega_1} \tag{6.89}$$

und:

$$\dot{\Psi}_{2\beta} = \omega_1 \cdot |\underline{\Psi}_2| \cdot \cos\gamma_1 = \omega_1 \cdot \Psi_{2\alpha} \quad \Rightarrow \quad \Psi_{2\alpha} = \frac{\dot{\Psi}_{2\beta}}{\omega_1} \tag{6.90}$$

Für die Feldorientierung (Vektorregelung) der Asynchronmaschine werden mit den Gln. (6.87), (6.88), (6.89) und (6.90) aus vorgegebenen Spannungen und gemessenen Strömen die verketteten Läuferflüsse $\Psi_{2\alpha}$ und $\Psi_{2\beta}$ berechnet. Aus diesen lassen sich der Betrag des verketten Läuferflusses und der Winkel γ_1 zwischen der α-Achse des α,β-Koordinatensystems und der d-Achse des d,q-Koordinatensystems berechnen mit:

$$|\underline{\Psi}_2| = \sqrt{\Psi_{2\alpha}^2 + \Psi_{2\beta}^2} \tag{6.91}$$

und:

$$\gamma_1 = \arctan\frac{\Psi_{2\beta}}{\Psi_{2\alpha}} \tag{6.92}$$

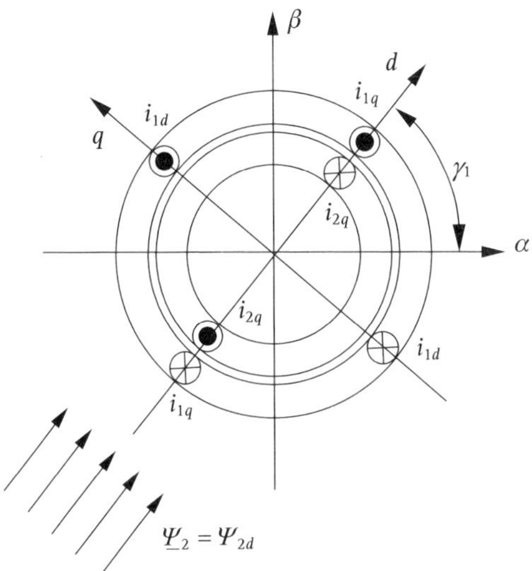

Bild 6.17 Schematischer Querschnitt eines Asynchronmotors mit dem α,β- und dem d,q-Koordinatensystem und zusätzlicher Angabe der Ströme für das d,q-Koordinatensystem und des resultierenden verketteten Läuferflusses

Damit ist das d,q-Koordinatensystem eindeutig festgelegt. In **Bild 6.17** ist schematisch der Querschnitt eines Asynchronmotors mit dem α,β- und dem d,q-Koordinatensystem dargestellt. Zusätzlich sind die Ströme für das d,q-Koordinatensystem und der resultierende verkettete Läuferfluss angegeben. Durch die für die Feldorientierung einzuprägenden Ständerströme i_{1d} und i_{1q} ergibt sich nur der Läuferstrom i_{2q}. Der Strom i_{1d} erzeugt in Verbindung mit den zugehörigen Induktivitäten den Fluss Ψ_{2d}. Dieser erzeugt zusammen mit dem Strom i_{1q} das Motormoment. Die Ströme i_{1q} und i_{2q} sind entgegengesetzt gerichtet und gleich groß. Deswegen heben sich die durch sie erzeugten Flüsse gegenseitig auf, und es ist kein Rotorfluss in Richtung der q-Achse vorhanden.

Mit der Feldorientierung ist erreicht, dass sich über die Ströme i_{1q} und i_{1d} das Drehmoment und der verkettete Rotorfluss unabhängig voneinander einstellen lassen. Damit verfügt der feldorientiert betriebene Asynchronmotor im rotierenden d,q-Koordinatensystem über die gleichen Eigenschaften wie der mechanisch kommutierte Gleichstrommotor in einem statorfesten Koordinatensystem. Bei diesem lassen sich momentbildender und flussbildender Strom ebenfalls unabhängig voneinander einstellen.

Wegen derselben Eigenschaften wird auch hier wie beim Gleichstrommotor eine Kaskadenregelung verwendet. Die gesamte Reglerstruktur einschließlich Flussbeobachter ist in **Bild 6.18** als Blockschaltbild angegeben.

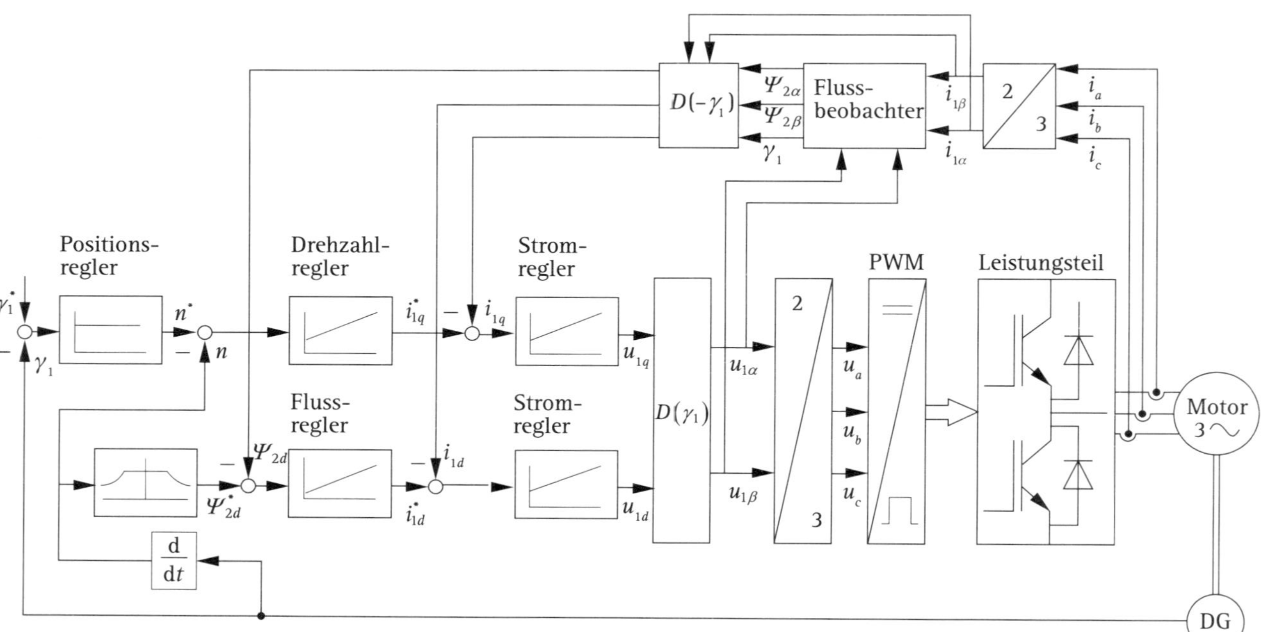

Bild 6.18 Blockschaltbild der gesamten Reglerstruktur für die Positionsregelung mit einer Asynchronmaschine im feldorientierten Betrieb

Für die feldorientierte Regelung ist die Erfassung der Strangströme und der Drehzahl des Motors erforderlich. Die Ströme werden über Stromwandler erfasst. Die Drehzahl wird durch zeitliche Ableitung des Positionssignals gewonnen. Aus den Strangströmen werden über die Achsentransformation die Ströme $i_{1\alpha}$ und $i_{1\beta}$ berechnet. Aus diesen und den vorgegebenen Spannungen $u_{1\alpha}$ und $u_{1\beta}$ werden unter Verwendung der Drehfeldfrequenz die Flüsse $\Psi_{2\alpha}$ und $\Psi_{2\beta}$ ermittelt. Sind diese bekannt, können daraus der Fluss Ψ_{2d} und der Winkel γ_1 bestimmt werden. Mit dem Winkel γ_1 können über die Drehtransformation aus den Strömen $i_{1\alpha}$ und $i_{1\beta}$ die Ströme i_{1d} und i_{1q} ermittelt werden. Mithilfe dieser beiden Größen lassen sich Drehmoment und verketteter Rotorfluss unabhängig voneinander beeinflussen.

Da Drehzahl bzw. Position und Rotorfluss geregelt werden sollen, sind zwei parallele Kaskadenregelungen erforderlich. Die Reglerstruktur für die Drehzahl bzw. Position ist mit der für den Gleichstrommotor identisch. Der Positionsregler liefert die Führungsgröße für den Drehzahlregler und dieser den Sollwert für den Regler des momentbildenden Stroms i_{1q}. Damit Strom und Drehzahl zulässige Höchstwerte nicht überschreiten, sind die Ausgangsgrößen dieser Regler entsprechend begrenzt. Der Stromregler liefert an seinem Ausgang den Stellwert für die Spannung u_{1q}.

In der parallel angeordneten Reglerkaskade wird der verkettete Läuferfluss geregelt Der linke Block in dieser Kaskade symbolisiert die Vorgabe der Führungsgröße für den Rotorfluss. Danach wird bis zur Bemessungsdrehzahl der Bemessungsfluss als Sollwert vorgegeben. Danach erst kommt der Motor in den Feldschwächbereich, und der Fluss muss abgesenkt werden gemäß:

$$\Psi(n) = \Psi_N \cdot \frac{n_N}{n} \quad \text{für} \quad n \geq n_N \tag{6.93}$$

Diese Maßnahme ist erforderlich, weil die Leistung nicht über ihren Bemessungswert ansteigen darf – auch nicht bei Drehzahlen oberhalb der Bemessungsdrehzahl. Um dieser Forderung gerecht zu werden, muss bei unveränderter Höchstgrenze für den momentbildenden Strom der Fluss reduziert werden. Die so gelieferte Führungsgröße für den Rotorfluss wird verglichen mit dem Fluss-Istwert Ψ_{2d}, der vom Flussbeobachter geliefert wird. Die Regeldifferenz wird dem Flussregler vorgegeben. Dessen begrenzter Ausgang ist die Führungsgröße für den nachfolgenden Regler zur Einstellung des flussbildenden Stroms i_{1d}. Dieser liefert an seinem Ausgang die Spannung u_{1d}.

Die parallel laufenden Kaskadenregelungen liefern die Spannungen u_{1d} und u_{1q}. Diese müssen mit dem Winkel γ_1 über die inverse Drehtransformation in die Spannungen $u_{1\alpha}$ und $u_{1\beta}$ umgerechnet werden. Liegen diese vor, gibt es zwei im Wesentlichen eingesetzte Verfahren, die in Abschnitt 6.3.1 beschrieben sind, um die Ansteuerzeiten für die Leistungsschalter in der Drehstrombrücke zu berechnen.

Beim Unterschwingungsverfahren können die von der Regelung gelieferten Spannungen $u_{1\alpha}$ und $u_{1\beta}$ umgerechnet werden in den Betrag eines Spannungsvektors und den Winkel zwischen diesem Vektor und der α-Achse mit:

$$|u^*| = \sqrt{u_{1\alpha}^2 + u_{1\beta}^2} \tag{6.94}$$

und:

$$\gamma^* = \arctan\frac{u_{1\beta}}{u_{1\alpha}} \tag{6.95}$$

Um die Gln (6.14) bis (6.19) zur Berechnung der Ansteuerzeiten zu verwenden, müssen darin U_1 durch $|\underline{u}^*|$, $U_{1\max}$ durch U_Z und γ_1 durch γ^* ersetzt werden. Die berechneten Zeiten werden mithilfe des Timers eines Mikrocontrollers in die Ansteuersignale für die Leistungsschalter in der Drehstrombrücke umgesetzt.

Bei der Anwendung der Raumzeigermodulation werden die Einschaltzeiten für die Leistungsschalter in der Drehstrombrücke mit den Gln. (6.21) bis (6.27) berechnet. Auch diese Zeiten können über einen Timer, wie in Abschnitt 6.1.1 beschrieben, in Schaltimpulse für die Leistungsschalter der Drehstrombrücke umgesetzt werden.

6.4 Synchronmotor

In der Praxis wird die **Steuerung** der Synchronmaschine nur zur Drehzahlstellung eingesetzt. Soll ein solcher Antrieb aus dem Stillstand angefahren werden und sind konstruktiv keine Maßnahmen für einen asynchronen Anlauf vorgesehen, so ist dafür ein Frequenzumrichter erforderlich. Da bei diesem Motortyp die Drehzahl nur frequenzabhängig ist, muss beim Anfahren aus dem Stillstand die Drehfeldfrequenz von null auf den gewünschten Wert gesteigert werden. Beim Abbremsen in den Stillstand muss die Drehfeldfrequenz von ihrem höchsten Wert auf null reduziert werden. Dabei darf die Drehzahländerung nur so schnell erfolgen, dass das entwickelte Drehmoment des Antriebs ausreicht, um in der Beschleunigungsphase das wirksame, konstante Lastmoment und das Beschleunigungsmoment aufzubringen. Sollte dies nicht der Fall sein, fällt der Motor außer Tritt und erreicht nicht die geforderte Drehzahl. Aufgrund der mit wachsender Drehzahl steigenden Gegenspannung sollte die Drehfeldspannung auch wie bei der Asynchronmaschine der Drehzahl proportional sein bei eventueller Berücksichtigung eines Boosts zur Kompensation des Spannungsfalls an den Ständerwiderständen und von mechanischen Verlusten in der Maschine, wie z. B. Lagerreibung.

Bei gegebener Winkelbeschleunigung berechnen sich die Winkelgeschwindigkeit und der Drehfeldwinkel mit Gl. (6.10) und Gl. (6.11).

Mit der Synchronmaschine werden sowohl Regelungen der Drehzahl als auch von Positionen in vielen Anwendungen praktiziert. Dazu sind weitergehende Kenntnisse erforderlich, als sie bisher angegeben sind. Diese Maschine wird wie die Gleichstrommaschine mit Gleichstrom oder durch Permanentmagnete erregt. Da sie fast immer als Innenpolmaschine ausgebildet ist, befinden sich die Pole auf dem Läufer und die stromdurchflossenen Wicklungen im Ständer. Im Gegensatz dazu ist die Gleichstrommaschine eine Außenpolmaschine mit einem feststehenden Polsystem im Stator und den stromdurchflossenen Wicklungen im Läufer. Das feststehende Polsystem ermöglicht es bei der Gleichstrommaschine, das durch den Läuferstrom im Luftspalt verursachte magnetische Feld über Kompensationswicklungen zu kompensieren. Damit ist das resultierende magnetische Feld im Luftspalt nur bestimmt durch das Polsystem im Ständer. Der Kollektor hat die Aufgabe, den Läuferstrom mit diesem Polsystem in Phase zu halten.

Bei der Synchronmaschine ist es praktisch nicht möglich, den Ständerstrom über eine mit dem Polrad (Rotor) umlaufende Kompensationswicklung zu führen. Daher entsteht bei der Synchronmaschine das resultierende magnetische Feld im Luftspalt durch Überlagerung des durch den Ständerstrom und des durch den fremd- oder permanentmagneterregten Läufer verursachten Flusses.

Andererseits liegt bei der Synchronmaschine der Kommutierungszeitpunkt nicht fest. Eine spezielle Signalverarbeitung muss dafür sorgen, dass die Kommutierung so erfolgt, dass der zeitliche Verlauf des Stroms in den Ständerwicklungen räumlich in Phase bleibt mit dem resultierenden, das heißt mit dem vom Rotorfluss und durch den Ständerstrom verursachten Luftspaltfeld.

Für die Ausnutzung der Maschine ist es vorteilhaft, wenn der Ständerstromverlauf mit der induzierten Gegenspannung stets in Phase bleibt. Um dies zu erreichen, muss der Ständerstromverlauf mit dem resultierenden Luftspaltfeld in Phase bleiben. Dazu ist es erforderlich, die Rotorlage ständig zu erfassen.

In **Bild 6.19** ist nochmals eine permanentmagneterregte Synchronmaschine dargestellt. Für diese wird eine Signalverarbeitung gesucht, mit der der zeitliche Verlauf des Ständerstroms mit dem resultierenden Luftspaltfluss in Phase gehalten werden kann. Der Läuferstellungswinkel γ_m ist der Winkel zwischen der ständerfesten α-Achse und der läuferfesten d-Achse. In **Bild 6.20** ist gezeigt, wie sich die Ständerdurchflutung Θ_1 und die Läuferdurchflutung Θ_E zur resultierenden Luftspaltdurchflutung Θ_μ zusammensetzen. Dabei steht die Ständerdurchflutung immer senkrecht auf dem resultierenden Ständerstromvektor $\underline{i}_1$. Dieser Vektor ist nun so zu wählen, dass er mit der resultierenden Läuferdurchflutung zusammenfällt.

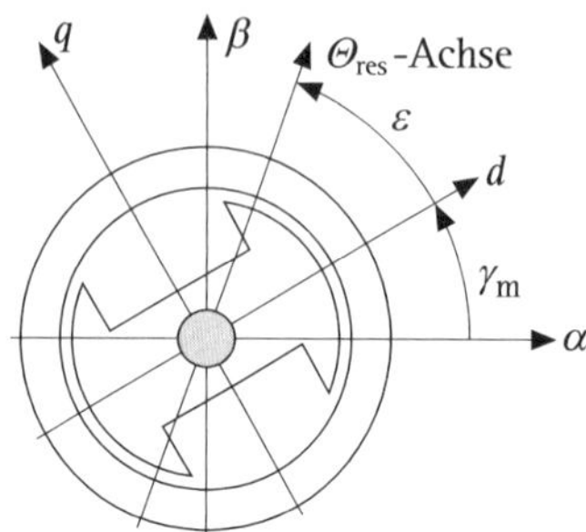

Bild 6.19 Darstellung einer permanentmagneterregten Synchronmaschine mit Rotorwinkel γ_m und Lastwinkel ε

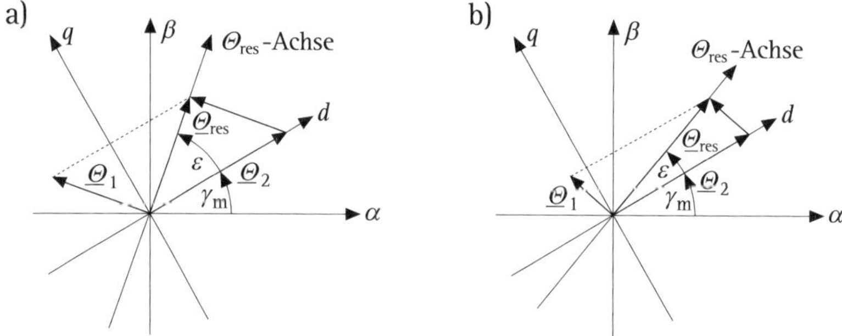

Bild 6.20 Bestimmung der Luftspaltdurchflutung aus Ständer- und Läuferdurchflutung Θ_2 und Darstellung des Einflusses der Ständerdurchflutung Θ_1 auf den Lastwinkel ε

In Bild 6.20a und Bild 6.20b ist gezeigt, welche Auswirkung die Änderung des Lastwinkels bei konstantem Erregerfluss hat.

Im Motorbetrieb muss der Stromvektor $\underline{i}_1$ und damit die Hauptfeldrichtung der Richtung der Polachse um den Lastwinkel ε voreilen.

Für eine rotorlageorientierte Regelung der Synchronmaschine werden der Sollwert Θ_1^* und die durch den Permanentmagneten bewirkte Durchflutung Θ_E vorgegeben. Gemäß Bild 6.20 lässt sich daraus der Lastwinkel ε berechnen mit:

$$\varepsilon = \arcsin \frac{\Theta_1^*}{\Theta_E} \tag{6.96}$$

Da der Rotorwinkel γ_{m} gemessen wird, kann der Winkel zwischen dem Ständerstromvektor $\underline{i}_1^*$ und der α-Achse ermittelt werden zu:

$$\gamma^* = \gamma_{\mathrm{m}} + \varepsilon \tag{6.97}$$

Aus Θ_1^* lässt sich der Strom $\left|i_1^*\right|$ berechnen mit:

$$\left|i_1^*\right| = K \cdot \left|\Theta_1^*\right| \tag{6.98}$$

Die Sollwerte der Ströme $i_{1\alpha}$ und $i_{1\beta}$ werden berechnet mit:

$$i_{1\alpha}^* = \left|i_1^*\right| \cdot \cos\gamma^* \tag{6.99}$$

und:

$$i_{1\beta}^* = \left|i_1^*\right| \cdot \sin\gamma^* \tag{6.100}$$

Damit ergibt sich das in **Bild 6.21** angegebene regelungstechnische Ersatzschaltbild für die permanentmagneterregte Synchronmaschine [5.3]. Die Umsetzung der Reglerausgangsspannungen $u_{1\alpha}$ und $u_{1\beta}$ in die Ansteuersignale für die Leistungsschalter in der Drehstrombrücke kann wie bei der Asynchronmaschine unter Anwendung des Unterschwingungsverfahrens oder der Raumzeigermodulation erfolgen. Als Positionssensor ist bei Synchronmaschinen ein Absolutwertgeber erforderlich, um beim Anfahren aus dem Stillstand das Drehfeld an der richtigen Stelle positionieren zu können.

Wird in dem Modell der Synchronmaschine die durch den Ständerstrom bewirkte Durchflutung im Luftspalt vernachlässigt, vereinfacht sich dieses erheblich. Der Lastwinkel ε wird zu null. Wenn dieser nicht mehr berechnet werden muss, führt dies auch zu einer Vereinfachung der Reglerstruktur und zur Reduzierung der Rechenzeiten für die Ermittlung der Spannungen $u_{1\alpha}$ und $u_{1\beta}$.

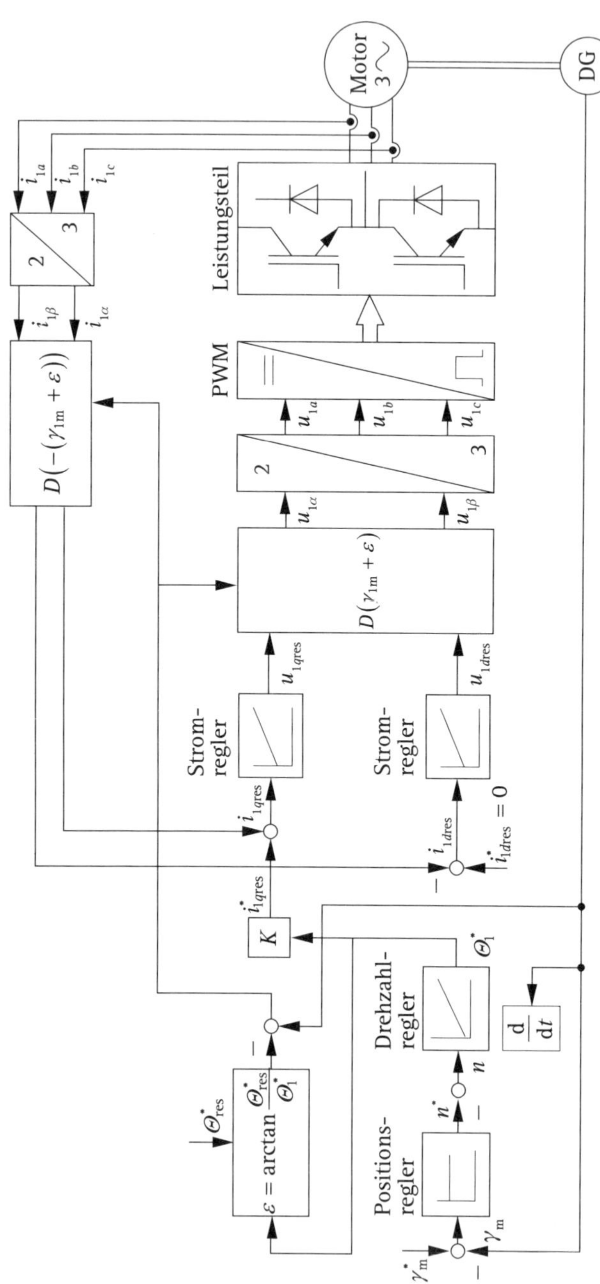

Bild 6.21 Blockschaltbild der gesamten Reglerstruktur für die Positionsregelung mit einer Synchronmaschine mit rotorlageorientierter Regelung unter Berücksichtigung des vom Statorstrom verursachten Flusses

6.5 Schrittmotoren

Schrittmotoren werden als kostengünstige Lösung überall dort eingesetzt, wo im gesteuerten Betrieb Drehzahlen gestellt werden sollen oder im Rahmen eines Bearbeitungsvorgangs verschiedene Positionen angefahren werden müssen. Man kann hier bei gemäßigten Genauigkeitsanforderungen auf jegliche Sensorik verzichten [5.3]. In Abschnitt 2.4 sind der Aufbau eines Schrittmotors und ein Leistungsteil zur Bestromung der Wicklungen eines Zweiphasenschrittmotors exemplarisch dargestellt.

Bei den Drehfeldmaschinen wird durch die Winkelgeschwindigkeit des Drehfelds auch die Rotordrehzahl beeinflusst. Dabei wird die Taktfrequenz für die Pulsweitenmodulation unabhängig von der Winkelgeschwindigkeit des Drehfelds immer konstant gehalten. Anders verhält es sich bei Schrittmotoren. Hier wird der Rotor mit jedem Impuls um seinen konstruktionsbedingten Schrittwinkel weitergeschaltet. Wenn hier die Drehzahl geändert werden soll, so kann dies nur über die Dauer der Ansteuerimpulse erfolgen.

Im Folgenden wird beschrieben, mit welchen Signalen die Leistungsschalter für variable Drehzahlen von Schrittmotoren anzusteuern sind und wie diese über einen Mikrocontroller generiert werden können. Drehzahländerungen treten in jedem Beschleunigungs- und Abbremsvorgang auf, sodass diese Signalanpassung an die geforderte Drehzahl Bestandteil jeder Schrittmotorsteuerung sein muss.

Grundlage für diese Betrachtung ist ein Zweiphasenschrittmotor. Für die Generierung der Ansteuersignale soll ein Mikrocontroller mit einem asymmetrischen Timer-Ausgangssignal verwendet werden. **Bild 6.22** zeigt, dass durch Änderung der Taktzeit die Dauer der Ansteuerimpulse verändert werden kann. Die Taktzeit lässt sich durch Änderung von Timer-Anfangswert und/oder Timer-Endwert erreichen. Welche Taktzeit einzustellen ist, hängt ab von der gewünschten Drehzahl, vom Schrittwinkel, von der Phasenzahl und von der Betriebsart des Motors. Sie kann berechnet werden mit:

$$T_T = \frac{2 \cdot m_F \cdot \alpha \cdot \frac{\pi}{180}}{\omega \cdot K_{SR}} \tag{6.101}$$

Die Darstellung in Bild 6.22 geht zu Beginn bei der großen Taktzeit von einer niedrigen Rotordrehzahl und am Ende mit einer niedrigen Taktzeit von einer höheren Drehzahl aus.

Neben der notwendigen Bestimmung der Taktzeit bei verschiedenen Drehzahlen hat der Anwender noch die Möglichkeit, unter verschiedenen Betriebsarten zu

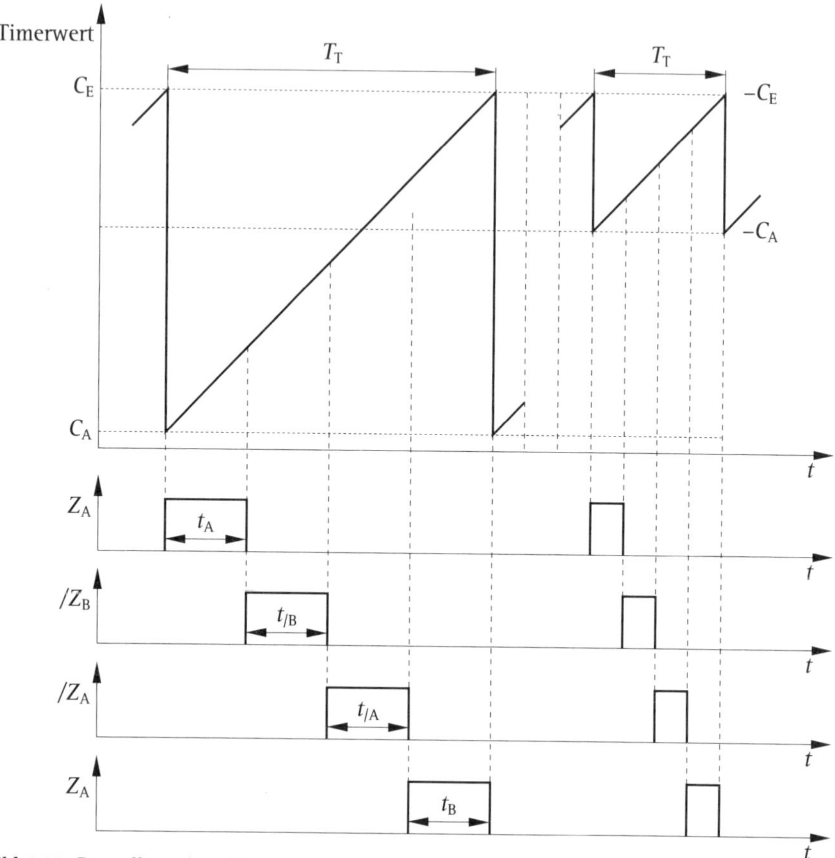

Bild 6.22 Darstellung der Abhängigkeiten von Rotordrehzahl, Taktzeit und Timerverlauf

wählen, die mit zeitgemäßer Steuer- und Leistungselektronik problemlos realisiert werden können. Die üblichen Betriebsarten sind der Vollschrittbetrieb, der Halbschrittbetrieb und der Mikroschrittbetrieb.

Im Vollschrittbetrieb ist nur immer eine Wicklung bestromt. In **Bild 6.23** sind der Timerverlauf und die Verläufe der Ansteuersignale für einen Zweiphasenschrittmotor angegeben. Für ihn soll angenommen werden, dass eine Drehrichtung realisiert wird, wenn die Ansteuerung der Wicklungen in der Reihenfolge Z_A, $/Z_B$, $/Z_A$ und Z_B erfolgt. Die Generierung der Ansteuersignale erfolgt wieder mit dem Timer eines Mikrocontrollers. Die Taktzeit T_T ist der gewünschten Motordrehzahl anzupassen. Soll die Drehrichtung geändert werden, ist die Steuerfolge Z_A, $/Z_B$, $/Z_A$ und $/Z_B$ zu wählen.

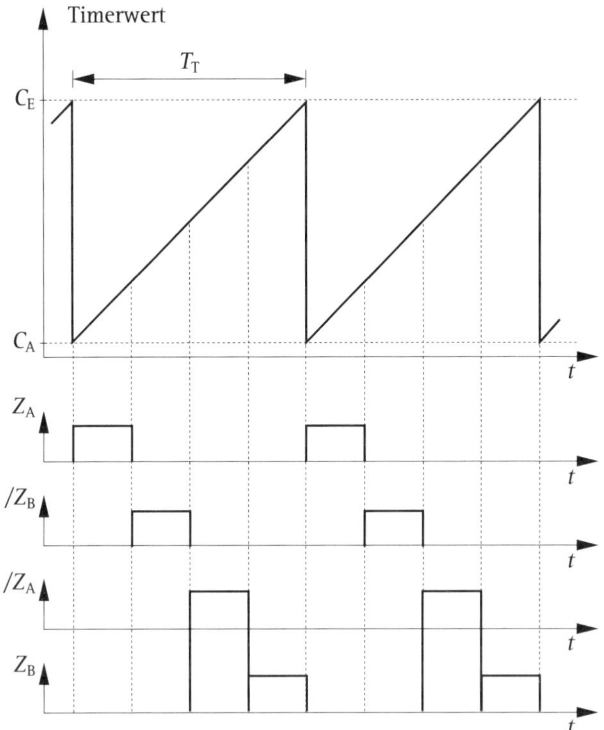

Bild 6.23 Timerverlauf und Ansteuersignale für Vollschrittbetrieb

Im Halbschrittbetrieb verdoppelt sich die Anzahl der Schritte pro Umdrehung. Dies wird dadurch erreicht, dass zusätzlich zwei benachbarte Wicklungen gleichzeitig angesteuert werden. In einem solchen Fall nimmt der Rotor zwischen den beiden Wicklungen eine Mittelstellung ein. In **Bild 6.24** sind die Verläufe der Ansteuersignale ebenfalls für einen Zweiphasenschrittmotor und deren Generierung durch den asymmetrischen Timer eines Mikrocontrollers dargestellt. Danach legt der Schrittmotor in der Taktzeit T_T vier Vollschritte zurück, die jedoch in dieser Betriebsweise noch unterteilt sind. Die Schaltfolge nach der Darstellung in Bild 6.24 ergibt sich zu Z_A und Z_B, Z_A, Z_A und $/Z_B$, $/Z_B$, $/Z_B$ und $/Z_A$, $/Z_A$, $/Z_A$ und Z_B sowie Z_B. Auch hier ist wieder die Taktzeit der gewünschten Drehzahl anzupassen.

Für die Beschreibung des Mikroschrittbetriebs soll ebenfalls ein Zweiphasenschrittmotor konkret mit einer Schrittweite von 1,8° betrachtet werden. Ferner wird angenommen, dass unabhängig von der Drehzahl des Motors die Taktzeit T_T konstant gehalten wird. Bei der Bestromung der beiden Wicklungen in jeweils beiden Richtungen dreht sich der Rotor um vier Vollschritte weiter, erreicht also dabei eine Winkeländerung von 7,2°. Damit ergibt sich in der Zeit T_T eine Winkeländerung von:

$$\Delta\gamma = 360° \cdot \frac{n}{60} \cdot T_T \tag{6.102}$$

Für den Beginn der Drehbewegung soll gelten:

$$\gamma(0) = 0 \tag{6.103}$$

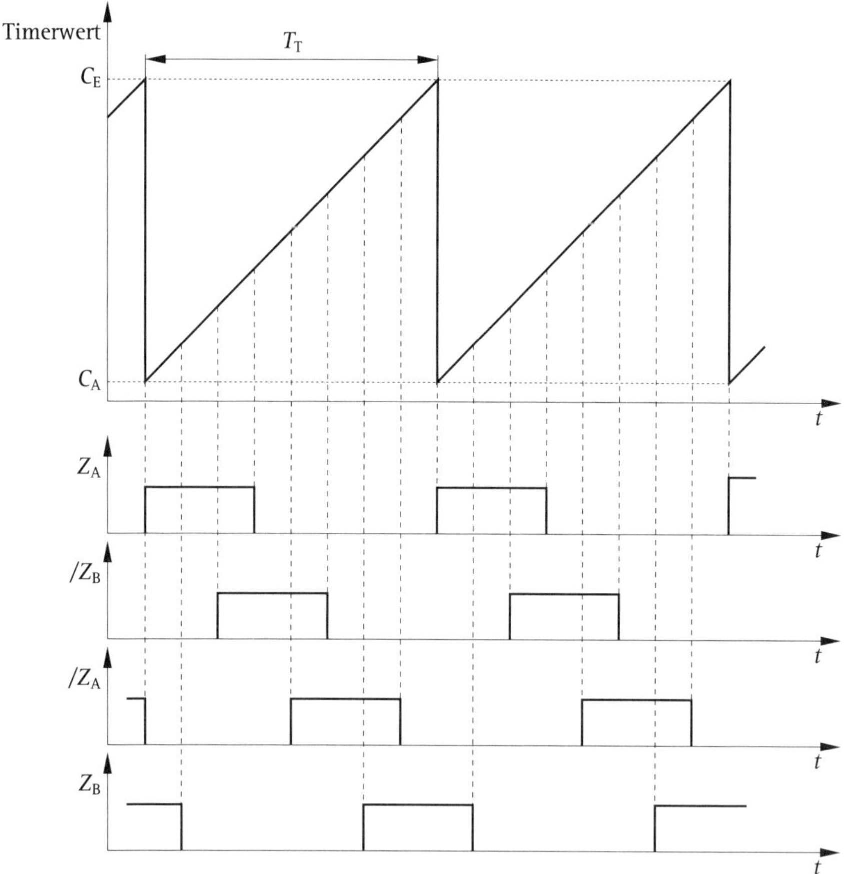

Bild 6.24 Timerverlauf und Ansteuersignale für Halbschrittbetrieb

Die Anzahl der vom Schrittmotor ausgeführten Mikroschritte soll durch die Laufvariable k gezählt werden. Für die gilt:

$$k = 0, \ldots, K \tag{6.104}$$

Nach k Mikroschritten ergibt sich dann ein Drehwinkel von:

$$\gamma(k) = \gamma(k-1) + \Delta\gamma \tag{6.105}$$

Die Verläufe der Motorspannungen in den Wicklungen A und B müssen für diese Anwendung einen sinusförmigen Verlauf haben und sind in **Bild 6.25** als Funktionen des Rotorwinkels dargestellt. Die Spannungen für die beiden Wicklungen ergeben sich in Abhängigkeit vom Rotorwinkel und von der Zwischenkreisspannung U_Z zu:

$$u_A(k) = U_Z \cdot \cos\left(360° \cdot \frac{\gamma(k)}{7{,}2°}\right) \tag{6.106}$$

und:

$$u_B(k) = -U_Z \cdot \sin\left(360° \cdot \frac{\gamma(k)}{7{,}2°}\right) \tag{6.107}$$

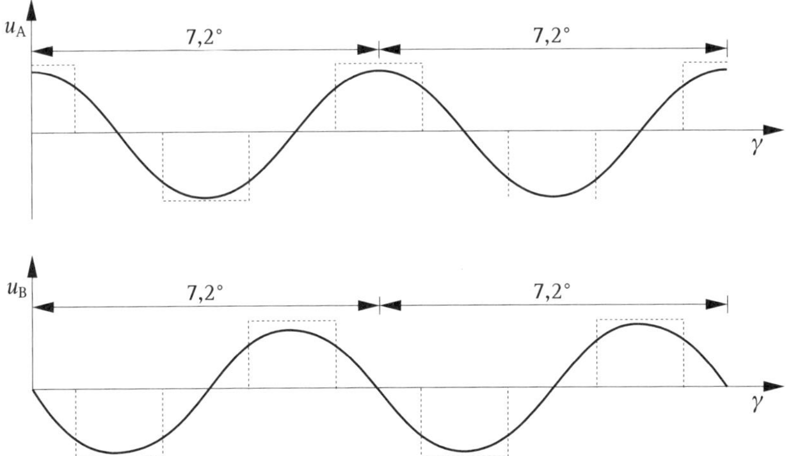

Bild 6.25 Spannungsverläufe in den Strängen A und B in Abhängigkeit vom Drehwinkel bei Mikroschrittbetrieb

Die gestrichelten, rechteckigen Verläufe entsprechen den Ansteuersignalen bei Vollschrittbetrieb.

Die mit den Gln. (6.106) und (6.107) berechneten Spannungen für die Wicklungen A und B lassen sich mit den Formeln, wie sie beim Gleichstrommotor angegeben sind, jeweils in den Einschaltzeiten der Leistungsschalter in den Strängen A und B berechnen (Bild 2.25). Diese Zeiten können dann von einem Mikrocontroller unter Verwendung eines Timers in die erforderlichen Ansteuerimpulse umgerechnet werden. Mit dieser Methode ist es möglich, jeden Vollschritt nochmals in bis zu 100 Mikroschritte zu unterteilen. Durch diese Maßnahme ist eine weitere Steigerung der Positioniergenauigkeit mit Schrittmotoren möglich.

Bei Benutzung einer entsprechenden Sensorik lassen sich Schrittmotoren auch als Stellelemente in Regelungen einsetzen. Von dieser Möglichkeit wird aber in der Praxis nur selten Gebrauch gemacht.

6.6 Elektronikmotor

Elektronikmotoren (EC-Motoren) haben einen permanentmagnetischen Läufer und drei um 120° versetzte Pole zum Anschluss einer dreiphasigen Drehspannung im Ständer. Ferner sind in den Ständer drei meist um 60° versetzte Feldsensoren untergebracht zur Detektierung der Rotorlage. In Abhängigkeit von den Ausgangssignalen dieser Sensoren wird das Drehfeld über eine spezielle Steuerelektronik weitergeschaltet. Das entwickelte Drehmoment des Motors hängt ab von der magnetischen Feldstärke im Luftspalt und von der Stromstärke in den Wicklungen der einzelnen Pole. Die Feldstärke ist aber abhängig von der angelegten Spannung. Deshalb ist es möglich, die Drehzahl des Motors über die Zwischenkreisspannung des Leistungsteils einzustellen. Wegen dieser Eigenschaften werden diese Antriebe auch häufig als bürstenlose Gleichstrommotoren bezeichnet. **Bild 6.26** zeigt den schematischen Aufbau eines solchen Motors einschließlich der zu seinem Betrieb notwendigen Steuer- und Leistungselektronik [2.1; 5.3].

Die Ausgangssignale der Feldsensoren, hier mit H_1, H_2 und H_3 bezeichnet, werden von einem Logikblock erfasst und ausgewertet. Abhängig von der Rotorlage werden daraus die Ansteuersignale für die Leistungsschalter generiert.

Dieser Logikblock kann entweder diskret aufgebaut sein oder aus einem programmierbaren Logikbaustein (z. B. FPGA) bestehen. Hierfür kann auch ein Mikrocontroller verwendet werden.

Wie die Auswertung der Signale der Feldsensoren zu erfolgen hat, um daraus die Ansteuersignale der Leistungsschalter für Blockkommutierung in der Drehstrom-

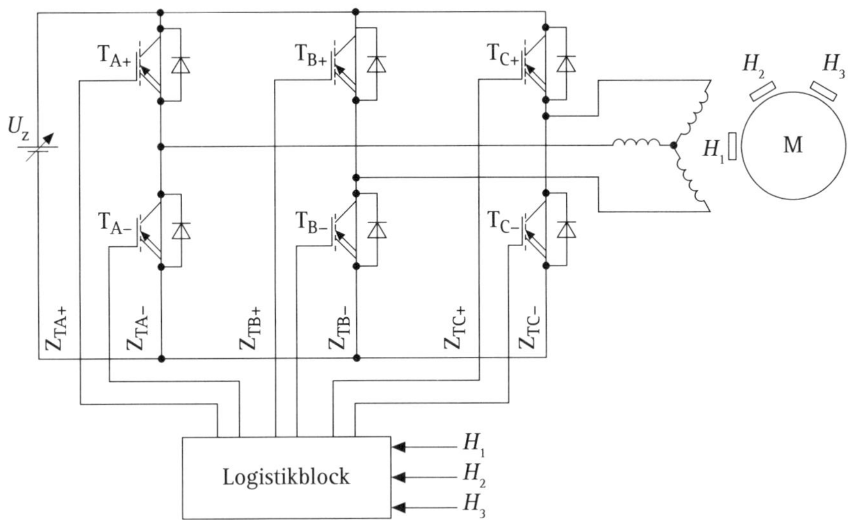

Bild 6.26 Schematischer Aufbau eines EC-Motors mit Steuerteil und Leistungsteil

Tabelle 6.2 Zuordnung von Feldsensorsignalen und Ansteuersignalen für die Leistungsschalter in der Drehstrombrücke

Feldsensorsignale **1: H-Signal** **0: L-Signal**			**Schaltzustand der oberen Leistungstransistoren** **+: leitend** **–: gesperrt**			**Schaltzustand der unteren Leistungstransistoren** **+: leitend** **–: gesperrt**		
H_1	H_2	H_3	T_{A+}	T_{B+}	T_{C+}	T_{A-}	T_{B-}	T_{C-}
1	0	0	+	–	–	–	–	+
1	1	0	–	+	–	–	–	+
1	1	1	–	+	–	+	–	–
0	1	1	–	–	+	+	–	–
0	0	1	–	–	+	–	+	–
0	0	0	+	–	–	–	+	–

brücke zu generieren, ist in **Tabelle 6.2** zusammengestellt. Die zeitlichen Verläufe der Feldsensorsignale und die der Ansteuersignale sowie der Stromverlauf i_A sind **Bild 6.27** zu entnehmen.

Wie dem Verlauf $i_A = f(t)$ zu entnehmen ist, nähert sich der Stromverlauf in den Wicklungen trotz Blockkommutierung infolge des induktiven Verhaltens der Wicklungen einer Sinusform an.

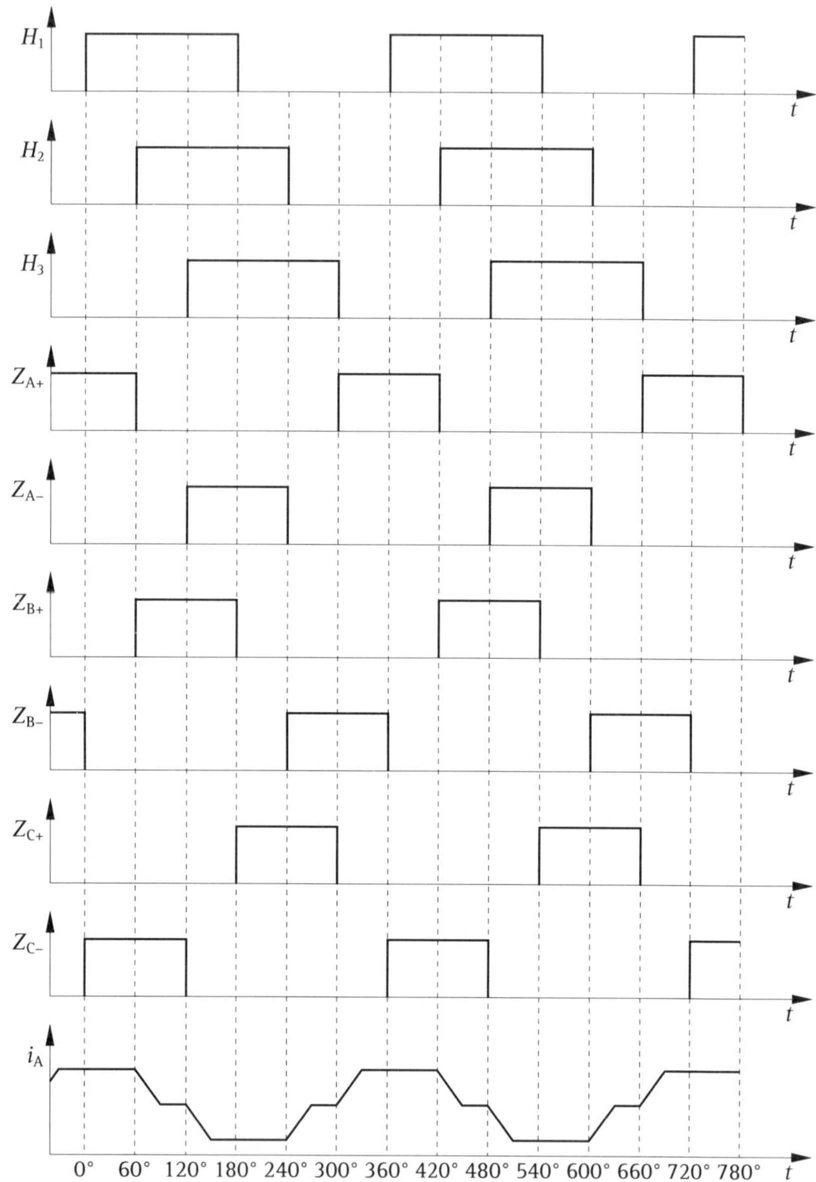

Bild 6.27 Darstellung der Feldsensorsignale und Ansteuersignale sowie des Stromverlaufs i_A, geschaltet von T_{A+}/T_{A-}, als Funktionen der Zeit

Elektronikmotoren können auch in Regelungen eingesetzt werden. Dazu ist ein Sensor für die zu regelnde Prozessgröße erforderlich. Handelt es sich dabei um eine Positionierung, ist eine Reglerstruktur wie bei Gleichstrom-, Synchron- und Asynchronmotoren mit einen Positionsregler und unterlagerter Drehzahl- und Stromregelung empfehlenswert. Bei Drehrichtungsumkehr müssen im Logikblock zwei Stränge vertauscht werden.

6.7 Universalmotor

Dieser Motor wird aufgrund seines Aufbaus vorwiegend im Consumer-Bereich eingesetzt, z. B. in Haushaltsmaschinen und Heimwerkermaschinen. Bei diesen Anwendungen sind nur Steuerungen (Drehzahl) und keine Regelungen gefordert. In diesem Marktsegment ist der Absatz wesentlich durch den Preis bestimmt. Deshalb müssen auch die zugehörigen Schaltungen zur Drehzahlsteuerung besonders einfach und kostengünstig aufgebaut sein. Im Gegensatz zu den bisher betrachteten Antriebsarten wird hier die Leistung mit einem Thyristor bzw. einem Triac über eine Phasenanschnittsteuerung eingestellt. Zur Wahl des Phasenanschnittwinkels dienen in den meisten Fällen ein einfacher Phasenschieber und ein einstellbarer Spannungsteiler.

Je nach geforderter Leistung wird zur Drehzahlsteuerung die Halbwellen- oder Vollwellenphasenanschnittsteuerung eingesetzt. Die dafür erforderlichen Schaltungen sind schematisch in **Bild 6.28** angegeben. Ferner enthält das Bild die zugehörigen Spannungs- und Stromverläufe bei verschiedenen Phasenanschnittwinkeln.

Die Schaltungen unterscheiden sich nur dadurch, dass bei der Halbwellenphasenanschnittsteuerung ein Thyristor und bei der Vollwellenphasenanschnittsteuerung ein Triac als Leistungsschalter verwendet werden. Die Induktivität L und der Kondensator C_1 bilden ein Glied zur Funk-Entstörung. Die Aufladung des Phasenschieberkondensators C_2 erfolgt über den Vorwiderstand R_1 und den Regelwiderstand R_2. Die Triggerung des Thyristors bzw. Triacs Th_1 wird mithilfe des Diacs D_1 vorgenommen. Die Einstellung des Zündzeitpunkts erfolgt über den Regelwiderstand R_2. Erreicht die Spannung am Kondensator C_2 die Zündspannung des Diacs D_1, so zündet dieser und liefert den Gate-Strom zur Triggerung des Thyristors bzw. Triacs Th_1. Sobald die Triggerung erfolgt ist, wird der Universalmotor während des restlichen Teils der Sinusschwingung an die Netzspannung angeschlossen. Mit kleiner werdendem R_2 erfolgt die Triggerung früher. Dies entspricht einer Leistungsvergrößerung am Verbraucher.

Halb- bzw. Vollwellenphasenanschnittsteuerungen lassen sich mit wenigen Bauteilen und geringem Aufwand aufbauen und sind deshalb auch sehr kostengünstig.

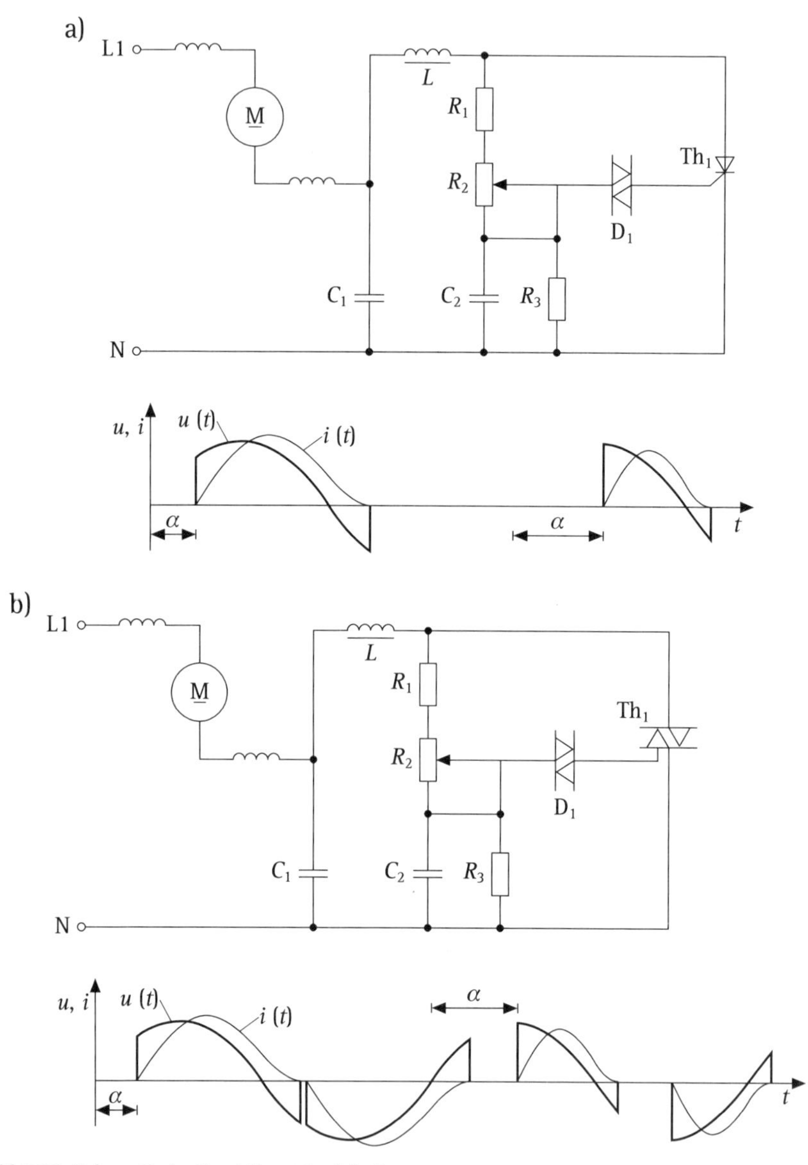

Bild 6.28 Schematische Darstellung der Schaltungen

a) Halbwellensteuerung

b) Vollwellenphasenanschnittsteuerungen mit den zugehörigen Spannungs- und Stromverläufen

7 Bewertung der Antriebsarten unter dem Aspekt der Steuerungen und Regelungen

Für Anwendungen, die nur angetrieben werden müssen, ohne besondere Erwartungen an Drehzahlkonstanz und -variabilität, können Antriebsmotoren mit direktem Netzanschluss verwendet werden. Welcher Motortyp für welche Anwendung geeignet ist, wurde bereits in den vorhergehenden Abschnitten beschrieben.

Werden aber besondere Anforderungen an Drehzahlvariabilität und -genauigkeit gestellt und/oder soll das System exakt positionieren können, so ist für den ausgewählten Motor eine Steuerung oder Regelung erforderlich. Der Unterschied zwischen beiden ist, dass bei einer Steuerung Sollwerte vorgegeben werden, ohne zu kontrollieren, ob diese auch erreicht worden sind (Open-Loop-Control), während bei einer Regelung Führungsgröße und Regelgröße ständig miteinander verglichen werden und aufgrund einer Soll-/Istwert-Abweichung eine Stellgröße in dem Sinne erzeugt wird, dass die Differenz zwischen Referenzwert und Regelgröße zu null wird (Closed-Loop-Control). Dafür ist ein Sensor erforderlich, der die Regelgröße ständig misst. Wegen des erhöhten Aufwands für Regelungen sollten diese nur dann eingesetzt werden, wenn starke äußere Störungen auf das System einwirken oder wenn besonders hohe Ansprüche an die Positionier- und Drehzahlgenauigkeit gestellt werden.

Der Aufbau einer solchen Einrichtung ist in allen Fällen gleich und besteht aus einem Leistungsteil und einem Steuerteil. In zeitgemäßen Systemen ist immer ein Mikrocontroller zentrales Element des Steuerteils. Der Leistungsteil besteht für Gleichstrom- und Wechselstrommotoren aus einer H-Brücke (zwei Halbbrücken), bei Drehfeldmaschinen aus einer Drehstrombrücke (drei Halbbrücken) und bei Zweiphasenschrittmotoren aus zwei H-Brücken (vier Halbbrücken). Während der Aufbau des Steuerteils stets unabhängig von der Leistung des angeschlossenen Antriebs ist, ist der Leistungsteil dieser anzupassen, das heißt, die eingesetzten Leistungshalbleiter müssen in der Lage sein, den geforderten Motorstrom zu schalten. Damit sind die Kosten für die Leistungselektronik an die Motorleistung gekoppelt. Ebenfalls von der Motorleistung völlig unabhängig sind die Kosten und der Aufwand für die Erstellung der in den Mikrocontroller zu implementierenden Software.

Aus der Beschreibung der Hardware für die Steuer- bzw. Regelelektronik der verschiedenen Motoren ist erkennbar, dass von demselben System, bestehend aus einem Steuerteil und einem Leistungsteil mit vier Halbbrücken, alle gängigen Motorarten gesteuert bzw. geregelt werden können. Entsprechend des angeschlossenen Motors sind dafür von den vier Halbbrücken nur zwei, drei oder alle vier zu verwenden. Der entscheidende Unterschied für den Betrieb der verschiedenen Motorarten liegt allein in der implementierten Software. Wie in Abschnitt 6.7 gezeigt, gibt es für den Universalmotor (Gleichstromreihenschlussmotor) auch eine andere Schaltung, um die Drehzahl über den gesamten verfügbaren Bereich zu verstellen.

Im Folgenden sollen die besonderen Eigenschaften der Antriebsarten im gesteuerten bzw. geregelten Betrieb noch einmal kurz zusammengefasst werden.

Der Universalmotor mit Phasenanschnittsteuerung wird immer dann eingesetzt, wenn eine besonders kostengünstige Lösung zur manuellen Drehzahlverstellung gefordert ist und nur geringe Ansprüche an die Drehzahlkonstanz gestellt werden.

Bei Elektronikmotoren ist eine Drehzahlverstellung über die Höhe der Zwischenkreisspannung (Gleichspannung) möglich. Der Aufwand für die Kommutierungselektronik ist hoch. Deshalb werden die Gesamtsysteme vergleichsweise teuer. Ihr Einsatz ist dann gerechtfertigt, wenn lange Standzeiten bei hoher relativer Einschaltzeit und hohem Leistungsgewicht gefordert sind und zur Versorgung nur eine Gleichspannung zur Verfügung steht. Dies gilt insbesondere für Hilfsantriebe im Kfz-Bereich.

Schrittmotoren werden für Drehzahl- und Positionssteuerungen bei kleinen Belastungen und mittleren Genauigkeitsanforderungen eingesetzt. Die auftretenden Lastmomente müssen vorhersehbar sein, damit auch alle vorgegebenen Schritte ausgeführt werden können und es infolge Überlastung nicht zu Schrittverlusten kommt. Schrittmotoren mit ihren Steuerungen sind auch besonders für die Abarbeitung komplexer Bewegungsvorgänge geeignet.

Der Synchronmotor eignet sich, ausgestattet mit entsprechender Steuer- und Leistungselektronik, für das Einstellen von Drehzahlen wie auch für das Anfahren vorgegebener Positionen im Open-Loop-Betrieb wie auch im Closed-Loop-Betrieb. Für die Steuerung von Drehzahlen und Positionen müssen auch hier die Lastmomente bekannt sein, damit der Motor der durch das Ständerdrehfeld vorgegebenen Frequenz folgen kann. Ist dies gewährleistet, lassen sich auch im gesteuerten Betrieb eine hohe Drehzahlkonstanz und eine hohe Positioniergenauigkeit erreichen, da bei dieser Maschine dann die Rotordrehzahl allein durch die Vorgabe der Drehfeldfrequenz bestimmt ist. Bei unvorhersehbaren Störgrößen und höchsten Ansprüchen an Drehzahlkonstanz und Positioniergenauigkeit sollte trotz höheren Aufwands auf die Regelung zurückgegriffen werden. Der Synchronmotor zeichnet sich besonders durch hohe Dynamik und ein hohes Leistungsgewicht aus.

Beim Asynchronmotor ist die Drehzahl im Wesentlichen lastabhängig. Damit lassen sich im gesteuerten Betrieb vorgegebene Drehzahlen und Positionen nur mit unzureichender Genauigkeit realisieren. Bei Feldorientierung lassen sich im geschlossenen Regelkreis unter Verwendung eines höheren Aufwands eine hohe Drehzahlkonstanz und eine hohe Positioniergenauigkeit erzielen. Dynamik und Leistungsgewicht sind funktionsbedingt geringer als beim Synchronmotor.

Der Wechselstrommotor, ob synchron oder asynchron, ist mit einer geeigneten Steuer- und Leistungselektronik ebenfalls steuerbar und regelbar. Da von den Anwendungen, zu deren Betrieb er eingesetzt wird, häufig nur geringe Ansprüche an Drehzahlvariabilität und -genauigkeit gestellt werden, ist meist nur der direkte Netzbetrieb erforderlich.

Beim Gleichstrommotor gelten bezüglich Drehzahl- und Positionssteuerung dieselben Aussagen wie beim Asynchronmotor. Mit einer Regelung lassen sich Drehzahl- und Positioniergenauigkeiten ebenfalls für höchste Ansprüche realisieren. Aufgrund seines hohen Verschleißes und des dadurch bedingten hohen Wartungsaufwands und seiner geringen Standzeiten wird der Gleichstrommotor heute nur noch in Sonderfällen eingesetzt.

8 Berechnungsbeispiele

Aufgabe 1

Relative Einschaltzeit

Man berechne für das in **Bild 8.1** gegebene Arbeitsspiel die relative Einschaltdauer.

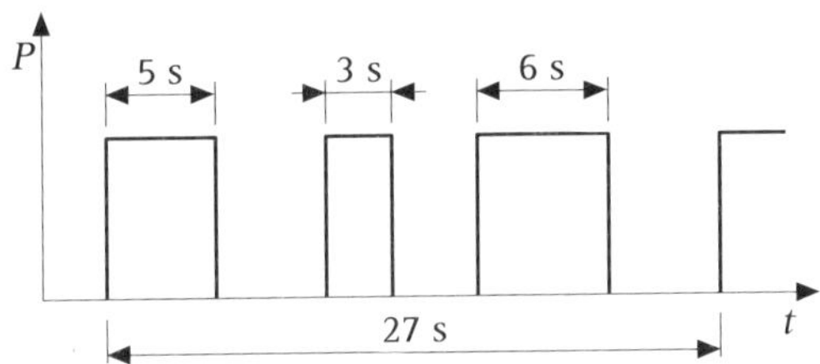

Bild 8.1 Arbeitsspiel eines Motors gegeben

Lösung:

$$ED = \frac{\sum_i t_{ei}}{T} \cdot 100\ \% = \frac{(5+3+6)\ \mathrm{s}}{27\ \mathrm{s}} \cdot 100\ \% = 51{,}85\ \%$$

Aufgabe 2

Effektives Drehmoment

Für den in **Bild 8.2** angegebenen Verlauf des Drehmoments für ein Arbeitsspiel ermittle man das effektive Drehmoment.

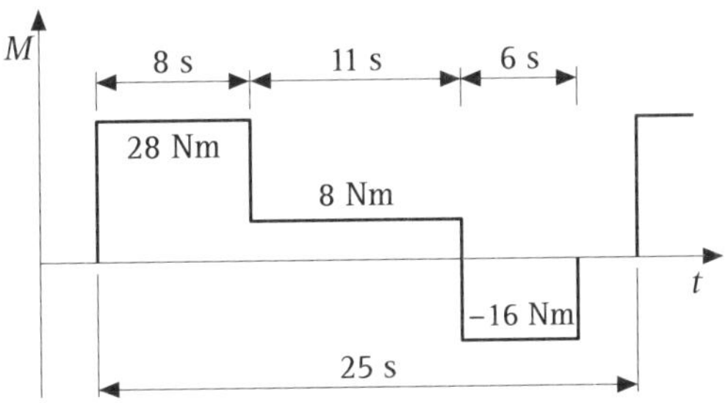

Bild 8.2 Verlauf des Drehmoments für ein Arbeitsspiel eines Motors

Lösung:

$$M_{\text{eff}} = \sqrt{\frac{1}{T} \cdot \sum_i M_i^2 \cdot t_i}$$

$$= \sqrt{\frac{(28\ \text{Nm})^2 \cdot 8\ \text{s} + (8\ \text{Nm})^2 \cdot 11\ \text{s} + (-16\ \text{Nm})^2 \cdot 6\ \text{s}}{25\ \text{s}}} = 18{,}45\ \text{Nm}$$

Aufgabe 3

Trommelantrieb für eine Waschmaschine

Bei einer Waschmaschine hat die Waschtrommel einschließlich Wäscheinhalt ein Massenträgheitsmoment von $J = 1{,}2\ \text{kg}\cdot\text{m}^2$. Die Trommel wird angetrieben über einen Keilriemenantrieb mit einer Untersetzung von $i = 4$ und einem Wirkungsgrad $\eta = 0{,}9$.

a) Welches Drehmoment muss der Motor aufbringen, wenn die Drehzahländerung der Trommel beim Übergang vom Waschvorgang in den Schleudervorgang von 60 min^{-1} auf 600 min^{-1} in 3 s erfolgen soll?

b) Welche Leistungen muss der Motor zu Beginn und am Ende der Beschleunigungsphase liefern, wenn angenommen wird, dass während der Beschleunigungsphase das Drehmoment konstant ist?

Lösung:

a) $$M = \frac{1}{i^2} \cdot J \cdot \alpha \cdot \frac{1}{\eta}$$

$$M = \frac{1}{i^2} \cdot J \cdot \frac{\omega_{t2} - \omega_{t1}}{t_2 - t_1} \cdot \frac{1}{\eta}$$

$$= \frac{1}{4^2} \cdot 1{,}2\ \text{kgm}^2 \cdot \frac{(600 - 60)\ \text{min} \cdot 2 \cdot \pi}{\text{min} \cdot 3\ \text{s} \cdot 60\ \text{s}} \cdot \frac{1}{0{,}9} = 1{,}57\ \text{Nm}$$

b) $P = M \cdot \omega$

Beginn der Beschleunigungsphase:

$$P = M \cdot i \cdot \omega_{t1} = M \cdot n_{t1} \cdot i \cdot \frac{2 \cdot \pi}{60}$$

$$= 1{,}57\ \text{Nm} \cdot \frac{60}{\text{min}} \cdot 4 \cdot \frac{2 \cdot \pi \cdot \text{min}}{60\ \text{s}} = 39{,}48\ \text{W}$$

Ende der Beschleunigungsphase:

$$P = M \cdot i \cdot \omega_{t2} = M \cdot n_{t2} \cdot i \cdot \frac{2 \cdot \pi}{60}$$

$$= 1{,}57\ \text{Nm} \cdot \frac{600}{\text{min}} \cdot 4 \cdot \frac{2 \cdot \pi \cdot \text{min}}{60\ \text{s}} = 394{,}79\ \text{W}$$

Aufgabe 4

Laugenpumpenantrieb für eine Waschmaschine

Die Laugenpumpe einer Waschmaschine mit dem Wirkungsgrad $\eta_P = 0{,}4$ soll 10 l Lauge in 10 s abpumpen. Für die Pumpe wird angenommen, dass der Druck am Eingang $1 \cdot 10^5$ Pa und am Ausgang $1{,}2 \cdot 10^5$ Pa beträgt.

Lösung:

$$P = \dot{m} \cdot \frac{p_2 - p_1}{\rho} \cdot \frac{1}{\eta_P} = \frac{10\ \text{kg}}{10\ \text{s}} \cdot \frac{(1{,}2-1) \cdot 10^5\ \text{kg} \cdot \text{m} \cdot \text{m}^3}{\text{s}^2 \cdot \text{m}^2 \cdot 1\,000\ \text{kg}} \cdot \frac{1}{0{,}4} = 50{,}00\ \text{W}$$

Aufgabe 5

Ventilatorantrieb

Es ist die erforderliche Antriebsleistung für einen Ventilator mit einem Wirkungsgrad von $\eta_V = 0{,}2$ zu berechnen, der einen Volumenstrom $0{,}5\ \text{m}^3/\text{s}$ fördern muss und der die Luft auf eine maximale Strömungsgeschwindigkeit von 4 m/s bringen soll.

Lösung:

$$P = \dot{m} \cdot \left(\frac{v_2^2}{2} - \frac{v_1^2}{2} \right) \cdot \frac{1}{\eta_V} \quad \text{mit} \quad \dot{m} = \dot{V} \cdot \rho$$

Damit folgt:

$$P = \dot{V} \cdot \rho \cdot \frac{(v_2^2 - v_1^2)}{2} \cdot \frac{1}{\eta_V} = 0{,}5\ \frac{\text{m}^3}{\text{s}} \cdot 1{,}29\ \frac{\text{kg}}{\text{m}^3} \cdot \frac{(4^2 - 0)}{2}\ \frac{\text{m}^2}{\text{s}^2} \cdot \frac{1}{0{,}2}$$

$$= 25{,}80\ \text{Nm/s} = 25{,}80\ \text{W}$$

Aufgabe 6

Verdichterantrieb (isotherme Verdichtung)

Man berechne die Antriebsleistung für einen isothermen Verdichter, mit dem ein Luftmengenstrom von 0,010 m^3/s bei 25 °C von einem Druck von $1 \cdot 10^5$ Pa auf $4 \cdot 10^5$ Pa verdichtet werden soll.

Lösung:

$$P = \dot{m} \cdot R \cdot T \cdot \ln \frac{p_2}{p_1} \quad \text{mit} \quad \dot{m} = \dot{V} \cdot \rho$$

Es folgt:

$$P = \dot{V} \cdot \rho \cdot R \cdot T \cdot \ln \frac{p_2}{p_1} = \frac{0{,}01\ \text{m}^3 \cdot 1{,}29\ \text{kg}}{\text{s} \cdot \text{m}^3} \cdot 0{,}287\ \frac{\text{J}}{\text{kg} \cdot \text{K}} \cdot 298\ \text{K} \cdot \ln\left(\frac{4}{1}\right)$$

$$= 1{,}58\ \frac{\text{J}}{\text{s}} = 1{,}58\ \text{W}$$

Aufgabe 7

Kühlkompressorantrieb

Welche Leistung muss der Antrieb für einen Kühlkompressor liefern, der eine Kühlleistung von 50 J/s bei einem spezifischen Energiebedarf von $1/\varepsilon = 1{,}5$ liefern soll

Lösung:

$$P = \frac{\dot{Q}}{\varepsilon} = 50\ \frac{\text{J}}{\text{s}} \cdot 1{,}5 = 75{,}00\ \frac{\text{J}}{\text{s}} = 75{,}00\ \text{W}$$

Aufgabe 8

Schrägaufzug

Ein Schrägaufzug nach **Bild 8.3** wird aus den Stillstand mit konstanter Beschleunigung nach oben auf die Endgeschwindigkeit v gebracht. Das größte Motormoment ist zum Beschleunigen nach oben erforderlich.

a) Welches Moment muss der Antriebsmotor in der Beschleunigungsphase abgeben, wenn dieses als konstant angenommen wird?

b) Welche Motorleistung ist am Ende der Beschleunigungsphase erforderlich?

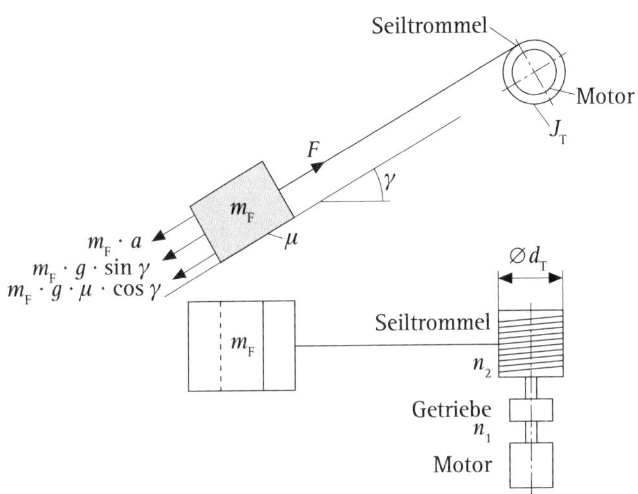

Bild 8.3 Schematische Darstellung eines Schrägaufzugs in Vorderansicht und Draufsicht

Für den Schrägaufzug sind gegeben:

Massenträgheitsmoment der Seiltrommel	0,075 kg·m^2
Durchmesser der Seiltrommel	0,25 m
Reibungszahl entlang der schiefen Ebene	0,05
Neigung der schiefen Ebene	30°
Endgeschwindigkeit	2 m/s
Beschleunigung	0,5 m/s^2
Fördergutmasse	250 kg
Getriebeübersetzung $i = n_1/n_2$	2

Lösung:

a) Winkelgeschwindigkeit ω_2 der Seiltrommel:

$$\omega_2 = \frac{2 \cdot v}{d_T} = \frac{2 \cdot 2\ \text{m}}{\text{s} \cdot 0{,}25\ \text{m}} = 16{,}00\ \text{s}^{-1}$$

Beschleunigungszeit:

$$t_{BE} = \frac{v}{a} = \frac{2\ \text{m s}^2}{\text{s} \cdot 0{,}5\ \text{m}} = 4{,}00\ \text{s}$$

Berechnung des Moments an der Seiltrommel nach Gl. (4.12):

$$M_2 = 0{,}075\ \text{kgm}^2 \cdot \frac{16}{4\ \text{s}^2}$$
$$+ 250\ \text{kg} \cdot \frac{0{,}25\ \text{m}}{2} \cdot \left(0{,}5\ \frac{\text{m}}{\text{s}^2} + 9{,}81\ \frac{\text{m}}{\text{s}^2} \cdot (\sin 30° + 0{,}05 \cdot \cos 30°)\right)$$
$$= 182{,}48\ \text{Nm}$$

Aufgrund der Getriebeübersetzung folgt für das Antriebsmoment des Motors nach Gl. (4.15):

$$M_1 = M_2 \cdot \frac{1}{i} = \frac{182{,}48\ \text{Nm}}{2} = 91{,}24\ \text{Nm}$$

b) Für die maximale Motorleistung gilt die Beziehung (4.15):

$$P = M_1 \cdot \omega_1 = M_1 \cdot i \cdot \omega_2 = 91{,}24\ \text{Nm} \cdot 2 \cdot 16\ \frac{1}{\text{s}} = 2{,}92\ \text{kW}$$

Aufgabe 9

Förderband

Ein Förderband nach **Bild 8.4** wird aus dem Stillstand mit konstanter Beschleunigung mit der Last gegen die Schwerkraft auf die Endgeschwindigkeit v gebracht.

a) Welches Moment muss der Antriebsmotor in der Beschleunigungsphase abgeben, wenn dieses als konstant angenommen wird?

b) Welche Motorleistung ist am Ende der Beschleunigungsphase erforderlich?

Für das Förderband sind gegeben:

Massenträgheitsmomente der Antriebs- und Umlenkrolle	0,1 kg·m^2
Durchmesser der Antriebs- und Umlenkrolle	0,3 m
Neigung der schiefen Ebene	30°
Endgeschwindigkeit	3 m/s
Beschleunigung	0,75 m/s^2
Fördergutmasse	500 kg
Bandmasse	200 kg
Getriebeübersetzung $i = n_1/n_2$	5
Reibmoment in Antriebs- und Umlenkrolle	50 Nm

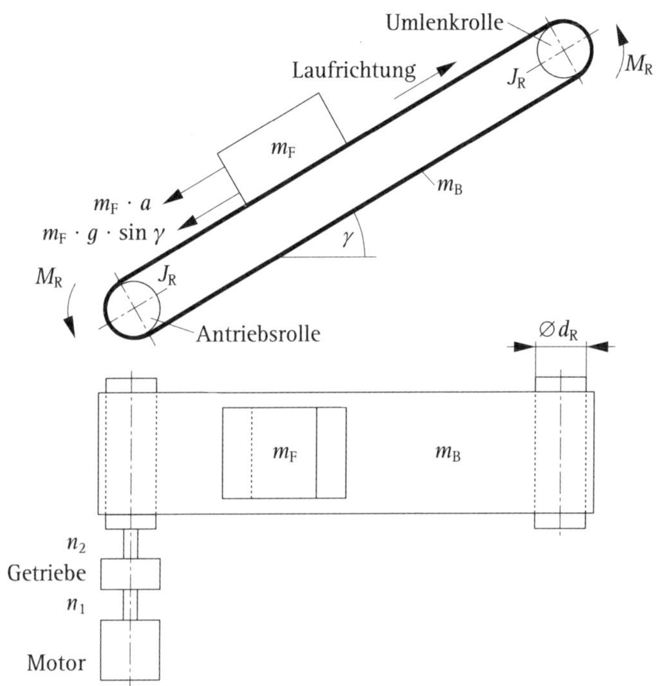

Bild 8.4 Schematische Darstellung eines Förderbands in Seitenansicht und Draufsicht

Lösung:

a) Winkelgeschwindigkeit ω_2 der Antriebstrommel:

$$\omega_2 = \frac{2 \cdot v}{d_R} = \frac{2 \cdot 3 \text{ m}}{\text{s} \cdot 0{,}3 \text{ m}} = 20 \text{ s}^{-1}$$

Beschleunigungszeit:

$$t_{BE} = \frac{v}{a} = \frac{3 \text{ m} \cdot \text{s}^2}{\text{s} \cdot 0{,}75 \text{ m}} = 4 \text{ s}$$

Berechnung des Moments an der Antriebstrommel nach Gl. (4.18):

$$M_2 = 2 \cdot 0{,}1 \text{ kgm}^2 \cdot \frac{20}{4 \text{ s}^2} + \frac{0{,}3 \text{ m}}{2}$$

$$\cdot \left(0{,}75 \frac{\text{m}}{\text{s}^2} \cdot (500 \text{ kg} + 200 \text{ kg}) + 9{,}81 \frac{\text{m}}{\text{s}^2} \cdot 500 \text{ kg} \cdot \sin 30° \right) + 2 \cdot 50 \text{ Nm}$$

$$= 547{,}63 \text{ Nm}$$

Aufgrund der Getriebeübersetzung folgt für das Antriebsmoment des Motors nach Gl. (4.21):

$$M_1 = M_2 \cdot \frac{1}{i} = \frac{547{,}63\ \mathrm{Nm}}{5} = 109{,}53\ \mathrm{Nm}$$

b) Für die maximale Motorleistung gilt die Beziehung (4.22):

$$P = M_1 \cdot \omega_1 = M_1 \cdot i \cdot \omega_2 = 109{,}53\ \mathrm{Nm} \cdot 5 \cdot 20\ \frac{1}{\mathrm{s}} = 10{,}95\ \mathrm{kW}$$

Aufgabe 10

Bewegungsspindel

Die Spindel dient der Umsetzung von Dreh- in Längsbewegung. Dabei soll eine Masse nach **Bild 8.5** aus dem Stillstand mit konstanter Beschleunigung gegen die Schwerkraft auf die Endgeschwindigkeit v gebracht werden. In dieser Betriebsphase ist das erforderliche Antriebsmoment konstant.

a) Welches Moment muss der Antriebsmotor in der Beschleunigungsphase abgeben, wenn dieses als konstant angenommen wird?

b) Welche Motorleistung ist am Ende der Beschleunigungsphase erforderlich?

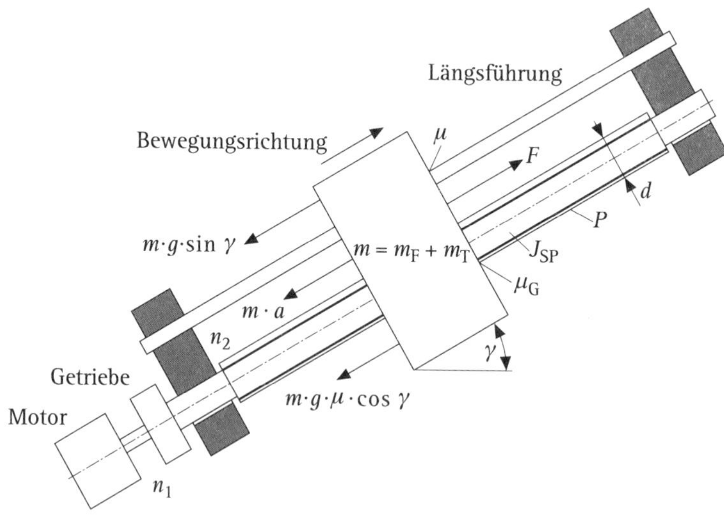

Bild 8.5 Prinzipieller Aufbau einer Bewegungsspindel mit Längsführungen

Für den Spindelantrieb sind gegeben:

Massenträgheitsmomente der Spindel	0,4 kg·m^2
Neigung der Spindel	30°
Endgeschwindigkeit	0,25 m/s
Beschleunigung	0,05 m/s^2
Fördergutmasse	500 kg
Tischmasse	200 kg
Getriebeübersetzung $i = n_1/n_2$	2
Reibungszahl für Längsbewegung	0,05
Ganghöhe im Gewinde	0,005 m
Mittlerer Durchmesser der Gewindespindel	0,03 m

Lösung:

a) Gewindesteigung nach Gl. (4.23):

$$\alpha = \arctan\frac{P}{\pi \cdot d} = \arctan\frac{0{,}005\ \text{m}}{\pi \cdot 0{,}03\ \text{m}} = 3{,}04°$$

Reibungswinkel nach Gl. (4.25):

$$\rho = \arctan 0{,}05 = 2{,}86°$$

Winkelgeschwindigkeit ω_2 der Spindel nach Gl. (4.26):

$$\omega_2 = \frac{2 \cdot \pi \cdot v}{P} = \frac{2 \cdot \pi \cdot 0{,}25\ \text{m}}{\text{s} \cdot 0{,}005\ \text{m}} = 314{,}16\ \text{s}^{-1}$$

Die Beschleunigungszeit errechnet sich aus der Maximalgeschwindigkeit und der Beschleunigung:

$$t_{\text{BE}} = \frac{v}{a} = \frac{0{,}25\ \text{m} \cdot \text{s}^2}{\text{s} \cdot 0{,}05\ \text{m}} = 5\ \text{s}$$

Die Winkelbeschleunigung der Spindel ergibt sich aus der maximalen Winkelgeschwindigkeit und der Beschleunigungszeit:

$$\alpha = \dot{\omega}_2 = \frac{\omega_2}{t_{\text{BE}}} = \frac{314{,}16}{\text{s} \cdot 5\ \text{s}} = 62{,}83\ \text{s}^{-2}$$

Mit Ganghöhe, Spindeldurchmesser, Gewindesteigung und Reibungswinkel im Gewinde ergibt sich das Antriebsmoment der Spindel mit Gl. (4.29) zu:

$$M = F \cdot \frac{d}{2} \cdot \tan(\alpha \pm \rho)$$

In dieser Gleichung gilt das Pluszeichen für die Bewegung nach oben und das Minuszeichen für die Bewegung nach unten.

Die Kraft F ergibt sich aus Bild 8.5 zu

$$F = (m_{\mathrm{F}} + m_{\mathrm{T}}) \cdot (a + g \cdot \sin\gamma + g \cdot \mu \cdot \cos\gamma)$$

Da beim Beschleunigen neben der Masse auch die Spindel beschleunigt werden muss, ergibt sich für das Getriebeantriebsmoment an der Spindel nach Gl. (4.30):

$$M_2 = 0{,}4\ \mathrm{kgm}^2 \cdot \frac{314{,}16}{\mathrm{s} \cdot 5\ \mathrm{s}} + 700\ \mathrm{kg} \cdot \left(0{,}05\ \frac{\mathrm{m}}{\mathrm{s}^2} + 9{,}81\ \frac{\mathrm{m}}{\mathrm{s}^2} \cdot (\sin 30° + 0{,}05 \cdot \cos 30°)\right)$$
$$\cdot \frac{0{,}03\ \mathrm{m}}{2} \cdot \tan(3{,}036\,8° + 2{,}862\,4°)$$
$$= 30{,}96\ \mathrm{Nm}$$

Für das Motormoment folgt mit Gl. (4.32):

$$M_1 = M_2 \cdot \frac{1}{i} = 30{,}96\ \mathrm{Nm} \cdot \frac{1}{2} = 15{,}48\ \mathrm{Nm}$$

b) Die Motorleistung berechnet sich mit:

$$P = M_1 \cdot \omega_1 = M_1 \cdot i \cdot \omega_2 = 15{,}48\ \mathrm{Nm} \cdot 2 \cdot 314{,}16\ \frac{1}{\mathrm{s}} = 9{,}73\ \mathrm{kW}$$

Aufgabe 11

Kurbeltrieb

Der Kurbeltrieb (**Bild 8.6**) dient ebenfalls der Umsetzung von Dreh- in Längsbewegung. Nur ist in diesem Fall bei konstanter Winkelgeschwindigkeit die Längsbewegung pulsierend und besteht in jeder Richtung aus einer Beschleunigungs- und Abbremsphase. Damit ist das Drehmoment an der Kurbel eine Funktion des Kurbelwinkels. Dabei wird gleichmäßige Drehbewegung vorausgesetzt.

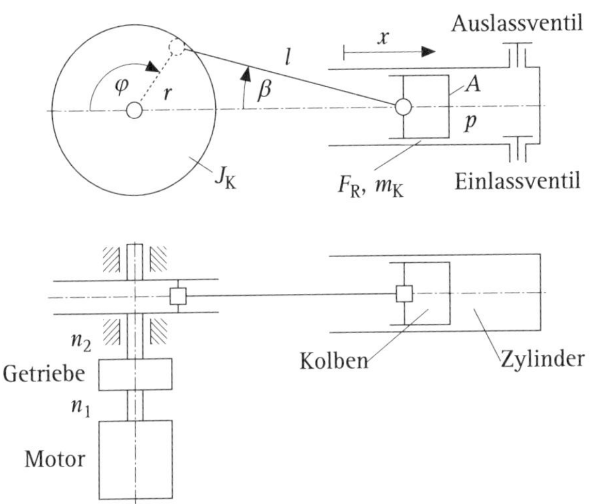

Bild 8.6 Prinzipielle Darstellung von Seitenansicht und Draufsicht eines Spindeltriebs

a) Man berechne den Kolbenweg als Funktion des Kurbelwinkels

b) Man berechne die Kolbengeschwindigkeit als Funktion des Kurbelwinkels

c) Man berechne das Kurbeldrehmoment als Funktion des Kurbelwinkels

Für den Kurbelantrieb sind gegeben:

Massenträgheitsmomente, reduziert auf die Kurbelwelle	0,5 kg·m^2
Radius der Kurbel	0,2 m
Länge der Pleuelstange	0,4 m
Masse des Kolbens	5 kg
Drehzahl der Kurbel	100 min^{-1}
Druckkraft auf den Kolben	1 000 N

Lösung:

a) Kolbenweg als Funktion des Kurbeldrehwinkels

Mit:

$$x = r \cdot (1 - \cos\varphi) + l \cdot \left(1 - \sqrt{1 - \lambda^2 \cdot \sin^2 \varphi}\right)$$

folgt der Kolbenweg als Funktion des Kurbelwinkels. Der Funktionsverlauf wurde mit Excel berechnet (**Bild 8.7**).

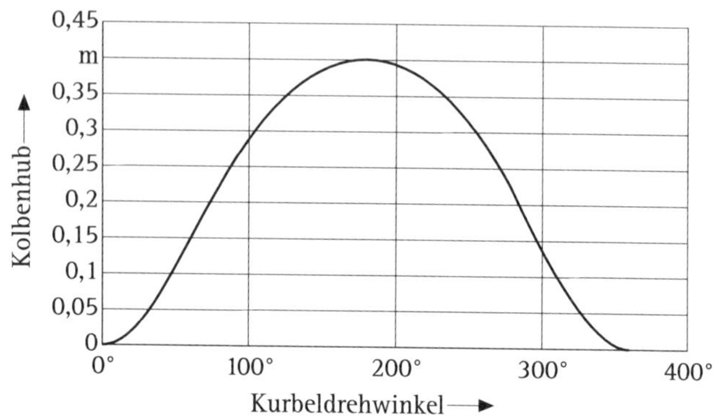

Bild 8.7 Kolbenweg als Funktion des Kurbeldrehwinkels

b) Kolbengeschwindigkeit als Funktion des Kurbeldrehwinkels

Die Kolbengeschwindigkeit als Funktion des Kurbelwinkels wird ermittelt mit der Beziehung:

$$\dot{x} = r \cdot \omega \cdot \left(\sin\varphi + \frac{1}{2} \cdot \lambda \cdot \frac{\sin 2\varphi}{\sqrt{1 - \lambda^2 \cdot \sin^2\varphi}} \right)$$

Der dargestellte Funktionsverlauf wurde mit Excel berechnet (**Bild 8.8**).

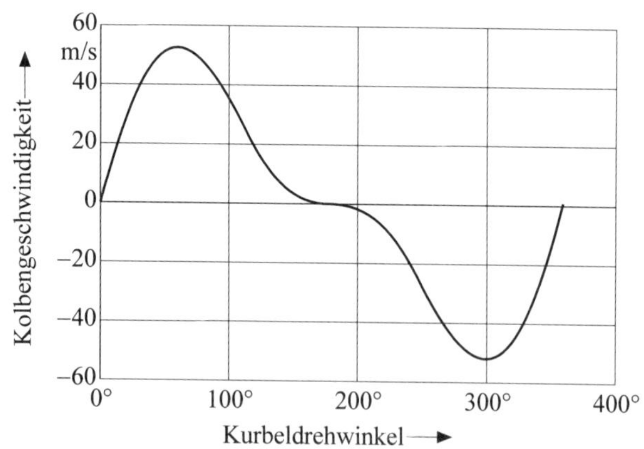

Bild 8.8 Kolbengeschwindigkeit als Funktion des Kurbeldrehwinkels

c) Kurbeldrehmoment als Funktion des Kurbeldrehwinkels

Um das Drehmoment an der Kurbelwelle zu berechnen, wird zunächst die aufzuwendende Arbeit berechnet nach:

$$W(k) = W(k-1) + \frac{1}{2} \cdot J_K \cdot \left(\omega^2(k) - \omega^2(k-1)\right)$$
$$+ \frac{1}{2} \cdot m_K \cdot \left(\dot{x}^2(k) - \dot{x}^2(k-1)\right) + F_R \cdot \left(x(k) - x(k-1)\right)$$

Daraus folgt das Drehmoment:

$$M_2(k) = \frac{W(k) - W(k-1)}{\varphi(k) - \varphi(k-1)}$$

Alle aufgezeichneten Kurvenverläufe sind mit Excel erstellt (**Bild 8.9**).

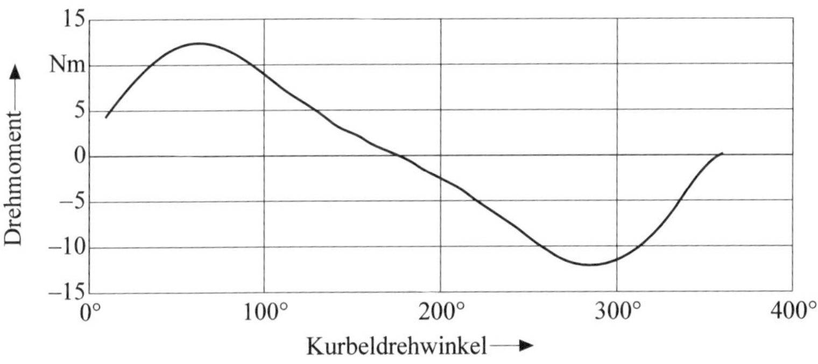

Bild 8.9 Kolbenkraft als Funktion des Kurbeldrehwinkels

Aufgabe 12

Gleichstrommotor mit Permanentmagneterregung

Für einen permanentmagneterregten Gleichstrommotor im stationären Betriebszustand sind folgende Daten gegeben:

Maschinenkonstante	$c = 1$
Erregerfluss	$\Phi = 2{,}6$ Vs
Ankerwiderstand	$R_A = 0{,}5$ V/A
Ankerinduktivität	$L_A = 0{,}09$ Vs/A
Ankerbemessungsspannung	$U_A = 160$ V

a) Welche Leerlaufdrehzahl hat diese Maschine?
b) Welche Drehzahl hat die Maschine, wenn sie durch ein äußeres Moment von 30 Nm belastet wird?
c) Welche Gegenspannung wird in der Maschine induziert?
d) Welcher Ankerstrom ergibt sich bei der Belastung mit 30 Nm?
e) Wie ändert sich die Drehzahl bei der Belastung mit 30 Nm, wenn die Ankerspannung auf 130 V abgesenkt wird?

Lösung:

a) Leerlaufdrehzahl

Mit Gl. (5.44) folgt:

$$n = \frac{60 \cdot U_\mathrm{A}}{2 \cdot \pi \cdot c \cdot \Phi} = \frac{60\ \mathrm{s} \cdot 160\ \mathrm{V}}{\mathrm{min} \cdot 2 \cdot \pi \cdot 2{,}6\ \mathrm{Vs}} = 587{,}64\ \mathrm{min}^{-1}$$

b) Drehzahl bei Belastung von 30 Nm

Die Berechnung erfolgt mit der Kennliniengleichung:

$$n = \frac{60 \cdot U_\mathrm{A}}{2 \cdot \pi \cdot c \cdot \Phi} - M_\mathrm{i} \cdot \frac{60 \cdot R_\mathrm{A}}{2 \cdot \pi \cdot (c \cdot \Phi)^2}$$

$$= \frac{60\ \mathrm{s} \cdot 160\ \mathrm{V}}{\mathrm{min} \cdot 2 \cdot \pi \cdot 2{,}6\ \mathrm{Vs}} - 30\ \mathrm{VAs} \cdot \frac{60\ \mathrm{s} \cdot 0{,}5\ \mathrm{V}}{\mathrm{min} \cdot \mathrm{A} \cdot 2 \cdot \pi \cdot (2{,}6\ \mathrm{Vs})^2} = 566{,}45\ \mathrm{min}^{-1}$$

c) Induzierte Gegenspannung bei 30 Nm

Die Berechnung erfolgt mit Gl. (5.41):

$$U_\mathrm{i} = c \cdot \Phi \cdot \frac{2 \cdot \pi \cdot n}{60} = 2{,}6\ \mathrm{Vs} \cdot \frac{2 \cdot \pi \cdot 566{,}45\ \mathrm{min}}{\mathrm{min} \cdot 60\ \mathrm{s}} = 154{,}23\ \mathrm{V}$$

d) Ankerstrom bei 30 Nm

Berechnung mit Gl. (5.43):

$$I_\mathrm{A} = M_\mathrm{i} \cdot \frac{1}{c \cdot \Phi} = 30\ \mathrm{VAs} \cdot \frac{1}{2{,}6\ \mathrm{Vs}} = 11{,}53\ \mathrm{A}$$

e) Drehzahl bei Belastung von 30 Nm und Ankerspannung von 130 V

Die Berechnung erfolgt mit der Kennliniengleichung:

$$n = \frac{60 \cdot U_A}{2 \cdot \pi \cdot c \cdot \Phi} - M_i \cdot \frac{60 \cdot R_A}{2 \cdot \pi \cdot (c \cdot \Phi)^2}$$

$$= \frac{60\ \text{s} \cdot 130\ \text{V}}{\text{min} \cdot 2 \cdot \pi \cdot 2{,}6\ \text{Vs}} - 30\ \text{VAs} \cdot \frac{60\ \text{s} \cdot 0{,}5\ \text{V}}{\text{min} \cdot 2 \cdot \pi \cdot (2{,}6\ \text{Vs})^2} = 456{,}27\ \text{min}^{-1}$$

Aufgabe 13

Gleichstrommotor mit Permanentmagneterregung und Widerstandssteuerung

Für einen permanentmagneterregten Gleichstrommotor mit Widerstandssteuerung im stationären Betriebszustand sind folgende Daten gegeben:

Maschinenkonstante	$c = 1$
Erregerfluss	$\Phi = 3{,}2$ Vs
Ankerwiderstand	$R_A = 0{,}4$ V/A
Ankerinduktivität	$L_A = 0{,}09$ Vs/A
Ankerbemessungsspannung	$U_A = 220$ V

a) Welche Leerlaufdrehzahl hat diese Maschine?

b) Welche Drehzahl hat die Maschine ohne Vorwiderstand, wenn sie durch ein äußeres Moment von 50 Nm belastet wird?

c) Welche Gegenspannung wird in der Maschine bei einem Lastmoment von 50 Nm ohne Vorwiderstand in der Maschine induziert?

d) Welcher Ankerstrom ergibt sich ohne Vorwiderstand bei der Belastung von 50 Nm?

e) Welche Drehzahl ergibt sich mit Vorwiderstand von 0,8 V/A bei der Belastung von 50 Nm?

Lösung:

a) Leerlaufdrehzahl

Mit Gl. (5.45) folgt:

$$n_0 = \frac{60 \cdot U_A}{2 \cdot \pi \cdot c \cdot \Phi} = \frac{60\ \text{s} \cdot 220\ \text{V}}{\text{min} \cdot 2 \cdot \pi \cdot 3{,}2\ \text{Vs}} = 656{,}51\ \text{min}^{-1}$$

b) Drehzahl ohne Vorwiderstand bei Belastung mit 50 Nm
Mit Gl. (5.48) folgt (R_{AV} = 0):

$$n = \frac{60 \cdot U_A}{2 \cdot \pi \cdot c \cdot \Phi} - M_i \cdot \frac{60 \cdot R_A}{2 \cdot \pi \cdot (c \cdot \Phi)^2} \cdot \left(1 + \frac{R_{AV}}{R_A}\right)$$

$$= \frac{60\text{ s} \cdot 220\text{ V}}{\text{min} \cdot 2 \cdot \pi \cdot 3{,}2\text{ Vs}} - 50\text{ VAs} \cdot \frac{60\text{ s} \cdot 0{,}4\text{ V}}{\text{min} \cdot \text{A} \cdot 2 \cdot \pi \cdot (3{,}2\text{ Vs})^2} \cdot \left(1 + \frac{0}{0{,}4}\right)$$

$$= 637{,}86\text{ min}^{-1}$$

c) Induzierte Gegenspannung bei 50 Nm ohne Vorwiderstand
Die Berechnung erfolgt mit Gl. (5.41):

$$U_i = c \cdot \Phi \cdot \frac{2 \cdot \pi \cdot n}{60} = 3{,}2\text{ Vs} \cdot \frac{2 \cdot \pi \cdot 637{,}8631\text{ min}}{\text{min} \cdot 60\text{ s}} = 213{,}75\text{ V}$$

d) Ankerstrom bei 50 Nm ohne Vorwiderstand
Berechnung mit Gl. (5.42):

$$I_A = M_i \cdot \frac{1}{c \cdot \Phi} = 50\text{ VAs} \cdot \frac{1}{3{,}2\text{ Vs}} = 15{,}63\text{ A}$$

e) Drehzahl mit Vorwiderstand bei Belastung mit 50 Nm
Mit Gl. (5.48) folgt:

$$n = \frac{60 \cdot U_A}{2 \cdot \pi \cdot c \cdot \Phi} - M_i \cdot \frac{60 \cdot R_A}{2 \cdot \pi \cdot (c \cdot \Phi)^2} \cdot \left(1 + \frac{R_{AV}}{R_A}\right)$$

$$= \frac{60\text{ s} \cdot 220\text{ V}}{\text{min} \cdot 2 \cdot \pi \cdot 3{,}2\text{ Vs}} - 50\text{ VAs} \cdot \frac{60\text{ s} \cdot 0{,}4\text{ V}}{\text{min} \cdot \text{A} \cdot 2 \cdot \pi \cdot (3{,}2\text{ Vs})^2} \cdot \left(1 + \frac{0{,}8}{0{,}4}\right)$$

$$= 619{,}21\text{ min}^{-1}$$

Aufgabe 14

Gleichstromreihenschlussmotor

Für einen Gleichstromreihenschlussmotor sind gegeben:

Proportionalitätsfaktor	c_i	= 0,025 Vs/A
Maschinenkonstante	c	= 2,5
Ankerwiderstand	R_A	= 0,4 V/A
Erregerwiderstand	R_E	= 0,3 V/A
Anlasswiderstand	R_{Anl}	= 2 V/A

a) Wie groß ist die Motordrehzahl im stationären Betrieb ($R_{Anl} = 0$) bei $U_A = 200$ V und dem Lastmoment $M = 60$ Nm?

b) Wie groß ist der Strom I_A im stationären Betrieb ($R_{Anl} = 0$) bei $U_A = 200$ V und dem Lastmoment $M = 60$ Nm?

c) Wie groß ist die Motordrehzahl im stationären Betrieb ($R_{Anl} = 0$) bei $U_A = 200$ V und dem Lastmoment $M = 10$ Nm?

d) Wie groß ist die Motordrehzahl in stationären Betrieb ($R_{Anl} = 0$) bei $U_A = 200$ V und dem Lastmoment $M = 60$ Nm?

e) Wie groß ist die Motordrehzahl in stationären Betrieb ($R_{Anl} = 0$) bei $U_A = 100$ V und dem Lastmoment $M = 10$ Nm?

Lösung:

a) Motordrehzahl im stationären Betrieb ($R_{Anl} = 0$) bei $U_A = 200$ V und dem Lastmoment $M = 60$ Nm

Mit Gl. (5.59) folgt:

$$n = \frac{60}{2 \cdot \pi} \cdot \frac{U_A}{\sqrt{c \cdot c_i \cdot M}} - \frac{60 \cdot R_{Ages}}{2 \cdot \pi \cdot c \cdot c_i}$$

$$= \frac{60\text{ s}}{\text{min} \cdot 2 \cdot \pi} \cdot \left(\frac{200\text{ V}}{\sqrt{0{,}025 \dfrac{\text{Vs}}{\text{A}} \cdot 2{,}5 \cdot 60\text{ VAs}}} - \frac{0{,}7\text{ V}}{\text{A} \cdot 0{,}025 \dfrac{\text{Vs}}{\text{A}} \cdot 2{,}5} \right) = 879{,}30\text{ min}^{-1}$$

b) Ankerstrom I_A im stationären Betrieb ($R_{Anl} = 0$) bei $U_A = 200$ V und dem Lastmoment $M = 60$ Nm

Mit Gl. (5.57) ergibt sich:

$$M = c \cdot c_i \cdot I_A^2 \quad \Rightarrow \quad I_A = \sqrt{\frac{M}{c \cdot c_i}} = \sqrt{\frac{60\text{ VAs} \cdot \text{A}}{2{,}5 \cdot 0{,}025\text{ Vs}}} = 30{,}99\text{ A}$$

c) Induzierte Gegenspannung im stationären Betrieb (R_{Anl} = 0) bei U_A = 200 V und dem Lastmoment M = 60 Nm

Mit Gl. (5.56) folgt:

$$U_i = c \cdot c_i \cdot I_A \cdot \frac{2 \cdot \pi \cdot n}{60} = 2{,}5 \cdot 0{,}025 \frac{\text{Vs}}{\text{A}} \cdot 30{,}99 \text{ A} \cdot \frac{2 \cdot \pi \cdot 879{,}29 \text{ min}}{\text{min} \cdot 60 \cdot \text{s}}$$

$$= 178{,}31 \text{ V}$$

d) Motordrehzahl im stationären Betrieb (R_{Anl} = 0) bei U_A = 100 V und dem Lastmoment M = 60 Nm

Die Lösung erfolgt wie in Punkt a) mit Gl. (5.59):

$$n = \frac{60 \text{ s}}{\text{min} \cdot 2 \cdot \pi} \cdot \left(\frac{100 \text{ V}}{\sqrt{0{,}025 \frac{\text{Vs}}{\text{A}} \cdot 2{,}5 \cdot 60 \text{ VAs}}} - \frac{0{,}7 \text{ V}}{\text{A} \cdot 0{,}025 \frac{\text{Vs}}{\text{A}} \cdot 2{,}5} \right) = 386{,}17 \text{ min}^{-1}$$

e) Motordrehzahl im stationären Betrieb (R_{Anl} = 0) bei U_A = 200 V und dem Lastmoment M = 10 Nm

Berechnung erfolgt wie in a) und d) mit Gl. (5.59):

$$n = \frac{60 \text{ s}}{\text{min} \cdot 2 \cdot \pi} \cdot \left(\frac{200 \text{ V}}{\sqrt{0{,}025 \frac{\text{Vs}}{\text{A}} \cdot 2{,}5 \cdot 10 \text{ VAs}}} - \frac{0{,}7 \text{ V}}{\text{A} \cdot 0{,}025 \frac{\text{Vs}}{\text{A}} \cdot 2{,}5} \right) = 2\,308{,}85 \text{ min}^{-1}$$

Aufgabe 15

Asynchronmotor, Bemessungswerte

Ein Asynchronmotor mit einem Polpaar wird an das Drehstromnetz mit 50 Hz angeschlossen. Sein Bemessungsschlupf beträgt s = 0,066 67. Ferner sind gegeben: N_2 = 4, k_{w2} = 1 und Φ_h = 1,2 Vs.

a) Welche Bemessungsdrehzahl hat dieser Motor?

b) Welche Spannung U_{q2} wird im Bemessungspunkt im Läufer induziert?

c) Welcher Strom I_2 fließt in den Rotorwicklungen, wenn deren Widerstand R_2 = 0,8 V/A beträgt?

Lösung:

a) Bemessungsdrehzahl

Mit Gl. (5.85) und $n_1 = 60 \cdot f_1$ folgt:

$$s = \frac{\Delta n}{n_1} = \frac{n_1 - n}{n_1}$$

$$\Rightarrow \quad n = 60 \cdot f_1 \cdot (1 - s) = 60 \, \frac{\text{s}}{\text{min}} \cdot 50 \, \frac{1}{\text{s}} \cdot (1 - 0{,}066\,67) = 2\,800 \text{ min}^{-1}$$

b) Läuferspannung

Mit Gl. (5.88) folgt für die Läuferspannung:

$$U_{q2} = \sqrt{2} \cdot \pi \cdot \Phi_1 \cdot N_2 \cdot k_{w2} \cdot s \cdot f$$
$$= \sqrt{2} \cdot \pi \cdot 1{,}2 \text{ Vs} \cdot 4 \cdot 1 \cdot 0{,}066\,67 \cdot 50 \text{ s}^{-1} = 71{,}09 \text{ V}$$

c) Läuferstrom

Das ohmsche Gesetz liefert:

$$I_2 = \frac{U_{q2}}{R_2} = \frac{71{,}09 \text{ V} \cdot \text{A}}{0{,}8 \text{ V}} = 88{,}86 \text{ A}$$

Aufgabe 16

Asynchronmotor; Zeigerdiagramm

Für einen Asynchronmotor mit einem Polpaar sind gegeben R_1 = 0,5 V/A, R_2 = 0,22 V/A, L_h = 0,031 Vs/A, $L_{1\sigma}$ = 0,0043 Vs/A, $L_{2\sigma}$ = 0,0019 Vs/A und R_{Fe} = 24 V/A. Die Ständerspannung U_1 beträgt 400 V, und der Ständerstrom I_1 wird mit 100 A gemessen bei einer Phasenverschiebung von φ = 45°. Der Motor ist an ein Drehstromnetz mit f_1 = 50 Hz angeschlossen. Außerdem sind noch gegeben $k_{w1} = k_{w2} = 1$, $m_1 = m_2 = 1$ und $N_1/N_2 = 1{,}5$.

a) Wie lauten für diesen Motor die Reaktanzen $X_{1\sigma}$ und X_h und die auf die Windungszahl der Ständerseite bezogene Reaktanz $X'_{2\sigma}$ und der auf die Windungszahl der Ständerseite bezogene Widerstand R'_2?

b) Mithilfe des Zeigerdiagramms ermittle man die Spannung U_q

c) Über U_q berechne man die Ströme I_μ und I_{Fe}

d) Aus dem Zeigerdiagramm ermittle man den Strom I'_2

e) Wie groß ist die Spannung $I_2' \cdot R_2'/s$?

f) Welcher Schlupf ergibt sich in der Maschine für den angegebenen Betriebspunkt?

Lösung:

Die Lösung erfolgt mit dem Ersatzschaltbild der Asynchronmaschine mit Reaktanzen und den auf die Ständerwindungszahl umgerechneten Läuferparametern (Bild 5.33). Das erforderliche Zeigerdiagramm befindet sich am Ende der Aufgabe.

a) Reaktanzen $X_{1\sigma}$ und X_h, auf die Windungszahl der Ständerseite bezogene Reaktanz $X_{2\sigma}'$, auf die Windungszahl der Ständerseite bezogener Widerstand R_2'

Mit den Gln. (5.91), (5.92), (5.93), (5.98) und (5.99) folgt:

$$X_h = 2 \cdot \pi \cdot f_1 \cdot L_h = 2 \cdot \pi \cdot 50\,\frac{1}{s} \cdot 0{,}031\,\frac{Vs}{A} = 9{,}74\,\frac{V}{A}$$

$$X_{1\sigma} = 2 \cdot \pi \cdot f_1 \cdot L_{1\sigma} = 2 \cdot \pi \cdot 50\,\frac{1}{s} \cdot 0{,}004\,3\,\frac{Vs}{A} = 1{,}35\,\frac{V}{A}$$

$$X_{2\sigma} = 2 \cdot \pi \cdot f_1 \cdot L_{2\sigma} = 2 \cdot \pi \cdot 50\,\frac{1}{s} \cdot 0{,}0019\,\frac{Vs}{A} = 0{,}60\,\frac{V}{A}$$

$$R_2' = R_2 \cdot \frac{m_1 \cdot (N_1 \cdot k_{w1})^2}{m_2 \cdot (N_2 \cdot k_{w2})^2} = 0{,}22\,\frac{V}{A} \cdot \frac{1 \cdot (1{,}5 \cdot 1)^2}{1 \cdot (1 \cdot 1)^2} = 0{,}50\,\frac{V}{A}$$

$$X_{2\sigma}' = X_{2\sigma} \cdot \frac{m_1 \cdot (N_1 \cdot k_{w1})^2}{m_2 \cdot (N_2 \cdot k_{w2})^2} = 0{,}596\,9\,\frac{V}{A} \cdot \frac{1 \cdot (1{,}5 \cdot 1)^2}{1 \cdot (1 \cdot 1)^2} = 1{,}34\,\frac{V}{A}$$

b) Spannung U_q aus Zeigerdiagramm

Aus dem Zeigerdiagramm lässt sich ablesen:

$$U_q = 275\ V$$

c) Ströme I_μ und I_{Fe}

Aus Bild 5.33 folgt:

$$I_\mu = \frac{U_q}{X_h} = \frac{275\ A \cdot V}{9{,}74\ V} = 28{,}24\ A$$

$$I_{Fe} = \frac{U_q}{R_{Fe}} = \frac{275 \text{ V} \cdot \text{A}}{24 \text{ V}} = 11{,}46 \text{ V}$$

d) Strom I_2'

Aus dem Zeigerdiagramm lässt sich ablesen:

$$I_2' = 76 \text{ A}$$

e) Spannung $I_2' \cdot R_2'/s$

Aus dem Zeigerdiagramm lässt sich ablesen:

$$\frac{I_2' \cdot R_2'}{s} = 270 \text{ V}$$

f) Schlupf im angegebenen Betriebspunkt (**Bild 8.10**)

Der Schlupf s folgt aus:

$$s = \frac{I_2' \cdot R_2'}{270 \text{ V}} = \frac{76 \text{ A} \cdot 0{,}50 \text{ V}}{270 \text{ V A}} = 0{,}14$$

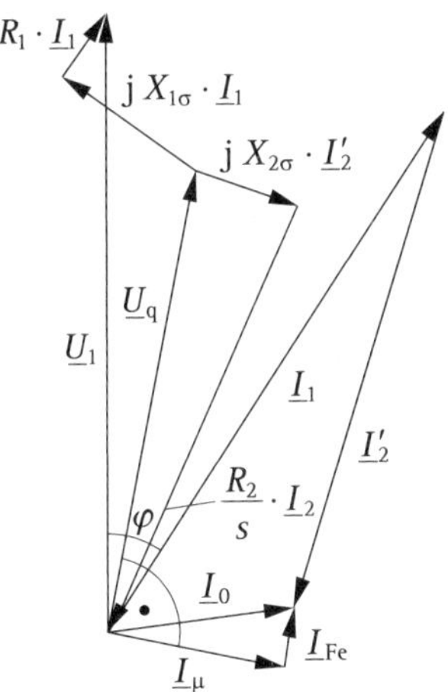

Bild 8.10 Zeigerdiagramm

Aufgabe 17

Asynchronmotor, Leistungsbilanz

Ein Asynchronmotor mit einem Polpaar hat die Daten $R_1 = 0{,}4$ V/A, $R_2 = 0{,}1$ V/A und $R_{Fe} = 200$ V/A. Der Ständerstrom $\underline{I}_1$ wird mit 25 A gemessen, und die Ständerspannung $\underline{U}_1$ beträgt 400 V. Die Phasenverschiebung zwischen Spannung und Strom beträgt $\varphi = 20°$ und der Schlupf $s = 0{,}05$. Der Motor ist an ein Dreiphasendrehstromnetz mit $f_1 = 50$ Hz angeschlossen. Außerdem sind noch gegeben $k_{w1} = k_{w2} = 1$, $m_1 = m_2 = 1$ und $N_1/N_2 = 2$.

a) Wie groß ist der auf die Windungszahl des Ständers bezogene Widerstand R_2'?

b) Welche Wirkleistung nimmt der Motor auf?

c) Wie groß sind die Kupferverluste im Ständer?

d) Wie groß sind die Eisenverluste im Ständer?

e) Wie groß ist die Luftspaltleistung?

f) Wie groß ist der auf die Windungszahl der Ständerseite bezogene Läuferstrom?

g) Wie groß sind die Kupferverluste im Läufer?

h) Welche mechanische Leistung (Wellenleistung plus Reibleistung) gibt der Motor insgesamt ab?

i) Welchen Wirkungsgrad hat der Motor unter der Annahme $P_R = 0{,}05 \cdot P$?

Lösung:

a) Auf die Windungszahl des Ständers bezogener Widerstand R_2'

Mit Gl. (5.96) folgt:

$$R_2' = R_2 \cdot \frac{m_1 \cdot (N_1 \cdot k_{w1})^2}{m_2 \cdot (N_2 \cdot k_{w2})^2} = 0{,}1\,\frac{\text{V}}{\text{A}} \cdot \frac{1 \cdot (2 \cdot 1)^2}{1 \cdot (1 \cdot 1)^2} = 0{,}40\,\frac{\text{V}}{\text{A}}$$

b) Zugeführte Wirkleistung

Diese wird berechnet mit der Beziehung:

$$P_1 = \sqrt{3} \cdot U_1 \cdot I_1 \cdot \cos\varphi = \sqrt{3} \cdot 400\text{ V} \cdot 25\text{ A} \cdot \cos 20° = 16{,}28\text{ kW}$$

c) Kupferverluste im Ständer

Mit der Beziehung (5.105) ergibt sich:

$$P_{Cu1} = m \cdot I_1^2 \cdot R_1 = 3 \cdot (25\text{ A})^2 \cdot 0{,}4\,\frac{\text{V}}{\text{A}} = 750\text{ W}$$

d) Eisenverluste im Ständer

Gl. (5.106) liefert:

$$P_{\text{Fe}} = m \cdot \frac{U_1^2}{R_{\text{Fe}}} = 3 \cdot \frac{400^2 \text{ V}^2 \cdot \text{A}}{200 \text{ V}} = 2{,}40 \text{ kW}$$

e) Luftspaltleistung

Mit Gl. (5.107) folgt:

$$P_{\text{L}} = P_1 - P_{\text{Cu1}} - P_{\text{Fe}} = 16{,}28 \text{ kW} - 0{,}75 \text{ kW} - 2{,}4 \text{ kW} = 13{,}13 \text{ kW}$$

f) Auf die Windungszahl der Ständerseite bezogener Läuferstrom

Gl. (5.108) liefert:

$$P_{\text{L}} = I_2'^2 \cdot \frac{R_2'}{s} \quad \Rightarrow \quad I_2' = \sqrt{\frac{s \cdot P_{\text{L}}}{R_2'}} = \sqrt{\frac{0{,}05 \text{ s}^{-1} \cdot 13\,125{,}0 \text{ V} \cdot \text{A}}{0{,}4 \text{ V/A}}} = 40{,}50 \text{ A}$$

g) Kupferverluste im Läufer

Die Beziehung (5.109) ergibt:

$$P_{\text{Cu2}} = m \cdot I_2'^2 \cdot R_2' = 3 \cdot (40{,}50 \text{ A})^2 \cdot 0{,}4 \frac{\text{V}}{\text{A}} = 1{,}92 \text{ kW}$$

h) Abgegebene Leistung einschließlich der Reibleistung

Gl. (5.110) liefert:

$$P + P_{\text{R}} = P_{\text{L}} - P_{\text{Cu2}} = 13{,}12 \text{ kW} - 1{,}92 \text{ kW} = 11{,}19 \text{ kW}$$

i) Wirkungsgrad

Dafür gilt:

$$\eta = \frac{0{,}95 \cdot (P + P_{\text{R}})}{P_1} \cdot 100\ \% = 0{,}95 \cdot \frac{11{,}19 \text{ kW}}{16{,}27 \text{ kW}} \cdot 100\ \% = 65{,}37\ \%$$

Aufgabe 18

Asynchronmotor, Kippschlupf und Kippmoment

Ein Asynchronmotor mit einem Polpaar hat die Daten R_1 = 0,6 V/A, R_2 = 0,15 V/A, L_{h} = 0,064 Vs/A, $L_{1\sigma}$ = 0,006 Vs/A und $L_{2\sigma}$ = 0,001 5 Vs/A. Der Motor ist an ein

Drehstromnetz mit $U_1 = 400$ V und $f_1 = 50$ Hz angeschlossen. Außerdem sind noch gegeben $k_{w1} = k_{w2} = 1$, $m_1 = m_2 = 1$ und $N_1/N_2 = 2$.

a) Wie groß sind für diesen Motor die Reaktanzen $X_{1\sigma}$ und X_h, die auf die Windungszahl der Ständerseite bezogene Reaktanz $X'_{2\sigma}$ und der auf die Windungszahl der Ständerseite bezogene Widerstand R'_2?

b) Wie groß sind die Ersatzreaktanzen X_1 und X'_2?

c) Wie groß sind die Streuziffern σ_1, σ_2 und σ?

d) Wie groß sind Kippschlupf s_K und Kippmoment M_K?

e) Wie groß ist das Lastmoment, wenn der Schlupf $s = s_K/2$ beträgt?

Lösung:

a) Reaktanzen $X_{1\sigma}$ und X_h, auf die Windungszahl der Ständerseite bezogene Reaktanz $X'_{2\sigma}$, auf die Ständerseite bezogener Widerstand R'_2

Mit den Gln. (5.91), (5.92), (5.93), (5.98) und (5.99) folgt:

$$X_h = 2 \cdot \pi \cdot f_1 \cdot L_h = 2 \cdot \pi \cdot 50\,\frac{1}{s} \cdot 0{,}064\,\frac{Vs}{A} = 20{,}11\,\frac{V}{A}$$

$$X_{1\sigma} = 2 \cdot \pi \cdot f_1 \cdot L_{1\sigma} = 2 \cdot \pi \cdot 50\,\frac{1}{s} \cdot 0{,}006\,\frac{Vs}{A} = 1{,}89\,\frac{V}{A}$$

$$X_{2\sigma} = 2 \cdot \pi \cdot f_1 \cdot L_{2\sigma} = 2 \cdot \pi \cdot 50\,\frac{1}{s} \cdot 0{,}0015\,\frac{Vs}{A} = 0{,}47\,\frac{V}{A}$$

$$R'_2 = R_2 \cdot \frac{m_1 \cdot (N_1 \cdot k_{w1})^2}{m_2 \cdot (N_2 \cdot k_{w2})^2} = 0{,}15\,\frac{V}{A} \cdot \frac{1 \cdot (2 \cdot 1)^2}{1 \cdot (1 \cdot 1)^2} = 0{,}60\,\frac{V}{A}$$

$$X'_{2\sigma} = X_{2\sigma} \cdot \frac{m_1 \cdot (N_1 \cdot k_{w1})^2}{m_2 \cdot (N_2 \cdot k_{w2})^2} = 0{,}47\,\frac{V}{A} \cdot \frac{1 \cdot (2 \cdot 1)^2}{1 \cdot (1 \cdot 1)^2} = 1{,}88\,\frac{V}{A}$$

b) Ersatzreaktanzen X_1 und X'_2

Mit Gl. (5.116) und Gl. (5.117) folgt:

$$X_1 = X_{1\sigma} + X_h = 1{,}89\,\frac{V}{A} + 20{,}11\,\frac{V}{A} = 21{,}99\,\frac{V}{A}$$

$$X'_2 = X'_{2\sigma} + X_h = 1{,}88\,\frac{V}{A} + 20{,}11\,\frac{V}{A} = 21{,}99\,\frac{V}{A}$$

c) Streuziffern

Die Beziehungen (5.129), (5.130) und (5.131) liefern:

$$\sigma_1 = \frac{X_{1\sigma}}{X_h} = \frac{1{,}89}{20{,}11} = 0{,}094$$

$$\sigma_2 = \frac{X'_{2\sigma}}{X_h} = \frac{1{,}88}{20{,}11} = 0{,}094$$

$$\sigma = 1 - \frac{1}{(1+\sigma_1)\cdot(1+\sigma_2)} = 1 - \frac{1}{(1+0{,}094)\cdot(1+0{,}094)} = 0{,}16$$

d) Kippschlupf und Kippmoment

Die Gln. (5.134), (5.135) und (5.136) ergeben:

$$X_\sigma = X_{1\sigma} + X'_{2\sigma} = 1{,}89\,\frac{\text{V}}{\text{A}} + 1{,}88\,\frac{\text{V}}{\text{A}} = 3{,}77\,\frac{\text{V}}{\text{A}}$$

$$s_K = \frac{R'_2}{\sqrt{R_1^2 + X_\sigma^2}} \approx \frac{R'_2}{X_\sigma} = \frac{0{,}6}{3{,}77} = 0{,}16$$

$$M_K = 60 \cdot \frac{m \cdot U_1^2}{4 \cdot \pi \cdot n_1} \cdot \frac{1-\sigma}{R_1 \cdot (1-\sigma) + \sqrt{\left(R_1^2 + X_\sigma^2\right)}} \approx 60 \cdot \frac{m \cdot U_1^2}{4 \cdot \pi \cdot n_1 \cdot X_\sigma}$$

$$\approx 60 \cdot \frac{m \cdot U_1^2}{4 \cdot \pi \cdot n_1 \cdot X_\sigma} = 60 \cdot \frac{3 \cdot (400\ \text{V})^2\ \text{s} \cdot \text{A}}{4 \cdot \pi \cdot 300\,0 \cdot 3{,}76\ \text{V}} = 203{,}19\ \text{Nm}$$

e) Lastmoment bei halben Kippschlupf

Mit der bezogenen Momentgleichung (5.134) folgt:

$$\frac{M}{M_K} = \frac{2}{\frac{s}{s_K} + \frac{s_K}{s}} \quad \Rightarrow \quad M = M_K \cdot \frac{2}{\frac{s}{s_K} + \frac{s_K}{s}} = 203{,}19\ \text{Nm} \cdot \frac{2}{\frac{1}{2} + \frac{2}{1}} = 162{,}15\ \text{Nm}$$

Aufgabe 19

Asynchronmotor, Stromortskurve

Für einen dreiphasigen Drehstromasynchronmotor ist die Stromortskurve zu zeichnen. Der Motor ist an die Spannung $U_1 = 230$ V im Dreieck angeschlossen und soll eine Leistung P_2 = 18 kW abgeben. Aus den Motordaten sind die Ersatzkreisdaten ermittelt. Diese lauten R_1 = 0,2 V/A, R_2' = 0,3 V/A, $X_{1\sigma}$ = 0,9 V/A, $X_{2\sigma}'$ = 0,75 V/A und X_h = 19 V/A.

a) Man ermittle für die Stromortskurve die Kreispunkte P_0, P_k und P_∞.

b) Man wähle einen geeigneten Maßstab und zeichne die Stromortskurve.

c) Man zeichne in die Stromortskurve die Schlupfgerade und ermittle Ständerstrom und Phasenverschiebung für einen Schlupf von s = 0,2.

Lösung:

a) Kreispunkte P_0, P_k und P_∞

Die Berechnung der Kreispunkte erfolgt nach Abschnitt 5.4.6:

$$X_1 = X_{1\sigma} + X_h = 0{,}90\,\frac{\text{V}}{\text{A}} + 19{,}00\,\frac{\text{V}}{\text{A}} = 19{,}90\,\frac{\text{V}}{\text{A}}$$

$$X_2' = X_{2\sigma}' + X_h = 0{,}75\,\frac{\text{V}}{\text{A}} + 19{,}00\,\frac{\text{V}}{\text{A}} = 19{,}75\,\frac{\text{V}}{\text{A}}$$

Berechnung des Kreispunkts P_0:

$$I_0 = \frac{U_1}{\sqrt{R_1^2 + X_1^2}} = \frac{230\text{ V}}{\sqrt{\left(0{,}2\,\frac{\text{V}}{\text{A}}\right)^2 + \left(19{,}90\,\frac{\text{V}}{\text{A}}\right)^2}} = 11{,}56\text{ A}$$

$$\varphi_0 = \arctan\frac{X_1}{R_1} = \arctan\frac{19{,}90}{0{,}2} = 89{,}42°$$

Berechnung des Kreispunkts P_k:

$$I_K = \frac{U_1}{\sqrt{\left(R_1 + R_2'\cdot\frac{X_h^2}{X_2'^2}\right)^2 + \left(X_1 - \frac{X_h^2}{X_2'}\right)^2}}$$

$$= \frac{230\,\text{V}}{\sqrt{\left(\left(0{,}2 + 0{,}3\cdot\left(\frac{19{,}00}{19{,}75}\right)^2\right)\frac{\text{V}}{\text{A}}\right)^2 + \left(\left(19{,}90 - \frac{19{,}00^2}{19{,}75}\right)\frac{\text{V}}{\text{A}}\right)^2}} = 136{,}06\text{ A}$$

$$\varphi_{\mathrm{K}} = \arctan\frac{X_1 - \dfrac{X_{\mathrm{h}}^2}{X_2'}}{R_1 + R_2' \cdot \dfrac{X_{\mathrm{h}}^2}{X_2'^2}} = \arctan\frac{\left(19{,}9 - \dfrac{19{,}0^2}{19{,}75}\right)\dfrac{\mathrm{V}}{\mathrm{A}}}{\left(0{,}2 + 0{,}3 \cdot \left(\dfrac{19{,}00}{19{,}75}\right)^2\right)\dfrac{\mathrm{V}}{\mathrm{A}}} = 73{,}59^\circ$$

Berechnung des Kreispunkts P_∞:

$$I_\infty = \frac{U_1}{\sqrt{R_1^2 + \left(X_1 - \dfrac{X_{\mathrm{h}}^2}{X_2'}\right)^2}} = \frac{230\ \mathrm{V}}{\sqrt{0{,}2^2 + \left(19{,}90 - \dfrac{19{,}00^2}{19{,}75}\right)^2 \left(\dfrac{\mathrm{V}}{\mathrm{A}}\right)^2}} = 140{,}78\ \mathrm{A}$$

$$\varphi_\infty = \arctan\frac{X_1 - \dfrac{X_{\mathrm{h}}^2}{X_2'}}{R_1} = \arctan\frac{19{,}90 - \dfrac{19{,}00^2}{19{,}75}\ \dfrac{\mathrm{V}}{\mathrm{A}}}{0{,}2\ \dfrac{\mathrm{V}}{\mathrm{A}}} = 82{,}97^\circ$$

b) Wahl des Maßstabs und Stromortskurve, vgl. Bild 5.39 (**Bild 8.11**)
Gewählter Maßstab 20 A/cm

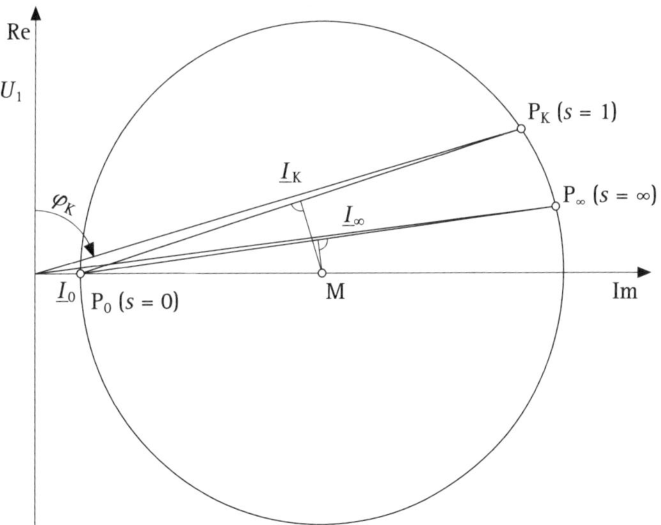

Bild 8.11 Konstruktion der Stromortskurve

c) Konstruktion der Schlupfgeraden und Ermittlung von Ständerstrombetrag und Phasenverschiebung, vgl. Bild 5.40 (**Bild 8.12**)

Abgelesene Werte

$I_{0,2} = 99\ \text{A}$

$\varphi_{0,2} = 43°$

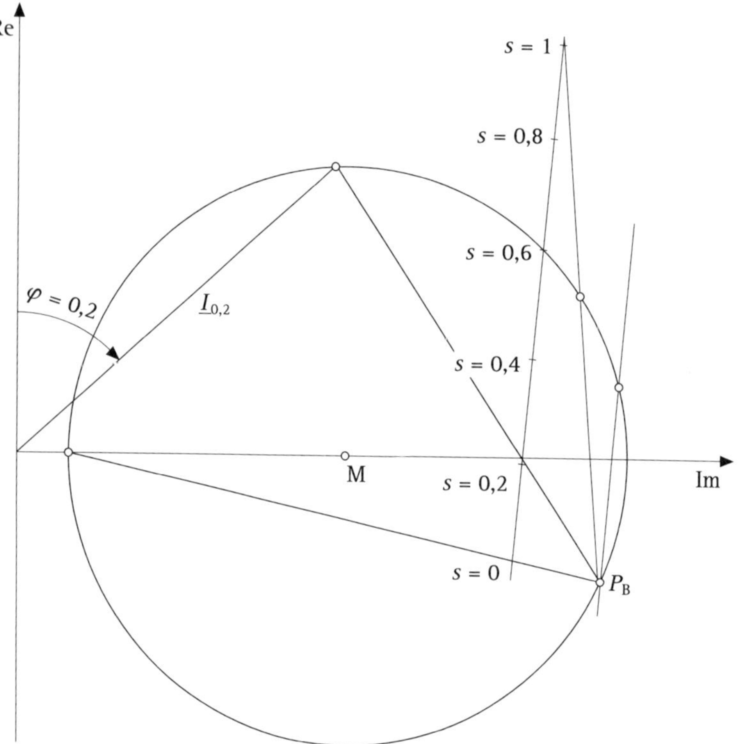

Bild 8.12 Konstruktion der Schlupfgeraden und Bestimmung von Ständerstrom und Phasenwinkel φ für einen beliebigen Betriebspunkt

Aufgabe 20

Synchronmotor, Zeigerdiagramm

Ein dreiphasiger Synchronmotor ist an ein Drehstromnetz mit 50 Hz angeschlossen. Er hat die Daten L_h = 0,025 Vs/A, $L_{1\sigma}$ = 0,0025 Vs/A und R_1 = 1 V/A. Im stationären Betrieb werden die Spannung U_1 = 200 V und der Strom I_1 = 20 A gemessen. Die Phasenverschiebung zwischen Spannung und Strom beträgt 30°.

a) Man berechne die Hauptreaktanz X_h, die Streureaktanz $X_{1\sigma}$ und die Synchronreaktanz X_d.

b) Man zeichne dafür das Zeigerdiagramm unter Verwendung der Synchronreaktanz X_d und ermittle daraus die Polradspannung U_P und den Lastwinkel ε.

Lösung:

a) Berechnung der Reaktanzen

Mit den Gln. (5.91), (5.92) und (5.93) folgt:

$$X_h = 2 \cdot \pi \cdot f_1 \cdot L_h = 2 \cdot \pi \cdot 50 \frac{1}{s} \cdot 0{,}025 \frac{Vs}{A} = 7{,}854 \frac{V}{A}$$

$$X_{1\sigma} = 2 \cdot \pi \cdot f_1 \cdot L_{1o} = 2 \cdot \pi \cdot 50 \frac{1}{s} \cdot 0{,}0025 \frac{Vs}{A} = 0{,}79 \frac{V}{A}$$

$$X_d = (X_h + X_{1\sigma}) = 7{,}8540 \frac{V}{A} + 0{,}79 \frac{V}{A} = 8{,}64 \frac{V}{A}$$

b) Polradspannung und Lastwinkel

Für die Zeichnung des Zeigerdiagramms wurde ein Maßstab von 20 V/cm gewählt (**Bild 8.13**).

Grundlage für die Erstellung des Zeigerdiagramms ist die Gl. (5.96):

$$\underline{U}_1 = R_1 \cdot \underline{I}_1 + \mathrm{j} X_d \cdot \underline{I}_{11} + \underline{U}_p$$

Aus dem Zeigerdiagramm lassen sich ablesen:

Polradspannung U_P = 154 V
Lastwinkel ε = 59°

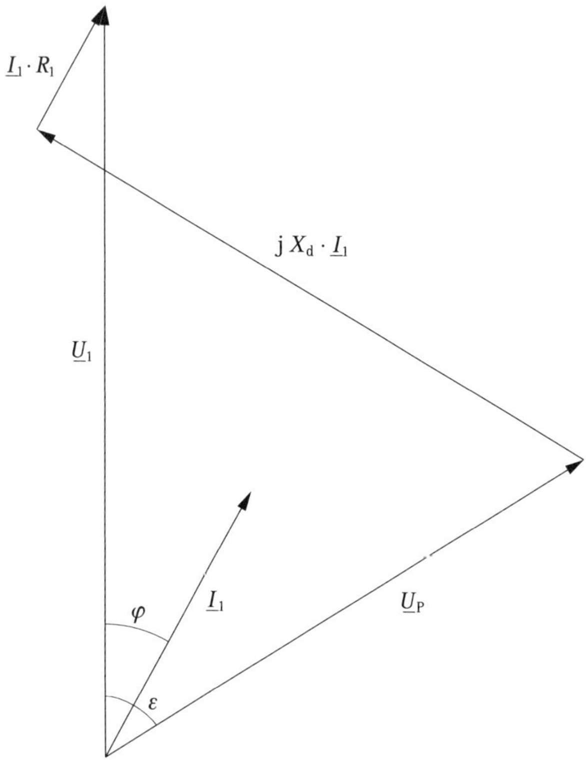

Bild 8.13 Schematische Darstellung des Zeigerdiagramms einer Synchronmaschine mit Ermittlung der Polradspannung und des Lastwinkels

Aufgabe 21

Synchronmotor, Leistung und Drehmoment

Für einen dreiphasigen Synchronmotor mit einem Polpaar ist über das Zeigerdiagramm im stationären Betriebszustand eine Polradspannung von U_P = 120 V und ein Lastwinkel ε = 65° ermittelt bei einer Statorspannung U_1 = 101,43 V und einem Statorstrom von I_1 = 25 A bei einer Phasenverschiebung von φ = 25°. Die Drehfeldfrequenz beträgt 50 Hz. Der Widerstand der Rotorwicklung ist zu vernachlässigen.

a) Wie groß ist die Synchronreaktanz X_d dieser Maschine?

b) Welche Wirkleistung nimmt die Maschine auf?

c) Welches Drehmoment gibt die Maschine ab?

d) Wie groß ist das Kippmoment?

Wie hoch ist die Abgabeleistung bei einem Wirkungsgrad von η = 90 %?

Lösung:

a) Synchronreaktanz X_d

Durch Umformung der Gl. (5.154) folgt bei Betrachtung der reellen Komponenten:

$$X_d = \frac{U_1 - U_P \cdot \cos\varepsilon}{I_1 \cdot \sin\varphi} = \frac{101{,}43\ \text{V} - 120\ \text{V} \cdot \cos 65°}{25\ \text{A} \cdot \sin 25°} = 4{,}80\ \frac{\text{V}}{\text{A}}$$

b) Zugeführte Wirkleistung

Gl. (5.156) ergibt:

$$P_1 = m \cdot U_1 \cdot I_{1W} = m \cdot U_1 \cdot I_1 \cdot \cos\varphi = 3 \cdot 101{,}43\ \text{V} \cdot 25\ \text{A} \cdot \cos 25° = 6{,}89\ \text{kW}$$

c) Drehmoment der Maschine

Mit den Gln. (5.159) und (5.160) folgt:

$$n_1 = \frac{60 \cdot f_1}{p} = \frac{60\ \text{s} \cdot 50}{1\ \text{min} \cdot \text{s}} = 3\,000\ \text{min}^{-1}$$

$$M = \frac{60 \cdot P_1}{2 \cdot \pi \cdot n_1} = \frac{60\ \text{s} \cdot 6{,}89\ \text{kW} \cdot \text{min}}{\text{min} \cdot 2 \cdot \pi \cdot 3\,000} = 21{,}95\ \text{Nm}$$

d) Kippmoment der Maschine

Mit der Beziehung (5.162) folgt:

$$M_K = 3 \cdot U_1 \cdot \frac{U_p}{X_d} \cdot \frac{60}{2 \cdot \pi \cdot n_1} = 3 \cdot 101{,}43\ \text{V} \cdot \frac{120\ \text{V} \cdot \text{A}}{4{,}80\ \text{V}} \cdot \frac{60\ \text{s} \cdot \text{min}}{\text{min} \cdot 2 \cdot \pi \cdot 3\,000} = 24{,}21\ \text{Nm}$$

e) Abgabeleistung

Diese ergibt sich aus der Gl. (5.163) zu:

$$M = -3 \cdot U_1 \cdot \frac{U_p}{X_d} \cdot \sin\varepsilon \cdot \frac{60 \cdot \eta}{2 \cdot \pi \cdot n_1}$$

$$= -3 \cdot 101{,}428\,4\ \text{V} \cdot \frac{120\ \text{V} \cdot \text{A}}{4{,}8\ \text{V}} \cdot \sin(-65°) \cdot \frac{0{,}9 \cdot 60\ \text{s} \cdot \text{min}}{\text{min} \cdot 2 \cdot \pi \cdot 3\,000} = 19{,}75\ \text{Nm}$$

$$P_2 = M \cdot \frac{2 \cdot \pi \cdot n_1}{60} = 19{,}75\ \text{Nm} \cdot \frac{2 \cdot \pi \cdot 3\,000\ \text{min}}{\text{min} \cdot 60\ \text{s}} = 6{,}21\ \text{kW}$$

Aufgabe 22

Schrittmotor, Schrittwinkel und Taktfrequenz

Ein Hybridschrittmotor nach Bild 5.52 mit zwei Strängen ist am Umfang seines Rotors mit 100 Zähnen ausgestattet.

a) Welchen Schrittwinkel pro Impuls hat dieser Motor bei Vollschrittbetrieb?

b) Welche Taktfrequenz ist erforderlich, wenn der Motor eine Drehzahl von $n_1 = 500\ \text{min}^{-1}$ erreichen soll?

Lösung:

a) Schrittwinkel

Mit Gl. (5.53) ergibt sich:

$$\alpha = \frac{360^\circ \cdot K_{SR}}{2 \cdot m_F \cdot z_R} = \frac{360^\circ \cdot 1}{2 \cdot 2 \cdot 100} = 0{,}9^\circ$$

b) Taktfrequenz

Während der Taktzeit T_T legt der Motor vier Schritte zurück. Dies ergibt einen Winkel von:

$$4 \cdot \alpha = 3{,}6^\circ \quad \Rightarrow \quad 4 \cdot \alpha = 3{,}6^\circ \frac{\pi}{180^\circ} = 0{,}062\,83 \quad \text{(in rad)}$$

Der Zusammenhang zwischen Drehzahl und Winkelgeschwindigkeit lautet:

$$\omega_1 = \frac{2 \cdot \pi \cdot n_1}{60} = \frac{2 \cdot \pi \cdot 500\ \text{min}}{\text{min} \cdot 60\ \text{s}} = 52{,}36\ \text{s}^{-1}$$

Zwischen Drehwinkel, Taktzeit und Winkelgeschwindigkeit ergibt sich:

$$\text{Taktzeit} = \frac{\text{Drehwinkel}}{\text{Winkel} - \text{Geschwindigkeit}} \quad \Rightarrow \quad T_T = \frac{0{,}063\ \text{s}}{52{,}36} = 1{,}20\ \text{ms}$$

Aufgabe 23

Spannungseinstellung über H-Brücke für Gleichstrommotor

Ein Gleichstrommotor ist über eine H-Brücke an eine Zwischenkreisspannung von $U_Z = 24$ V angeschlossen (Bild 6.5). Für die erforderliche Drehzahl muss eine Spannung von $U_1 = 7{,}5$ V eingestellt werden. Die Taktfrequenz für die H-Brücke soll $f_T = 10$ kHz betragen. Die Ansteuersignale für die H-Brücke sollen mit einem Mikrocontroller über einen asymmetrischen Timer (Bild 6.6) generiert werden. Dieser Timer wird getaktet mit einer Frequenz von 20 MHz und zählt von einem Reload-Wert bis auf den Endwert 65 535.

a) Für welche Zeiten $t_{TA+/TB-}$ und $t_{TB+/TA-}$ müssen die Leistungsschalter jeweils eingeschaltet sein, um die Spannung $U_1 = 7{,}5$ V einzustellen ($t_{TA+/TB-} > t_{TB+/TA-} \Rightarrow U_1 > 0$)?

b) Welcher Reload-Wert ist für die angegebene Taktfrequenz einzustellen?

c) Welche Compare-Werte müssen dem Timer vorgegeben werden, wenn die Schaltfolge TA+/TB−/TB+/TA− realisiert werden soll und eine Pausenzeit von $2/f_{Timer}$ zu berücksichtigen ist?

Lösung:

a) Einschaltzeiten der Leistungsschalter

Für die Taktzeit T_T gilt:

$$T_T = \frac{1}{f_T} = \frac{1\,\text{s}}{10\,000} = 0{,}1\,\text{ms}$$

Mit den Gln. (6.1) und (6.2) ergibt sich:

$$t_{TA+/TB-} = \frac{T_T}{2} \cdot \left(1 + \frac{U_1}{U_Z}\right) = \frac{0{,}1\,\text{ms}}{2} \cdot \left(1 + \frac{7{,}5\,\text{V}}{24\,\text{V}}\right) = 0{,}035\,\text{ms}$$

$$t_{TB+/TA-} = \frac{T_T}{2} \cdot \left(1 - \frac{U_1}{U_Z}\right) = \frac{0{,}1\,\text{ms}}{2} \cdot \left(1 - \frac{7{,}5\,\text{V}}{24\,\text{V}}\right) = 0{,}065\,\text{ms}$$

b) Reload-Wert zum Einstellen der Taktfrequenz

Die Gl. (6.3) liefert:

$$C_E - C_A = f_{Timer} \cdot T_T \quad \Rightarrow \quad C_A = C_E - f_{Timer} \cdot T_T$$

$$= 65\,535 - 20 \cdot 10^6\,\text{s}^{-1} \cdot 0{,}1 \cdot 10^{-3}\,\text{s}$$

$$C_A = 63\,535$$

c) Compare-Werte für Timer

Aus den Gln. (6.4) bis (6.7) folgt:

$$x_{A\,TA+/TB-} = C_A + 1 = 63\,535 + 1 = 63\,536$$

$$x_{\text{E TA+/TB-}} = C_A + \frac{C_E - C_A}{T_T} \cdot t_{\text{TA+/TB-}} - 1$$

$$= 63\,535 + \frac{65\,535 - 63\,563}{0{,}1\text{ ms}} \cdot 0{,}035\text{ ms} - 1 = 64\,847$$

$$x_{\text{A TB+/TA-}} = x_{\text{E TA+/TB-}} + 2 = 64\,847 + 2 = 64\,849$$

$$x_{\text{E TB+/TA-}} = C_E - 1 = 65\,535 - 1 = 65\,534$$

Aufgabe 24

Drehzahlsteuerung eines Wechselstrommotors

Ein Wechselstrommotor soll zur Drehzahlsteuerung mit einer Wechselspannung versorgt werden, deren Frequenz und Amplitude über eine steuerbare H-Brücke (Bild 6.8) einstellbar sind. Die H-Brücke liegt an einer Zwischenkreisspannung von $U_Z = 325$ V. Es gilt die Annahme, wenn $t_{\text{TA+/TB-}} > t_{\text{TB+/TA-}}$ ist, ist $U_1 > 0$. Ferner soll die Schaltfolge TA+/TB–/TB+/TA– realisiert werden. Die Taktzeit T_T beträgt 0,1 ms.

a) Für einen Spannungseffektivwert $U_1 = 220$ V berechne man die Einschaltzeiten $t_{\text{TA+/TB-}}$ und $t_{\text{TB+/TA-}}$ für einen Winkel von $\gamma_1 = 45°$.

b) Für einen Spannungseffektivwert $U_1 = 120$ V berechne man die Einschaltzeiten $t_{\text{TA+/TB-}}$ und $t_{\text{TB+/TA-}}$ für einen Winkel von $\gamma_1 = 300°$.

Lösung:

a) Einschaltzeiten $t_{\text{TA+/TB-}}$ und $t_{\text{TB+/TA-}}$ für einen Spannungseffektivwert $U_1 = 220$ V für einen Winkel von $\gamma_1 = 45°$

Mit den abgewandelten Gln. (6.8) und (6.9) folgt:

$$t_{\text{TA+/TB-}}(\gamma_1(k)) = \frac{T_T}{2} \cdot \left(1 + \frac{\sqrt{2} \cdot U_1}{U_Z} \sin \gamma_1(k)\right)$$

$$= \frac{0{,}1\text{ ms}}{2} \cdot \left(1 + \frac{\sqrt{2} \cdot 220\text{ V}}{325\text{ V}} \cdot \sin 45°\right) = 0{,}083\,85\text{ ms}$$

$$t_{\text{TB+/TA-}}(\gamma_1(k)) = \frac{T_T}{2} \cdot \left(1 - \frac{\sqrt{2} \cdot U_1}{U_Z} \sin \gamma_1(k)\right)$$

$$= \frac{0{,}1\text{ ms}}{2} \cdot \left(1 - \frac{\sqrt{2} \cdot 220\text{ V}}{325\text{ V}} \cdot \sin 45°\right) = 0{,}016\,15\text{ ms}$$

b) Einschaltzeiten $t_{TA+/TB-}$ und $t_{TB+/TA-}$ für einen Spannungseffektivwert U_1 = 120 V für Winkel von γ_1 = 300°

Lösung wie Teil a):

$$t_{TA+/TB-}\left(\gamma_1(k)\right) = \frac{0{,}1\ \text{ms}}{2} \cdot \left(1 + \frac{\sqrt{2} \cdot 120\ \text{V}}{325\ \text{V}} \cdot \sin 300°\right) = 0{,}027\,39\ \text{ms}$$

$$t_{TB+/TA-}\left(\gamma_1(k)\right) = \frac{0{,}1\ \text{ms}}{2} \cdot \left(1 - \frac{\sqrt{2} \cdot 120\ \text{V}}{325\ \text{V}} \cdot \sin 300°\right) = 0{,}072\,61\ \text{ms}$$

Aufgabe 25

Variable Frequenz und Amplitude für Asynchronmotor

Ein Asynchronmotor mit der Bemessungsspannung U_N = 230 V und einer Bemessungsdrehzahl von n_N = 1 400 min^{-1} soll zur Drehzahlsteuerung mit einer Drehspannung versorgt werden, deren Frequenz (Bild 6.9) und Amplitude über einen Frequenzumrichter einstellbar sind. Die Ständerspannung soll eine Funktion der Drehzahl sein. Zur Pulsweitenmodulation soll das Unterschwingungsverfahren verwendet werden. Für den sicheren Anlauf soll ein Boost (Ständerspannung bei der Drehzahl 0 min^{-1}) von $0{,}1 \cdot U_N$ am Frequenzumrichter einstellbar sein. Die Taktzeit T_T beträgt 0,1 ms.

a) Welche Spannung ist für die Drehzahl von n = 1 000 min^{-1} erforderlich?

b) Für die Drehzahl von n = 1 000 min^{-1} und einen Drehfeldwinkel von γ_1 = 45° berechne man die Einschaltzeiten der Leistungsschalter in der Drehstrombrücke für die Stränge a und b.

Lösung:

a) Spannung für die Drehzahl von n = 1 000 min^{-1}

Die Berechnung erfolgt nach der abgewandelten Gl. (6.12):

$$\frac{U_N - U_0}{n_N} = \frac{U_1 - U_0}{n} \quad \Rightarrow \quad U_1 = U_0 + \frac{n}{n_N} \cdot (U_N - U_0)$$

$$U_1 = \left(0{,}1 + 0{,}9 \cdot \frac{n}{n_N}\right) \cdot U_N = \left(0{,}1 + 0{,}9 \cdot \frac{1\,000}{1\,400}\right) \cdot 230\ \text{V} = 170{,}86\ \text{V}$$

b) Einschaltzeiten der Leistungsschalter in der Drehstrombrücke für die Stränge a und b bei $n = 1\,000\ \text{min}^{-1}$

Mit den modifizierten Gln. (6.14) bis (6.17) folgt:

$$t_{\text{TA+}}\left(\gamma_1(k)\right) = \frac{T_{\text{T}}}{2} \cdot \left(1 + \frac{U_1}{U_{\text{N}}} \cdot \sin\gamma_1(k)\right)$$

$$= \frac{0{,}1\ \text{ms}}{2} \cdot \left(1 + \frac{170{,}86\ \text{V}}{230\ \text{V}} \cdot \sin 45^\circ\right) = 0{,}076\ \text{ms}$$

$$t_{\text{TA-}}\left(\gamma_1(k)\right) = \frac{T_{\text{T}}}{2} \cdot \left(1 - \frac{U_1}{U_{\text{N}}} \cdot \sin\gamma_1(k)\right)$$

$$= \frac{0{,}1\ \text{ms}}{2} \cdot \left(1 - \frac{170{,}86\ \text{V}}{230\ \text{V}} \cdot \sin 45^\circ\right) = 0{,}024\ \text{ms}$$

$$t_{\text{TB+}}\left(\gamma_1(k)\right) = \frac{T_{\text{T}}}{2} \cdot \left(1 + \frac{U_1}{U_{\text{N}}} \cdot \sin\left(\gamma_1(k) - 120^\circ\right)\right)$$

$$= \frac{0{,}1\ \text{ms}}{2} \cdot \left(1 - \frac{170{,}86\ \text{V}}{230\ \text{V}} \cdot \sin\left(45^\circ - 120^\circ\right)\right) = 0{,}014\ \text{ms}$$

$$t_{\text{TB-}}\left(\gamma_1(k)\right) = \frac{T_{\text{T}}}{2} \cdot \left(1 - \frac{U_1}{U_{\text{N}}} \cdot \sin\left(\gamma_1(k) - 120^\circ\right)\right)$$

$$= \frac{0{,}1\ \text{ms}}{2} \cdot \left(1 - \frac{170{,}86\ \text{V}}{230\ \text{V}} \cdot \sin\left(45^\circ - 120^\circ\right)\right) = 0{,}086\ \text{ms}$$

Aufgabe 26

Anlauf eines Asynchronmotors aus dem Stillstand

Ein Asynchronmotor soll in 2 s aus dem Stillstand bei Bemessungsmoment auf die Bemessungsdrehzahl von $n_{\text{N}} = 2\,850\ \text{min}^{-1}$ gebracht werden bei der Drehfelddrehzahl von $n_1 = 3\,000\ \text{min}^{-1}$.

a) Welchen Schlupf hat dieser Motor?

b) Wie groß ist die Winkelgeschwindigkeit bei der Bemessungsdrehzahl?

c) Wie groß ist die Winkelbeschleunigung?

d) Welche Winkelgeschwindigkeit ist für das Drehfeld bei einer Motordrehzahl von $n = 1\,000\ \text{min}^{-1}$ einzustellen?

Lösung:

a) Schlupf des Motors

Mit Gl. (5.85) folgt:

$$s = \frac{n_1 - n}{n_1} = \frac{3\,000 - 2\,850}{3\,000} = 0{,}05$$

b) Winkelgeschwindigkeit bei Bemessungsdrehzahl

Die Berechnung erfolgt mit:

$$\omega = \frac{2 \cdot \pi \cdot n}{60} = \frac{2 \cdot \pi \cdot 2\,850 \text{ min}}{\text{min} \cdot 60 \text{ s}} = 298{,}45 \text{ s}^{-1}$$

c) Winkelbeschleunigung

Die Gl. (4.4) liefert:

$$\alpha = \frac{\omega}{t} = \frac{2 \cdot \pi \cdot n}{60 \cdot t} = \frac{2 \cdot \pi \cdot 2\,850 \text{ min}}{\text{min} \cdot 60 \text{ s} \cdot 2 \text{ s}} = 149{,}23 \text{ s}^{-2}$$

d) Winkelgeschwindigkeit des Drehfelds bei $n = 1\,000 \text{ min}^{-1}$

$$\omega = n \cdot (1 + s) \cdot \frac{2 \cdot \pi}{60} = 1\,000 \frac{1}{\text{min}} \cdot (1 + 0{,}05) \cdot \frac{2 \cdot \pi \cdot \text{min}}{60 \text{ s}} = 109{,}96 \text{ s}^{-1}$$

Aufgabe 27

Raumzeigermodulation

Die Regelung für eine Drehstrommaschine liefert die Spannungen $u_{1\alpha}$ und $u_{1\beta}$, aus denen die Schaltzeiten für die Leistungsschalter der Drehstrombrücke bei Raumzeigermodulation zu ermitteln sind. Für den Spannungsvektor gilt $\underline{u}^* \leq U_Z / \sqrt{3}$. Die Zwischenkreisspannung beträgt U_Z = 325 V und die Taktzeit T_T = 0,1 ms.

a) Für die Spannungen $u_{1\alpha}$ = –80 V und $u_{1\beta}$ = 150 V ermittle man den Spannungsvektor $\underline{u}^*$, den Winkel γ^* sowie die Einschaltzeiten für die benachbarten Schaltzustände und für den Nullvektor.

b) Für die Spannungen $u_{1\alpha}$ = 100 V und $u_{1\beta}$ = –50 V ermittle man ebenfalls den Spannungsvektor $\underline{u}^*$, den Winkel γ^* sowie die Einschaltzeiten für die benachbarten Schaltzustände und für den Nullvektor.

Lösung:

a) Spannungsvektor $\underline{u}^*$, Winkel γ^*, Einschaltzeiten für die benachbarten Schaltzustände und den Nullvektor für die Spannungen $u_{1\alpha} = -80$ V und $u_{1\beta} = 150$ V

Lösung nach Abschnitt 6.3.1 (Raumzeigermodulation):

$$\underline{u}^* = \sqrt{u_{1\alpha}^2 + u_{1\beta}^2} = \sqrt{(-80\text{ V})^2 + (150\text{ V})^2} = 170\text{ V}$$

$$\gamma^* = \arctan\frac{u_{1\beta}}{u_{1\alpha}} = 180° - \arctan\frac{150\text{ V}}{-80\text{ V}} = 180° - 61{,}927\,5° = 118{,}07°$$

Der Spannungsvektor befindet sich zwischen den Schaltzuständen „2" und „3".

$$60° \leq \gamma^* < 120°$$

$$t_2 = T_\text{T} \cdot \frac{u^*}{U_\text{Z}} \cdot \sqrt{3} \cdot \sin(120° - \gamma^*) = 0{,}1\text{ ms} \cdot \frac{170\text{ V}}{325\text{ V}} \cdot \sqrt{3} \cdot \sin(120° - 118{,}07°)$$
$$= 0{,}003\,047\text{ ms}$$

$$t_3 = T_\text{T} \cdot \frac{u^*}{U_\text{Z}} \cdot \sqrt{3} \cdot \sin(\gamma^* - 60°) = 0{,}1\text{ ms} \cdot \frac{170\text{ V}}{325\text{ V}} \cdot \sqrt{3} \cdot \sin(118{,}07° - 60°)$$
$$= 0{,}077\text{ ms}$$

Schaltzeit für Nullvektor „7" oder „8":

$$t_{7/8} = T_\text{T} - t_2 - t_3 = 0{,}1\text{ ms} - 0{,}003\,047\text{ ms} - 0{,}076\,893\text{ ms} = 0{,}020\,06\text{ ms}$$

b) Spannungsvektor $|\underline{u}^*|$, Winkel γ^*, Einschaltzeiten für die benachbarten Schaltzustände und den Nullvektor für die Spannungen $u_{1\alpha} = 100$ V und $u_{1\beta} = -50$ V

Lösung erfolgt wie unter Teilaufgabe a):

$$|\underline{u}^*| = \sqrt{u_{1\alpha}^2 + u_{1\beta}^2} = \sqrt{(100\text{ V})^2 + (-50\text{ V})^2} = 111{,}803\,4\text{ V}$$

$$\gamma^* = \arctan\frac{u_{1\beta}}{u_{1\alpha}} = 360° + \arctan\frac{-50\text{ V}}{100\text{ V}} = 360° + 26{,}565° = 333{,}44°$$

$$300° \leq \gamma^* < 360°$$

$$t_5 = T_\text{T} \cdot \frac{u^*}{U_\text{Z}} \cdot \sqrt{3} \cdot \sin(360° - \gamma^*)$$
$$= 0{,}1\text{ ms} \cdot \frac{111{,}80\text{ V}}{325\text{ V}} \cdot \sqrt{3} \cdot \sin(360° - 333{,}44°) = 0{,}026\,65\text{ ms}$$

$$t_1 = T_T \cdot \frac{u^*}{U_Z} \cdot \sqrt{3} \cdot \sin(\gamma^* - 300°)$$

$$= 0,1 \text{ ms} \cdot \frac{1118\,034 \text{ V}}{325 \text{ V}} \cdot \sqrt{3} \cdot \sin(333,44° - 300°) = 0,032\,83 \text{ ms}$$

Schaltzeit für Nullvektor „7“ oder „8“:

$$t_{7/8} = T_T - t_5 - t_1 = 0,1 \text{ ms} - 0,026\,65 \text{ ms} - 0,032\,83 \text{ ms} = 0,040\,52 \text{ ms}$$

Aufgabe 28

PWM-Generierung für Schrittmotor

Ein Zweiphasenschrittmotor mit 50 Zähnen soll nach dem Vollschrittverfahren gesteuert werden. Die Spannungsversorgung der beiden Wicklungen erfolgt über zwei H-Brücken (Bild 5.53). Die Erzeugung der Ansteuersignale für die Leistungsschalter der beiden H-Brücken soll über einen asymmetrischen Timer durch einen Mikrocontroller erfolgen. Der Timer mit einer Taktfrequenz von 20 MHz erreicht einen Endwert von 65 535 und fällt dann auf seinen Reload-Wert zurück. Der Motor soll eine Drehzahl von 1 000 min^{-1} erreichen.

a) Welche Taktzeit T_T ergibt sich in der Beschleunigungsphase bei einer Drehzahl von 300 min^{-1}, und auf welchen Reload-Wert ist der Timer dabei zu stellen?

b) Welche Taktzeit T_T ergibt sich bei der Enddrehzahl von 1 000 min^{-1}, und auf welchen Reload-Wert ist der Timer dabei zu stellen?

c) Welche Compare-Werte sind bei Enddrehzahl von 1 000 min^{-1} dem Timer vorzugeben (Pausenzeit kann vernachlässigt werden)?

Lösung:

a) Taktzeit T_T bei einer Drehzahl von 300 min^{-1} und zugehöriger Reload-Wert

Nach Aufgabe 22 folgt für Schrittwinkel und Taktzeit:

$$\alpha = \frac{360° \cdot K_{SR}}{2 \cdot m_F \cdot z_R} = \frac{360° \cdot 1}{2 \cdot 2 \cdot 50} = 1,8°$$

Während der Taktzeit T_T legt der Motor vier Schritte zurück. Dies ergibt einen Winkel von:

$$4 \cdot \alpha = 7,2° \quad \Rightarrow \quad 4 \cdot \alpha = 7,2° \frac{\pi}{180°} = 0,125\,66 \quad \text{(in rad)}$$

Zwischen Drehwinkel, Taktzeit und Winkelgeschwindigkeit ergibt sich die Beziehung:

$$\text{Taktzeit} = \frac{\text{Drehwinkel}}{\text{Winkelgeschwindigkeit}}$$

$$T_\text{T} = \frac{4 \cdot \alpha}{\omega} = \frac{4 \cdot \alpha \cdot 60}{2 \cdot \pi \cdot n} = \frac{0{,}125\,66 \cdot 60 \text{ s} \cdot \text{min}}{\text{min} \cdot 2 \cdot \pi \cdot 300} = 4{,}00 \text{ ms}$$

b) Taktzeit T_T bei einer Drehzahl von 1 000 min^{-1} und zugehöriger Reload-Wert Lösung wie bei Teilaufgabe a):

$$T_\text{T} = \frac{4 \cdot \alpha}{\omega} = \frac{4 \cdot \alpha \cdot 60}{2 \cdot \pi \cdot n} = \frac{0{,}125\,66 \cdot 60 \text{ s} \cdot \text{min}}{\text{min} \cdot 2 \cdot \pi \cdot 1\,000} = 1{,}200\,0 \text{ ms}$$

Für den Reload-Wert folgt nach Gl. (6.3):

$$C_\text{E} - C_\text{A} = f_\text{Timer} \cdot T_\text{T} \quad \Rightarrow \quad C_\text{A} = C_\text{E} - f_\text{Timer} \cdot T_\text{T}$$

$$C_\text{A} = 65\,535 - 10 \cdot 10^6 \text{ s}^{-1} \cdot 1{,}200\,0 \cdot 10^{-3} \text{ s} = 53\,535$$

c) Vorzugebende Compare-Werte bei Enddrehzahl von 1 000 min^{-1} für den Timer. In Anlehnung an Abschnitt 6.1 folgt:

$$X_\text{A ZA} = 53\,535$$

$$X_\text{E ZA} = X_\text{A ZA} + f_\text{Timer} \cdot \frac{T_\text{T}}{4} = 53\,535 + 10 \cdot 10^6 \text{ s}^{-1} \cdot \frac{1{,}200\,0 \cdot 10^{-3} \text{ s}}{4} = 56\,535$$

$$X_\text{A/ZB} = X_\text{E ZA} = 56\,535$$

$$X_\text{E/ZB} = X_\text{A/ZB} + f_\text{Timer} \cdot \frac{T_\text{T}}{4} = 56\,535 + 10 \cdot 10^6 \text{ s}^{-1} \cdot \frac{1{,}200\,0 \cdot 10^{-3} \text{ s}}{4} = 59\,535$$

$$X_\text{A/ZA} = X_\text{E/ZB} = 59\,535$$

$$X_\text{E/ZA} = X_\text{A/ZA} + f_\text{Timer} \cdot \frac{T_\text{T}}{4} = 59\,535 + 10 \cdot 10^6 \text{ s}^{-1} \cdot \frac{1{,}200\,0 \cdot 10^{-3} \text{ s}}{4} = 62\,535$$

$$X_\text{A ZB} = X_\text{E/ZA} = 62\,535$$

$$X_\text{E ZB} = X_\text{A ZB} + f_\text{Timer} \cdot \frac{T_\text{T}}{4} = 62\,535 + 10 \cdot 10^6 \text{ s}^{-1} \cdot \frac{1{,}200\,0 \cdot 10^{-3} \text{ s}}{4} = 65\,535$$

Verzeichnis der wichtigsten Formelzeichen

$\dot{m}$	Mengenstrom in kg/s
$\dot{n}$	Molmengenstrom in mol/s
$\dot{V}$	Volumenstrom m^3/s
a	Beschleunigung in m/s^2
B	Flussdichte in Vs/m^2
c	Maschinenkonstante von Gleichstrommaschinen
i	Getriebeübersetzung n_1/n_2
I	konstanter Strom in A
i	variabler Strom in A
J	Massenträgheitsmoment in kgm^2
k_{w1}	Wicklungsfaktor für Ständerwicklung
k_{w2}	Wicklungsfaktor für Läuferwicklung
L	Induktivität in Vs/A
m	Anzahl der Stränge
M	Drehmoment in Nm
m	Masse in kg
n_1	Getriebeeingangsdrehzahl in min^{-1}
n_2	Getriebeausgangsdrehzahl in min^{-1}
n_S	Drehzahl beim Schleudervorgang in min^{-1}
n_W	Drehzahl beim Waschvorgang in min^{-1}
P	Motorleistung in W
p_a	Druck hinter der Pumpe in N/m^2
R	universelle Gaskonstante in W·s/(mol·K)
R	Widerstand in V/A
s	Schlupf
s	Weg in m
T	Temperatur in K
t_{WS}	Zeit für Drehzahländerung vom Wasch- in den Schleudervorgang in s

U	konstante Spannung in V
u	variable Spannung in V
v	Geschwindigkeit in m/s
V_1	Volumen vor der Verdichtung in m^3
V_2	Volumen nach der Verdichtung in m^3
X	Reaktanz in V/A
Φ	Fluss in Vs
Θ	Durchflutung in A
α	Winkelbeschleunigung in s^{-2}
γ	Drehwinkel in rad
η_P	Pumpenwirkungsgrad in %/100
ρ	Dichte allgemein in kg/m^3
ρ_L	Dichte der Luft in kg/m^3
σ	Streuziffer
ω	Winkelgeschwindigkeit in s^{-1}
ω_S	Winkelgeschwindigkeit beim Schleudervorgang in s^{-1}
ω_W	Winkelgeschwindigkeit beim Waschvorgang in s^{-1}
Ψ	variabler verketteter Fluss in Vs

Indexbezeichnungen

a, b, c	Kennzeichnung für Stranggrößen beim Drehstrom
d, q	Kennzeichnung der Größen in einem Koordinatensystem, das an einer elektrischen Größe orientiert ist
u, v	Kennzeichnung der Größen in einem rotorfesten Koordinatensystem
1	Kennzeichnung von Ständergrößen
2	Kennzeichnung von Läufergrößen
A	Kennzeichnung von Ankergrößen
E	Kennzeichnung von Erregergrößen
N	Kennzeichnung von Bemessungsgrößen
α, β	Kennzeichnung der Größen in einem ständerfesten Koordinatensystem

Hochgestellte Zeichen

$'$	Kennzeichnung für Läufergrößen, die über das Verhältnis der Windungszahlen auf die Ständerseite umgerechnet sind

Literaturverzeichnis

[1.1] *Kümmel:* Elektrische Antriebstechnik – Teil 1: Maschinen.
Berlin & Offenbach: VDE VERLAG, 1986

[1.2] *Farschtschi:* Elektromaschinen in Theorie und Praxis.
3. Aufl., Berlin & Offenbach: VDE VERLAG, 2016

[1.3] *Merz; Lipphardt:* Elektrische Maschinen und Antriebe.
3. Aufl., Berlin & Offenbach: VDE VERLAG, 2014

[2.1] *Stölting; Kallenbach u. a.:* Handbuch Elektrische Kleinantriebe.
3. Aufl., München: Hanser-Verlag, 2006
ISBN-3-446-4019-2

[3.1] *Fischer:* Elektrische Maschinen.
12. Aufl., München: Hanser-Verlag, 2003
ISBN 3-46-2693-1

[4.1] *Garbrecht:* Das 1×1 der Antriebsauslegung.
3. Aufl., Berlin & Offenbach: VDE VERLAG, 2019
ISBN 3-8007-3008-7

[4.2] *Decker:* Maschinenelemente.
München: Hanser-Verlag, 1990
ISBN 3-446-15512-0

[4.3] *Fischer u. a.:* Taschenbuch der Technischen Formeln.
Fachbuchverlag. 3. Aufl., Leipzig, 2004
ISBN 3- 446-21974-9

[5.1] *Garbrecht; Schaad; Lehmann:* Workshop der professionellen Antriebstechnik.
München: Franzis-Verlag, 1996
ISBN 3-7723-4332-5

[5.2] *Kories; Schmidt-Walter:* Taschenbuch der Elektrotechnik.
2. Aufl., Frankfurt a. M.: Verlag Harri Deutsch, 1995
ISBN 3-8171-141-5

[5.3] *Microchip:* www.Microchip.com
Application Design Centers/
Motor Control Solutions/Application Solutions/
Stepper Motor/Application Notes
Januar 2006

[6.1] *International Rectifier:* www.irf.com
Design Support Application/Motion Control/
Application Solutions/Technologie Solutions/
Gate Driver ICs
Januar 2006

[6.2] *Infineon:* https://www.infineon.com/cms/de/product/power/motor-control-ics/
Intelligent Motor Control ICs
Mai 2019

Stichwortverzeichnis

C

D

E

F

N

O

P

Q

R

S